"十三五"国家重点出版物出版规划项目
智能机器人技术丛书

# 泛在机器人技术与实践

Ubiquitous Robotics and Practice

曹其新 编著

国防工业出版社
·北京·

图书在版编目(CIP)数据

泛在机器人技术与实践/曹其新编著.—北京：
国防工业出版社,2021.9
（智能机器人技术丛书）
ISBN 978-7-118-12347-0

Ⅰ.①泛… Ⅱ.①曹… Ⅲ.①智能机器人-研究
Ⅳ.①TP242.6

中国版本图书馆 CIP 数据核字(2021)第 144232 号

※

国防工业出版社出版发行
（北京市海淀区紫竹院南路23号　邮政编码100048）
北京龙世杰印刷有限公司印刷
新华书店经售

＊

开本 710×1000　1/16　印张 22　字数 394 千字
2021 年 9 月第 1 版第 1 次印刷　印数 1—1500 册　定价 98.00 元

（本书如有印装错误，我社负责调换）

| 国防书店：(010)88540777 | 书店传真：(010)88540776 |
| 发行业务：(010)88540717 | 发行传真：(010)88540762 |

# 丛书编委会

**主　任**　李德毅

**副主任**　韩力群　黄心汉

**委　员**(按姓氏笔画排序)

马宏绪　王　敏　王田苗　王京涛　王耀南
付宜利　刘　宏　刘云辉　刘成良　刘景泰
孙立宁　孙富春　李贻斌　张　毅　陈卫东
陈　洁　赵　杰　贺汉根　徐　辉　黄　强
葛运建　葛树志　韩建达　谭　民　熊　蓉

# 丛 书 序

人类走过了农耕社会、工业社会、信息社会,已经进入智能社会,进入在动力工具基础上发展智能工具的新阶段。在农耕社会和工业社会,人类的生产主要基于物质和能量的动力工具,并得到了极大的发展。今天,劳动工具转向了基于数据、信息、知识、价值和智能的智力工具,人口红利、劳动力红利不那么灵了,智能的红利来了!

智能机器人作为人工智能技术的综合载体,是智力工具的典型代表,是人工智能技术得以施展其强大威力的最佳用武之地。智能机器人有三个基本要素:感知、认知和行动。这三个要素正是目前的机器人向智能机器人进化的关键所在。

智能机器人涉及到大量的人工智能技术:传感技术、模式识别、自然语言理解、机器学习、数据挖掘与知识发现、交互认知、记忆认知、知识工程、人工心理与人工情感……可以预见,这些技术的应用,将提升机器人的感知能力、自主决策能力,以及通过学习获取知识的能力,尤其是通过自学习提升智能的能力。智能机器人将不再是冷冰冰的钢铁侠,它们将善解人意、情感丰富、个性鲜明、行为举止得体。我们期待,随同"智能机器人技术丛书"的出版,更多的人将投入到智能机器人的研发、制造、运用、普及和发展中来!

在我们这个星球上,智能机器人给人类带来的影响将远远超过计算机和互联网在过去几十年间给世界带来的改变。人类的发展史,就是人类学会运用工具、制造工具和发明机器的历史,机器使人类变得更强大。科技从不停步,人类永不满足。今天,人类正在发明越来越多的机器人,智能手机可以成为你的忠实助手,轮式机器人也会比一般人开车开得更好,曾经的很多工作岗位将会被智能机器人替代,但同时又自然会涌现出更新的工作,人类将更加优雅、智慧地生活!

人类智能始终善于更好地调教和帮助机器人和人工智能,善于利用机器人和人工智能的优势并弥补机器人和人工智能的不足,或者用新的机器人淘汰旧的机器人;反过来,机器人也一定会让人类自身更智能。

现在,各式各样人机协同的机器人,为我们迎来了人与机器人共舞的新时代,伴随优雅的舞曲,毋庸置疑人类始终是领舞者!

李德毅　　2019.4

---

李德毅,中国工程院院士,中国人工智能学会理事长。

# 前　言

诞生于20世纪中期的机器人技术一直是发达国家耗巨资支持和推进实施重点对象,特别进入21世纪以来,欧美及日本、韩国都纷纷制定相应的发展战略计划,众多跨国企业和科研技术人员也以极大的热情投入先进机器人技术的研究和应用工作。不断出现高科技和新技术推动机器人技术发展,新机器人技术在工业上成功应用也推动了制造业的革命。例如,第一代机器人——示教编程自动机器人技术在结构环境下自动化生产线上成功应用,带来了工业3.0的革命;第二代机器人——具有感知与识别的智能机器人技术在未知环境下代替人在星球探测、医疗服务、军事侦察、紧急救援、危险及恶劣环境作业方面应用,标志着机器人开始走出工厂进入了人们的日常生活;智能传感器、物联网技术、云技术、边缘计算以及无线接入技术(5G)催生了第三代机器人——泛在机器人技术。

泛在机器人这一术语类似于泛在计算,是一个强调机器人与智能环境融为一体的概念,它实际上是在机器人技术+物联网技术+人工智能技术,即机器执行单元与普适计算、传感器网络、云技术、智能终端以及智能空间技术结合起来。这样,传统概念上集成所有功能的机器人本体则从人们的视线里消失,带来的是在泛在机器人的模式下,人们能够在任何时间、任何地点,以任何方式与机器人进行交互并得到服务。渐变结果不但使泛在机器人功能不断提高,而且使用机器人的成本也降低了。

近年来,互联网、移动终端、可穿戴计算机和普适计算技术的普及,已经使人类生活在一个信息无处不在的世界里,计算机和网络技术的发展使所有的设备都可以网络化,形成了智能空间(环境)。在这智能空间里联网的设备通过用户交互和应用程序无缝的在任何地点和时间提供所需的服务。这种转变加速了无处不在的变革,它不断在新的多学科研究领域出现,机器人技术+网络技术是最成功的应用之一。由此,无处不在的物联网时代催生了第三代机器人。

泛在机器人技术也可以说是在智能机器人技术的基础上导入了物联网技术和机器人组件技术,是智能机器人的新表现形式。泛在机器人区别于传统机器人基于传感、控制和执行种功能为一体,而各功能以组件形式独立存在,通过网络根据任务整合在一起完成服务。即各机器人功能组件基于物联网进行相互通信,实现组件之间控制和被控制,功能组件根据服务需要在物理空间即可集成在一起又可独立分布,云端技术使得这些组件构成泛在机器人在智能方面变得无所不能。

环境智能(智能空间)、泛在机器人和云技术相互促进和发展,使机器人能够获得更丰富的功能,并为各种机器人服务的组合开辟了道路,它们与 Web 和 APP 服务及环境智能技术相结合,克服了独立机器人的局限性。泛在机器人研究目标是创造一个混合的物理—数字空间,拥有大量的主动智能服务,改变了我们的生活和工作方式。因此,泛在机器人技术是智能服务机器人的新形式,它所带来的发展必将给我们未来的生活带来极大的便利,也将改变人类生活方式和生命质量。

本书介绍覆盖泛在机器人的基本概念、技术形成、构架机理以及应用实践全部研究内容。显然,这是一项庞大任务,它不但要运用传统机器人学思想还有综合人工智能、普适计算和物联网技术等。为了起到从概念到理论至实践的指导作用,本书在调研了国内外泛在机器人技术研究和应用案例的基础上,结合作者团队关于机器人组件技术、泛在传感技术以及智能移动机器人技术研究成果凝练了泛在机器人系统框架,通过可穿戴技术、人机交互技术、物联网技术以及增强现实技术等使得人与机器人协作、机器人与云计算无缝交互成为可能。因此,特别是边缘计算应用大大提高了泛在机器人系统的实际功能,降低了终端机器人的成本,并实现机器人组件的实用性和泛在功能。

本书分为 6 章,分别是绪论、基础理论与相关技术、传感模块、决策模块、执行模块以及泛在机器人在智慧生活与智能制造领域的应用。以工业 4.0 信息物理系统为主线叙述了第三代机器人——泛在机器人从概念到实现方法与技术路线,书中介绍机器人的功能组件案例都附有源代码进行具体实现的说明。最后分别介绍了泛在机器人技术在智能酒吧和智能制造生产线上应用。

作为一本研究成果专著,泛在机器人技术属于多学科交叉涉及技术非常广,由于篇幅有限不可能把涉及所有优秀成果归纳进来。原则是只编入那些能清楚地阐明泛在机器人技术紧密相关的材料。其他方法和系统的参考文献通常作为拓展和提高问题留在每章最后。

另外,在本书编写过程中,参阅了上海交通大学机械与动力工程学院博士毕业生张镇和王雯珊的博士学位论文,博士研究生张昊若、倪培远、邱强和硕士研究生黄先群、马灼明、杨理欣和吕石磊等参与了各章的编写整理工作。还要特别感谢国防工业出版社陈洁编辑的敬业奉献精神,有了她的支持,使得本书能够快速地与读者见面。但是由于作者水平有限和编写时间紧迫,书中肯定存在许多错误和不足之处,恳请各位专家学者提出批评和指正。

# 目 录

## 第1章 绪论

1.1 机器人的发展历史 ·················································································· 1
   1.1.1 第一代机器人 ············································································ 1
   1.1.2 第二代机器人 ············································································ 4
   1.1.3 第三代机器人 ············································································ 7
   1.1.4 下一代机器人 ············································································ 13
1.2 泛在机器人的概念 ·················································································· 15
   1.2.1 智能空间 ··················································································· 15
   1.2.2 物联网技术 ··············································································· 17
   1.2.3 从泛在感知、泛在网络到泛在机器人 ········································· 20

## 第2章 基础理论与相关技术

2.1 泛在机器人系统 ······················································································ 30
   2.1.1 机器人模块化 ············································································ 30
   2.1.2 机器人中间件技术 ····································································· 31
   2.1.3 泛在机器人技术框架 ································································· 36
   2.1.4 泛在机器人系统构建 ································································· 36
2.2 模块化技术 ······························································································ 39
   2.2.1 日本 RTC 技术 ·········································································· 41
   2.2.2 美国 ROS 技术 ········································································· 47
   2.2.3 欧盟 OROCOS 技术 ································································· 63
   2.2.4 韩国 OPRoS 技术 ····································································· 65
   2.2.5 中国 RFC 技术 ········································································· 72

**2.3 新一代网络技术** ·················································· 76
 2.3.1 IPv6 技术 ················································ 76
 2.3.2 5G 技术 ·················································· 79
 2.3.3 云计算 ··················································· 84
 2.3.4 边缘计算 ················································· 87
**2.4 任务规划技术** ···················································· 91
 2.4.1 任务规划 ················································· 91
 2.4.2 基于深度强化学习的任务规划 ······························ 100

# 第 3 章 传感模块

**3.1 泛在机器人中的传感器** ··········································· 116
 3.1.1 超声与毫米波传感器 ······································ 117
 3.1.2 单目相机 ················································ 120
 3.1.3 双目与深度相机 ·········································· 124
 3.1.4 全景相机 ················································ 127
 3.1.5 激光雷达 ················································ 129
 3.1.6 编码器 ··················································· 131
**3.2 人体互动设备介绍** ··············································· 133
 3.2.1 AR 眼镜 ·················································· 133
 3.2.2 手势识别设备 ············································ 139
 3.2.3 智能腕带 ················································ 144
 3.2.4 脑电 EEG 记录仪 ·········································· 145
 3.2.5 眼动仪 ··················································· 148

# 第 4 章 决策模块

**4.1 泛在机器人系统的决策模块** ······································ 150
**4.2 物体识别模块** ···················································· 151
 4.2.1 物体识别模块简介 ········································ 151
 4.2.2 物体识别模块封装 ········································ 152

4.2.3　物体识别模块实现方法 ································ 157
4.3　视觉 SLAM 模块 ······································ 167
　　4.3.1　视觉 SLAM 模块简介 ································ 167
　　4.3.2　视觉 SLAM 模块封装 ································ 169
　　4.3.3　视觉 SLAM 模块实现方法 ····························· 176
4.4　路径规划模块 ········································ 188
　　4.4.1　路径规划模块简介 ································· 188
　　4.4.2　路径规划模块封装 ································· 188
　　4.4.3　路径规划算法 ··································· 192
　　4.4.4　规划图 ······································ 208
4.5　任务规划模块 ········································ 213
　　4.5.1　任务规划模块简介 ································· 213
　　4.5.2　任务规划模块封装 ································· 213
　　4.5.3　任务规划模块实现方法 ······························· 216

# 第 5 章　执行模块

5.1　泛在机器人系统的执行模块 ································ 230
5.2　移动机器人模块 ······································· 231
　　5.2.1　移动机器人模块简介 ································ 231
　　5.2.2　移动机器人模块封装 ································ 232
　　5.2.3　移动机器人模块实现方法 ······························ 236
5.3　机械臂执行模块 ······································· 251
　　5.3.1　机械臂执行模块简介 ································ 251
　　5.3.2　机械臂执行模块封装 ································ 253
　　5.3.3　机械臂执行模块——视觉伺服 ···························· 257
　　5.3.4　机械臂执行模块——视觉抓取 ···························· 264
5.4　增强现实功能模块 ····································· 269
　　5.4.1　增强现实功能模块简介 ······························· 269
　　5.4.2　增强现实功能模块封装 ······························· 271

5.4.3　增强现实模块实现方法 ·········································· 271

# 第6章　泛在机器人在智慧生活与智能制造领域的应用

6.1　智慧生活与智能制造概述 ············································ 284
　6.1.1　智慧生活 ······························································ 284
　6.1.2　智能制造 ······························································ 287
6.2　泛在机器人酒吧开发案例 ············································ 294
　6.2.1　泛在机器人酒吧实验 ············································ 295
　6.2.2　泛在机器人酒吧定位技术 ····································· 296
　6.2.3　泛在机器人酒吧定位模块切换 ······························ 305
6.3　泛在机器人智能工厂开发案例 ····································· 313
　6.3.1　智能工厂的系统元素 ············································ 313
　6.3.2　智能工厂的基本功能模块 ····································· 315
　6.3.3　非确定性环境下的生产调度 ·································· 323

参考文献 ············································································ 330

# 第1章 绪 论

## 1.1 机器人的发展历史

机器人的定义较为宽泛,随着技术的不断发展与市场应用需求的变化,机器人的功能与类型也在不断进化。目前,在国际上对机器人的概念定义已经逐渐趋近一致,即一种较为普遍接受的定义如下:机器人是靠自身动力和控制能力实现各种功能的一种机器。联合国标准化组织则采纳了美国机器人协会给机器人下的定义:"一种可编程和多功能的操作机,或是为了执行不同的任务而具有可用计算机改变和可编程动作的专门系统。"在以上定义基础上按照机器人技术发展历史,专家们喜欢用"代"来划分机器人技术演变。

### 1.1.1 第一代机器人

第一代机器人以工业机器人(Industrial Robot)为主,主要是指示教/再现(Teaching/Playback,T/P)方式的机器人,由机器人本体、运动控制器和示教盒组成,操作过程比较简单。T/P方式机器人的控制系统主要功能包括:①对外部环境的检测、感觉功能;②对作业知识的记忆功能;③位置控制及加减速控制功能;④反复动作指定功能;⑤有条件、无条件跳转功能;⑥对外部设备的控制功能等。目前,上述功能是通过微处理机系统的软硬件巧妙结合来实现的。

为了让机器人完成某种任务,首先由操作者将完成任务的各种知识(如空间轨迹、作业条件、作业顺序等),一步步按实际任务操作一遍。机器人的控制系统则在示教过程中自动记忆示教的每个动作的位置、姿势、运动参数等,并自动生成一个连续执行全部操作的程序。完成示教后,只需要给机器人一个启动命令,机器人将逐条取出指令,在一定精度范围内,反复执行各种被示教过的动作。这类机器人通常采用点到点运动,连续轨迹再现的控制方法,可以完成直线和圆弧的连续轨迹运动,然而,复杂曲线的运动则由多段圆弧和直线组合而成。由于操作的简单性、可视性强,示教再现机器人主要用于汽车制造、机械加工等行业,在非制造业(如电子工业、食品工业等)也有应用。

1954年美国戴沃尔(G. C. Devol)最早提出了"工业机器人"的概念,并申请了专利(US2988237,专利批准在1961年)。其要点是借助伺服技术控制机器人的关节,利用人手对机器人进行动作示教,机器人能实现动作的记录和再现,即"通用重复操作机器人"的方案,在1956年,戴沃尔和约瑟夫·恩盖尔柏格基于戴沃尔的原先专利,合作建立了Unimation(Univeral Automation)公司。1959年,Unimation公司的第一台工业机器人Unimate在美国诞生,开创了机器人发展的新纪元。Unimation机器人(图1-1)也称为可编程移动机器人(Programmable Transfer Machines),因为其最开始的主要用途是将一个物件从一个点传递到另一个点,但距离不超过10英尺(1英尺=0.3048m)。Unimation机器人用液压驱动机构,并在机械臂的每个关节位置载入程序,精确度可以达到1英寸(1英寸=2.54cm)的1/10000[1]。它采用了分离式固体数控元件,并装有存储信息的磁鼓,能够记忆完成180个工作步骤。由于英格伯格对工业机器人的研发和宣传,他也被誉为"工业机器人之父"。

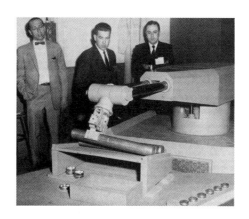

图1-1 Unimation机器人

1962年,美国AMF公司生产出"Verstran"(万能搬运),它主要用于机器之间的物料运输、采用液压驱动。该机器人的手臂可以绕底座回转,沿垂直方向升降,也可以沿半径方向伸缩。与Unimation公司生产的Unimate一样,成为真正商业化的工业机器人,并出口到世界各国,掀起了全世界对机器人研究的热潮[2]。一般认为,Unimate和Versatran机器人(图1-2)是世界上最早的工业机器人。

有趣的是,由于美国人没有重视机器人技术与本国的社会经济发展相结合,比较强调"基础研究",到1973年美国反而从日本进口机器人。反观日本1967年从美国引进Unimate和Verstran等机器人,到20世纪80年代初,就机器人的拥有量和机器人制造厂家等指标分析,日本均占世界前列,自称为"机器人王

图1-2 Verstran 机器人

国"。据国际机器人联合会(International Federation of Robotics，IFR)的数据，目前，全球工业机器人总量约三分之一装置在日本，同时，日本工业机器人每年的出货量一直排在世界第一位。从图1-3可以看出，在2011年出货量达到27894台。在工业机器人的各个应用领域环节，日本机器人厂商均占有重要位置，如在全球焊接和喷涂机器人领域，日本企业安川电机、发那科和川崎重工等共占有60%以上份额，其中安川电机和发那科位居行业第二和第三，仅次于ABB；在组装和输送机器人等领域，日本发那科、川崎重工和安川电机等全球机器人领导企业均拥有核心地位。

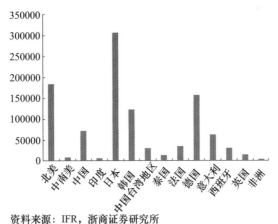

资料来源：IFR，浙商证券研究所

图1-3 2011年全球主要国家及地区机器人保有量比较

目前，第一代机器人技术已经基本成熟，在制造业中，尤其是在汽车产业中，得到了广泛的应用。例如，在毛坯制造(冲压、压铸、锻造等)、机械加工、焊接、热处理、表面涂覆、上下料、装配、检测及仓库堆垛等作业中,机器人都已逐步取代了人工作业[3]。1978 年,美国 Unimation 公司推出通用工业机器人 PUMA,这标志着工业机器人技术已经完全成熟。PUMA 至今仍然工作在工厂第一线。

但第一代机器人由于没有传感器的嵌入,无法感知外部环境,因而缺乏环境反馈系统,只能应用于简单的重复作业,并且操作者需要对其不断进行监督,以免发生生产错误。

### 1.1.2 第二代机器人

第二代机器人,是指具有一些简单智能的机器人。机器人中嵌入的传感器,包括压力传感器、触觉传感器、距离传感器、雷达、视觉系统等,可以感知周围的环境,并将数据反馈给控制器。控制器能够处理来自这些传感器的数据,并相应地调整机器人的运动。

1962 年至 1963 年,传感器使机器人的可操作性得到了提高,人们试着在机器人上安装各种各样的传感器。1961 年,恩斯特采用了触觉传感器。托莫维奇和博尼于 1962 年在世界最早的"灵巧手"上用到了压力传感器。麦卡锡于 1963 年开始在机器人中加入视觉传感系统,并在 1965 年帮助 MIT 推出了世界上第一个带有视觉传感器、能识别定位积木的机器人系统。

1965 年,约翰·霍普金斯大学应用物理实验室研制出 Beast 机器人(图 1-4)。Beast 已经能通过声纳系统、光电管等装置,根据环境校正自己的位置。

图 1-4　Beast 机器人

1968 年,美国斯坦福研究所公布他们研发成功的机器人 Shakey。它带有视觉传感器,能根据人的指令发现并抓取积木,不过控制它的计算机有一个房间那么大。

在第二代机器人时代,个人机器人(Personal Robot)开始广泛应用,如家庭保姆机器人、自动轮椅、移动辅助机器人和宠物训练机器人等。

类人机器人是个人机器人的最佳形态,它们可以与人类进行信息和情感交流,并利用现存的、适合人类生活的环境(建筑、家居、工具等)为人类服务。人工智能(Artificial Intelligence,AI)是个人机器人最难建造的部分,虽然目前在部分功能(视觉和语言等)有初步进展,但在总体内容和应用方面仍面临巨大挑战。

由美国 Willow Garage 公司研制的 PR2(Personal Robot 2),如图 1 - 5 所示,是目前较好的智能类人机器人,可以从事多种家务工作,如开门、寻找充电插座、开啤酒、叠毛巾等。PR2 有 2 条手臂,每条手臂 7 个关节,手臂末端是一个可以张合的手爪。PR2 依靠底部的 4 个轮子移动。在 PR2 的头部、胸部、肘部、钳子上安装有高分辨率摄像头、激光测距仪、惯性测量单元、触觉传感器等丰富的传感设备。在 PR2 的底部有 2 台 8 核的计算机作为机器人各硬件的控制和通信中枢。2 台计算机安装有 Ubuntu 和 ROS 操作系统。PR2 价格高昂,2011 年零售价高达 40 万美元[5]。

图 1 - 5　Willow Garage 公司研制的 PR2

图 1 - 6 所示的 Atlas 机器人是一个双足人形机器人,由美国波士顿动力公司为主开发,并受到美国国防部国防高等研究计划署的资助和监督。这个身高 6 英尺的机器人是专为各种搜索及拯救任务而设计的,并在 2013 年 7 月 11 日向公众亮相。2016 年 2 月 23 日,波士顿动力公司发布了一个新版本 Atlas 机器人的视频。新版本的 Atlas 设计用于在户外和建筑物内部操作。它专门用于移动操纵,非常擅长在广泛的地形上行走,包括雪地。它是电动和液压驱动。它使

用身体和腿部的传感器进行平衡,并在其头部使用光学雷达和立体传感器,以避免障碍物,评估地形,帮助导航和操纵对象,即使对象被移动。这个版本的 Atlas 机器人是大约 175cm(5 英尺 9 英寸)高,质量为 180lb(82kg)。

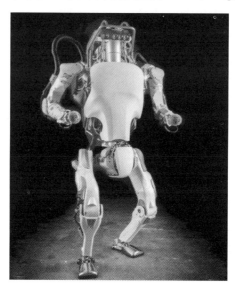

图 1-6 Atlas 机器人

2015 全球移动互联网大会(GMIC)于 2015 年 4 月 28 日—30 日在北京国家会议中心举行。在本次大会上,日本人形机器人领域顶级科学家、大阪大学教授石黑浩带来的是女性机器人阳扬,如图 1-7 所示。她是以中国学者宋博士为原型制造的,这个机器人的外形与原型酷似。阳扬现场做出微笑、悲哀、生气等一系列面部表情,还可以做出握手、行礼等动作,她还在现场演唱了一段歌曲《女人花》。据介绍,在宋博士工作繁忙时,她甚至可以作为替身去参加会议。

图 1-7 石黑浩和阳扬

在第二代机器人时代,实现机器人功能日趋齐全的同时,往往会出现一系列问题。大量零部件的增加导致机器人体积庞大、移动所需空间大,复杂的控制系统、传动机构和传感设备导致造价昂贵并且维修困难。例如,PR2 由于价格高昂而且能力还达不到商业应用的要求,如今主要用于研究,只有美国少数大学和一些研究机构拥有 PR2。因此,可见,第二代机器人在未来智能化的发展道路上存在一定局限性。

服务型机器人核心技术:从技术的角度来看,服务机器人的多场景属性决定了其交互方式的多元化,智能型服务机器人涉及语音、语义分析、情感分析、动作捕捉等多个维度的交互。我们认为,要达到人机融合的程度,需要突破三方面的核心技术模块,分别是环境感知模块、人机交互及识别模块和运动控制模块。

(1) 环境感知模块。多传感融合是未来大趋势,低成本 SLAM + 激光雷达是核心。服务机器人要实现智能化的交互体验,首先要具备环境感知能力。感知方式中,采用多传感融合是大趋势,包括视觉识别、结构光、毫米波雷达、超声波、激光雷达等。考虑到家庭和公共场合的应用场景,未来低成本的 SLAM + 激光雷达方案是不错的选择。随着商业化加快,激光雷达也有望迈向低成本化。

(2) 人机交互及识别模块。语音识别已达到商用门槛,语义理解依靠计算能力的提升,自动语音识别(ASR)能力越来越强。目前,不少企业的语音识别错误率已经达到了实用门槛。在语义理解方面,词法和句法基本解决,语义目前仅是浅层处理,自然语言处理仍然困难重重,未来有望伴随深度学习算法得以突破。除了语音交互方式外,图像识别算法突破也将会对语音语义交互领域形成补充。

(3) 运动控制模块。步态和非步态,不是替代而是共生。运动控制模块增强了服务机器人的移动和运动属性,目前,家用服务机器人大多以电机控制为主。从产品属性看,有步态行走和万向轮为代表的非步态行走,我们认为二者互有优劣,存在场景差异,不存在替代关系,可以共存。

(4) 其他模块。AI 智能芯片通用与专用并行,操作系统领域国产系统正在孕育。芯片是机器人的大脑,包括通用芯片和专用芯片,对于机器人来说,通用芯片和专用芯片各有千秋,未来各司其职,深度神经网络,通用芯片中 GPU 和 FPGA 在解决复杂运算上优于传统 CPU。操作系统方面,目前,主要以 ROS 和安卓系统为主,TuringOS、iBotOS 等国产系统也在不断突破和孕育。

## 1.1.3 第三代机器人

以泛在机器人(Ubiquitous Robot)为代表的第三代机器人建立在普适计算(Ubiquitous Computing)的概念上,即所有的设备都通过互联网相互连接,并且能够在任何地点任何时间为用户提供服务。泛在机器人意义上的"机器人"应做较广泛层面上的理解,它不一定要是一个完整的移动机器人或机械臂,凡是具有一定现实功能的智能网络化的设备,大至人形双足移动机器人,小至一个传感器,如摄像头、温湿计乃至智能家庭环境中网络化的家用电器、贴上射频标签的包裹等,都可以视作一个泛在机器人的实例。如图1-8所示,在一个智能家庭环境中,机器人真正做到"无处不在",它们之间的通信协作的方式也多种多样,如此大大拓展了机器人的内涵,使得在现有技术水准下,多机器人协作完成复杂任务成为可能。

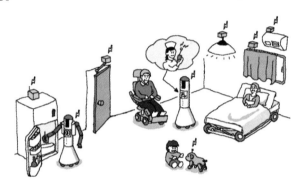

图1-8 智能家庭环境中"无处不在"的泛在机器人技术

较早展开研究的是在2004年,Jong-Hwan Kim等学者在韩国先进科学技术研究所(KAIST)的支持下,建立了泛在机器人的基本框架[6]。研究提出,泛在机器人(Ubibot)可以由几类部件组成,即软件机器人(Sobot)、嵌入式机器人(Embot)、行动机器人(Mobot)。软件机器人是虚拟的机器人,它能够打破空间限制,移动到任意位置,或者通过网络连接到任意设备。它能够理解文本并且与用户交流。嵌入式机器人能够嵌入到环境中或者行动机器人中,它可以识别和定位用户或其他机器人,并且综合获取的遥感信息。行动机器人则负责执行指令、做出相应动作。为了证明泛在机器人的可实现性,团队还研制了软件机器人——虚拟的小狗Rity。第一个实验中,Rity可以在嵌入式机器人(摄像头)的帮助下识别自己的主人并做出正确的反应,证明了现实世界和虚拟世界可以无缝连接。第二个实验中,Rity可以通过互联网进入其他空间位置,证明了软件机器人可以无处不在。

2005年,在瑞典科学研究委员会、韩国电子电信研究所的支持下,Mathias Broxvall等学者,提出了PEIS-Ecology(Ecology of Physically Embedded Intelligent Systems)的概念[7]。PEIS定义为一套在同一个物理环境下相互连接的组件。每个组件都包括了传感器、制动器以及可以连接到相同或不同PEIS下的其他组件的输入输出端口。所有 PEIS 都由统一通信模型相互连接,可以使每个独立的 PEIS 之间进行信息交换、相互合作。与传统的集成型机器人需要自身去探测环境、理解信息、做出反应相比较,PEIS-Ecology 中的所有部件都自带信息标签,能够主动向机器人提供自身信息。例如,一个扫地机器人在地板上探测到一个未知包裹,需要通过确认它的具体成分决定是否清理,这时,如果利用机器人的传感器去检测包裹就会很复杂和浪费时间,但是若包裹自身带有关于自己的信息标签,那么,它就可以直接把信息传送给扫地机器人。PEIS-Ecology 这种分散部署的理念,改善了传统智能机器人复杂程度高、制造困难、造价高等一系列问题,对我们目前的机器人研究方向有很大启示。

2009 年,在欧盟委员会的认知系统和机器人计划支持下,来自学术界和工业界的机器人研究人员发起了 RoboEarth 的研究项目[8]。RoboEarth 机器人可以使用 RoboEarth 语言进行交流展示,并使用 RoboEarth 数据库存储和共享信息。目前,大部分机器人还不能理解非结构化的环境,每一个机器人反应都需要提前进行编程,执行这种预编程则完全依靠反馈调节。因此,当下一次机器人在相同的环境执行相同的动作时,它必须从头再来:从传感器收集数据、构建模型、关闭反馈回路来调整动作等。因此,这些缺乏记忆和学习能力的机器人,在复杂的现实生活中面临着严重的限制。如图 1-9 所示,RoboEarth 可以存储世界范围内机器人对于环境的认知和完成任务所需的行动。如果该机器人或者其他机器人在同一个或者类似的环境里执行相似的操作,那么,它就可以访问数据库,直接得到信息。甚至如果说这是一个从没有出现过的新任务,机器人可以在数据库获取之前的任务信息,在此基础上进行改进。RoboEarth 的出现,可以使机器人重复使用和拓展彼此的知识,大大加快学习和适应的过程,并因此增强与人类的互动能力,能够执行更加复杂的任务。

2011 年,欧盟第七框架计划,提出 RUBICON(Robotic UBIquitous COgnitive Network)项目[9]。项目建立在现有的提高自持性学习能力的解决方法上,探讨机器人如何更好地利用过去的经验,提高应对能力和主动调节能力。

美国着力发展和军事、宇宙、信息家电有关的网络机器人技术。在军事上装备的无人车,可以从其他无人车上收集智能信息,也可以通过远距离遥控改写程序,从而提高性能。目前,美军正在研究的在未来战斗系统(FCS)项目中,能够遥控多台自动汽车的主控系统技术,这种自动汽车最终将发展成为使用者通过网络能够操纵的无人机、地面车、路面车和水中机等多种战斗装备。同时,在家用电器方面,美国也在大力发展传感器和网络化。在 IEEE Society of Robotics and Automation 中,2004 年也建立了有关网络机器人(Networked Robots)的技术委员会(Technical Committee)。美国 NSF(National Science Foundation)在 2004

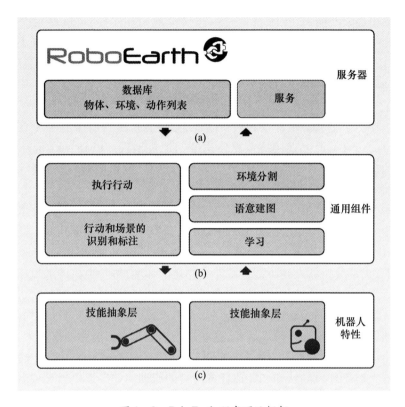

图 1-9 RoboEarth 研究项目框架

年到 2005 年间曾派调查团赴日本、韩国、欧洲等地就"Networked Robots"(网络机器人)进行调查。在调查报告书中,美国对网络机器人做如下定义:"利用传感器、埋设在环境中的计算机和人合作协调完成单体机器人无法完成的任务的数台机器人。"

除了泛在机器人以外,协作机器人(Collaborative Robot)也是第三代机器人的代表。协作机器人是设计和人类在共同工作空间中有近距离互动的机器人。从"协作"的字面意义可以看到,人们希望工业机械臂不再只是被圈在围栏里自顾自地完成它被编程的任务,而是能够更多地与人类"协同工作"。协作机器人通过降低机械臂负载、限制运动速度、限制关节输出力矩、在机械臂上包裹软性材料、算法实现碰撞检测等方式,提高机械臂的安全性。其次,通过研发更容易看懂的示教器、图形化编程方法、拖拽示教算法等,开发更直观易用的人机交互方式,让没有经过专业训练的人也能轻松指挥机器人工作让机械臂与人一起合作去完成那些机械臂本身无法完成的事情,如柔性打磨、装配等。

早在 1996 年,伊利诺伊州西北大学的教授 J. Edward Colgate 和 Michael

Peshkin 就提出了协作式机器人的概念。1994 年,通用汽车机器人中心的通用汽车计划,以及 1995 年通用汽车基金会的研究资助计划,目的都是想找让机器人(或类似的设备)有足够安全性,可以和人类协同工作的方式,其结果就是协作式机器人。第一个协作式机器人确保人体安全的方式是它没有原动力,其原动力是靠工作人员提供。第一个协作式机器人是用转动酬载的方式和工作人员协同作业,用计算机控制运动。后来的协作式机器人也只提供少量的原动力。

图 1-10 中所示丹麦公司 Universal Robots 在 2008 年发表他们的第一个协作式机器人系列 UR5,2012 年发表 UR10 协作式机器人,2015 年则发表了桌上型的协作式机器人 UR3。KUKA 的协作式机器人 LBR iiwa 是和德国航空太空中心长期合作的结果,美国公司 Rethink Robotics 则是在 2012 年提出其工业协作式机器人 Baxter。FANUC 在 2015 年提出他们的第一款协作式机器人,无须安全栏栅 FANUC CR-35iA 酬载有 35kg,后续也有较小型的协作式机器人,如 FANUC CR-4iA、CR-7iA 及 CR-7/L 长机械手臂版本。作为全球最大的工业机器人制造商之一,ABB 在 2014 年推出了其首款协作机器人 YuMi,目标市场为消费电子行业。加拿大 Kinova Robitcs 是一家残障人士辅助设备生产商,JACO2 机器人使残疾人能够超越现有的边界和限制,能有效、安全地与他们的环境进行交互。

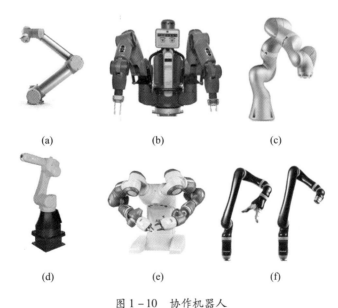

图 1-10 协作机器人
(a)UR5;(b)Baxter;(c)LBR iiwa;(d)CR-35iA;(e)YuMi;(f)JACO2。

随着科学技术的发展,人类社会对产品的功能与质量的要求越来越高,产品更新换代的周期越来越短,产品的复杂程度也随之增大,传统的大批量生产方式受到了挑战。在大批量生产方式中,很难进行多种产品的制造,频繁地调整工夹具,会导致工艺稳定难度增大,生产效率势必受到影响。为了同时提高制造工业的柔性和生产效率,使之在保证产品质量的前提下,缩短产品生产周期,降低产品成本,最终使中小批量生产能与大批量生产抗衡,柔性自动化系统便应运而生。在柔性制造系统中通常采用复合机器人,复合机器人通常是由移动平台搭载机械臂构成,同时还需具备自主定位与环境建图、目标物体识别与姿态估计、运动规划等能力,才可以较好地完成柔性自动化生产任务。

世界上第一台移动机械臂诞生于1984年,德国的MORO移动机械臂首先在工业环境下开始使用。当时的视觉传感技术还不够发达,仅能完成一些简单的工业任务。2005年以后,机器视觉、机器学习、激光传感器、深度相机等技术发展迅速,移动机械臂开始可以使用视觉信息,获取环境信息,定位自身位置,识别并抓取目标物体。在工业上的应用前景开始明朗起来,很多机器人厂商开始推出自己的移动机械臂。2015年,库卡公司发布了一款移动机械臂Youbot,如图1-11所示,它可分为底盘模块和机械臂模块。底盘模块使用麦克纳母轮,可以全向移动,机械臂使用5自由度单臂机器人,并配有二指夹爪,各模块间可以拼接,并留有扩展接口,方便增添视觉、激光等传感器。

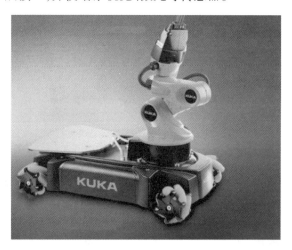

图1-11 库卡移动机械臂Youbot

2015年,美国的Fetch robotics推出了一款移动机械臂。如图1-12所示,其底座使用激光传感器,可以在工厂、仓库环境中进行自主定位与导航。除了基本的移动底座和机械臂外,它在顶部还有可俯仰观测的rgbd相机,可以对周边环境进行建模,并识别定位目标物体,从而完成抓取任务。

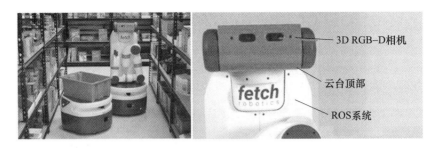

图1-12　Fetch Robotics 移动机械臂

## 1.1.4　下一代机器人

下一代机器人聚焦在将生物组织与机器人结合在一起的生物混合机器人。这种生物混合机器人由电或者光驱动,让细胞与骨骼结合,从而能让机器人自由移动,并像生物组织一样柔软。

图1-13所示是来自凯斯西储大学的一支研究团队从水母中得到灵感,开发了一款生物混合机器人。研究团队将这款机器人称为"水母类机器人",它有着能够绕城圆圈的手臂,他们称为"水母机器人",它的周围安装了一圈手臂,每条手臂都用蛋白质材料刻印了微型模型,就像活体水母的肌肉一样。当细胞组织收缩时,这些手臂就会向内弯曲,推动生物混合机器人在富含营养物质的液体中向前移动。

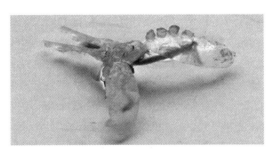

图1-13　水母类机器人

来自日本东京大学的活体肌肉的机械臂采用了"生物混合"(Biohybrid)设计,模拟人类手指的结构和功能,用两组大鼠肌肉来控制机械臂关节(图1-14)。机械指的中心是一根"骨架",带有一个关节,骨架顶端和中间分别有两个电极。在两对电极之间,有4个活动的锚点,上面生长着两组对抗性的活体骨骼肌,下边的2个锚点带有柔性连接带,连到关节的两侧。肌肉受到电流刺激会收缩,也就带动着关节运动,完成了机械指的弯曲动作。虽说用到了活体肌肉,但制造过程中并不需要磨刀霍霍向大鼠。这些肌肉是直接从机械指的骨架上"长"出来的。为了让树脂骨架长出肌肉,科学家们在上面铺满了包裹着成肌细胞(大鼠肌肉细胞)的水凝胶片。水凝胶片只能保障肌肉长大,却不能一直让它存活下去。所以,这个使用活体肌肉的机械指有一个非常大的局限:只能生活在水里。

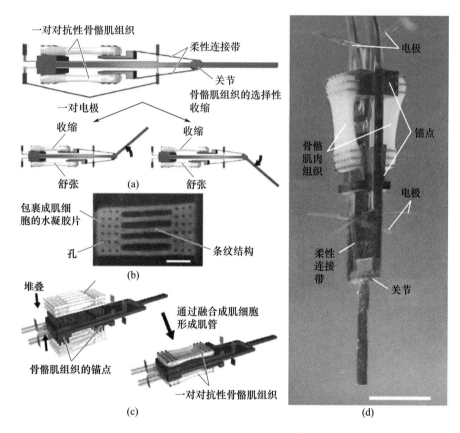

图1-14 活体肌肉的机械臂

除了以上的生物混合机器人以外,软体机器人也是下一代机器人的研究热点。软体机器人本体利用柔软材料制作,一般认为是杨氏模量低于人类肌肉的材料;区别于传统机器人电机驱动,软体机器人的驱动方式主要取决于所使用的智能材料;一般有介电弹性体(DE)、离子聚合物金属复合材料(IPMC)、形状记忆合金(SMA)、形状记忆聚合物(SMP)等,从响应的物理量暂时分为如下几类:电场、压力、磁场、化学反应、光、温度。科学家依此设计了各种各样的软体机器人,大多数软体机器人的设计是模仿自然界各种生物,如蚯蚓、章鱼、水母等。

## 1.2 泛在机器人的概念

### 1.2.1 智能空间

智能空间(Smart Space 或 Smart Environment)是嵌入了计算、信息设备和多模态的传感装置、网络为一体的工作或生活空间,具有自然便捷的交互接口,以支持人们方便地获得计算机系统的服务。人们在智能空间的工作和生活过程就是使用计算机系统的过程,也是人与计算机系统不间断的交互过程。在这个过程中,计算机不再只是一个被动执行人的显式操作命令的信息处理工具,而是协作人完成任务的帮手,是人的伙伴,交互的双方具有和谐一致的协作关系。这种交互中的和谐性主要体现在人们使用计算机系统的学习和操作负担将有效减少,交互完全是人们的一种自发的行为。自发(Spontaneous)意味着无约束、非强制和无须学习,自发交互就是人们能够以第一类的自然数据(如语言、姿态和书写等)与计算机系统进行交互。

智能空间的概念是由普适计算(Ubiquitous Computing)演变而成的。普适计算将使计算和信息服务以适合人们使用的方式普遍存在于我们的周围,以往相互隔离的信息空间和物理空间将相互融合在一起。自发交互是普适计算脱离桌面计算交互模式束缚的关键问题,具有重要的研究价值,智能空间成为研究和谐人机交互原理与技术的典型环境。普适计算中信息空间和物理空间的融合可以在不同尺度上得到体现,其在房间、建筑物这个尺度上的体现就是智能空间(图1-15)。

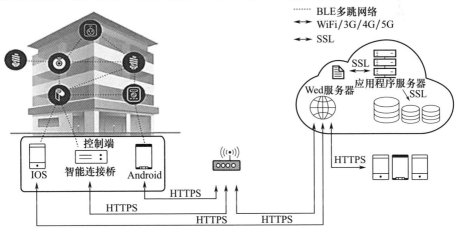

图1-15 智能空间示例图(通过网络通信和普适计算技术,将智能住宅、建筑物、照明、传感器和可穿戴设备等智能设备融为一体,形成智能空间)

在物联网技术日渐成熟的今天,智能空间的实现已经不再是一个遥远的畅想。智能空间实际上是在计算机技术的嵌入之下,以及在使用多模态的传感装置的配合之下,将互联网与真实存在的实际事物联系在一起,构成物联网之下的智能化生活空间。计算机与人类之间的交互作用为基础,但是其中已经不仅仅是计算机程序按照既定程序进行无差别执行,计算机成为人类的协助者,两者在智能空间中存在着相互和谐的交互关系,故而智能空间为人机交互实验提供了良好的环境与空间。从最早期的扫地机器人开始,物联网交互式的模型就已经在人们的思维里构建了出来。物联网发展至今,在物流方面、信息反馈方面以及家居生活中都带来了一定的便利。直到智能空间的出现,带来了人类生活的全新体验。智能家居(Smart Home)(图1-16),其中包括智能灯泡、智能家用电器(如空调、电视、冰箱等),也在向着越来越智能化的方向发展,同时还包括在交通信号灯上安装的智能电子眼,甚至已经出现的智能型机器人。在家庭中安装家庭监控,尤其是有孩子和老人的家庭,利用家庭网络环境,将家庭的景象拍摄并通过网络进行传输至终端的技术,这样的技术可以有效地保障家庭以及人身的安全。甚至在今天各种"蜗居"户数不胜数,可折叠式智能家具就可以大大增加其可利用的空间。智能空间说到底还是与互联网以及物联网相联系,信息的传输无法脱离互联网基础,在物联网上,关注与人机的交互。智能空间与普适计算机的联系与交互作用也是不可忽视的要素之一。在计算机中的计算设备,多模态交互技术还有情景感知模块构成了智能空间的至关重要的因素。计算设备顾名思义便是用于进行数字信息计算并进行处理,如进制的转换、程序代码的执行等。多模态交互技术,多模态就意味着不同方面的感受,即通过文字、语音、视觉、环境、动作等多方面的方式进行人机交流,目的就是为了重现或者说是模仿人与人之间的交流模式。情景感知是后来才发展起来的新型科学技术。它是运用收集到的所需要的所有的信息进行分析,并来"揣测"你本身所处在的环境甚至需求。它的一大特点就是具有"主动性",情景感知可以根据收集到的信息进行主动的自适应式调整。

智能空间发展至今,不可否认的也发现了一些弊病。例如,扫地机器人,虽然它降低了居家做家务的困难,但同时对一些死角是无法进行清洁的。不论从外观上进行调整还是对它的内部已经输入好的程序进行重新编写,家中的家具的摆放位置以及一些角落的难以清洁性是机器人暂时无法克服的一个难题。同时,家庭监控,可以通过互联网传递信息,但是互联网络上面的漏洞也是一个动态的不断修复的过程。在存在漏洞的网络中,漏洞中的攻击能够入侵用户的IP,或者说,可以通过计算机进行对家庭监控的控制。同时,还有一些智能型家具,如冰箱、电视、空调,它们的智能化都是基于一个固定的控制端口,这个端口

第 1 章　绪论

图 1-16　智能家居示例图

可以是手机的 APP,也可以是另外一套控制按钮。至今还无法做到不通过控制,机器进行自适应性的协调。故而,我们要解决的问题,第一点就是对于智能型家具的外观设计;第二点是对于网络安全性的问题,这个开放性的网络时代的到来无法保障网络上的绝对安全;第三点是进行不断的探索,做到减少中间媒介,并且由人直接进行控制,从而做到更便利、更舒适。

在计算机科学技术高速发展的今天,迎来的智能化时代为生活提供了诸多便利。但可以看到的是,多数智能化机器为"半智能化",即它们仍旧需要软件的控制系统,如手机 APP 进行控制操作。随着计算机中的交互模式越来越先进与灵敏,机器与人类的相互作用在未来有可能会达到主动调适的状态,即人们不再需要软件的控制,凭借机器对外部环境因素的感知进行自主调节的状态,从而更加方便人们的日常生活。智能化生活的趋势已经来临,为了使人们更好地适应智能化生活,在教育方面,应当在学生时代增加学生接触智能化的机会,引起他们对于智能化生活及其原理的探索以及兴趣,增加学生对于智能化生活的美好向往,这对未来智能化的发展起着至关重要的作用。

## 1.2.2　物联网技术

物理世界的联网需求和信息世界的扩展需求催生了一类新型网络——物联网。物联网最初被描述为物品通过射频识别等信息传感设备与互联网连接起来,实现智能化识别和管理。其核心在于物与物之间广泛而普遍的互联。上述特点已超越了传统互联网应用范畴,呈现了设备多样、多网融合、感控结合等特征,具备了物联网的初步形态。物联网技术通过对物理世界信息化、网络化,对传统上分离的世界和信息世界实现互联与整合。

目前,物联网还没有一个精确且公认的定义。这主要归因于以下几点。第一,物联网的理论体系还没有完全建立,对其认识还不够深入,还不能透过现象看出本质。第二,由于物联网与互联网、移动通信网、传感网等都有密切关系,不同领域的研究者对物联网思考所基于的出发点和落脚点各异,短期内还没达成共识。通过与传感网、互联网、泛在网等相关网络的比较分析,刘云浩等[10]认为,物联网是一个基于互联网、传统电信网等信息承载体,让所有能够被独立寻址的普通物理对象实现互连互通的网络。它具有普通对象设备化、自治终端互联化和普适智能化3个重要特征。

继计算机、互联网和移动通信之后,业界普遍认为物联网将引领信息产业革命的新一次浪潮,成为未来社会经济发展,社会进步和科技创新的最重要的基础设施,也关系到未来国家物理基础设施的安全利用。由于物联网融合了半导体、传感器、计算机、通信网络等多种技术,它即将成为电子信息产业发展的新制高点。

物联网概念最早可追溯到比尔·盖茨1995年《未来之路》一书。在《未来之路》中,比尔·盖茨已经提及物物互联,只是当时受限于无线网络、硬件及传感设备的发展,并未引起重视。1998年,美国麻省理工学院(MIT)创造性地提出了当时被称作EPC系统地物联网构想。1999年,建立在物品编码、RFID技术和互联网地基础上,美国Auto – ID中心首先提出物联网概念。

物联网的基本思想出现于20世纪90年代,但近年来才真正引起人们的关注。2005年11月17日,在信息社会世界峰会(WSIS)上,国际电信联盟发布了《ITU互联网报告2005:物联网》。报告指出,无所不在的"物联网"通信时代即将来临,世界上所有的物体从轮胎到牙刷、从房屋到纸巾都可以通过互联网主动进行信息交换。射频识别技术(RFID)、传感器技术、纳米技术、智能嵌入技术将得到更加广泛的应用。欧洲智能系统集成技术平台(EPoSS)于2008年在《物联网2020》报告中分析预测了未来物联网的发展阶段。

奥巴马就任美国总统后,于2009年1月28日与美国工商业领袖举行了一次"圆桌会议"。IBM首先执行官彭明盛首次提出"智慧地球"这一概念,建议新政府投资新一代的智慧型基础设施。2009年,欧盟执委会发表题为"Internet of Things – An action plan for Europe"的物联网行动方案,描绘了物联网技术应用的场景,并提出要加强对物联网的管理、完善隐私和个人数据保护、提高物联网的可信度、推广标准化、建立开放式的创新环境、推广物联网应用等行动建议。我国政府也高度重视物联网的研究和发展。2009年8月7日,时任国务院总理的温家宝也在无锡视察时发表重要讲话,提出"感知中国"的战略构想,表示中国要抓住机遇,大力发展物联网技术。

物联网形式多样、技术复杂、牵涉面广。根据信息生成、传输、处理和应用的原则,可以把互联网分为4层:感知识别层、网络构建层、管理服务层和综合应用层。图1-17展示了物联网4层模型以及相关技术。

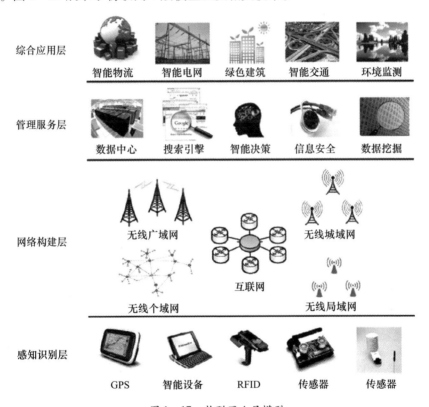

图1-17 物联网4层模型

(1) 感知识别层。感知识别是物联网的核心技术,是联系物理世界与信息世界的纽带。感知识别既包括射频识别(RFID)、无线传感器等信息自动生成设备,也包括各种智能电子产品用来生成人工信息。

(2) 网络构建层。这层的主要作用是把下层(感知识别层)设备接入互联网,供上层服务使用。互联网以及下一代互联网是物联网的核心网络,处在边缘的各种无线网络则提供随时随地的网络接入服务。无线广域网包括现有的移动通信网络及其演进技术(包括3G、4G通信技术),提供广阔范围内连续的网络接入服务。

(3) 管理服务层。在高性能计算和海量存储技术的支撑下,管理服务层将大规模数据高效、可靠地组织起来,为上层行业应用提供智能的支持平台。存储是信息处理的第一步。数据库系统以及其后发展起来的各种海量存储技术,包括网络化存储(如数据中心),已广泛应用于 IT、金融、电信、商务等行业。面对海量信息,如何有效地组织和查询数据是核心问题。

(4) 综合应用层。互联网最初用来实现计算机之间通信,进而发展到连接以人为主体地用户,现在正朝物物互联这一目标前进。

物联网各层之间既相对独立又联系紧密。在综合应用层以下,同一层次上的不同技术互为补充,适用于不同环境,构成该层次技术的全套应对策略。不同层次提供各种技术的配置和组合,根据应用需求,构成完整的解决方案。

从网络的角度来观察,物联网具有以下几个特点:在网络终端层面呈现互联网终端规模化、感知识别普适化;在通信层面呈现异构设备互联化;在数据层面呈现管理处理智能化;在应用层面呈现应用服务链条化。

(1) 联网终端规模化。物联网时代的一个重要特征是"物品触网",每一件物品均具有通信功能,成为网络终端。

(2) 感知识别普适化。作为物联网的末梢,自动识别和传感网技术近年来发展迅猛,应用广泛。无所不在的感知与识别将物理世界信息化,对传统上分离的物理世界和信息世界实现高度融合。

(3) 异构设备互联化。尽管硬件和软件平台千差万别,各种异构设备利用无线通信模块和标准通信协议,构建自组织网络。在此基础上,运行不同协议的异构网络之间通过"网关"互连互通,实现网际间信息共享及融合。

(4) 管理处理智能化。物联网将大规模数据高效、可靠地组织起来,为上层行业应用提供智能的支持平台。数据存储、组织以及检索成为行业应用的重要基础设施。与此同时,各种决策手段包括运筹学理论、机器学习、数据挖掘、专家系统等广泛应用于各行各业。

(5) 应用服务链条化。链条化是物联网应用的重要特点。以工业生产为例,物联网技术覆盖从原材料引进、生产调度、节能减排、仓储物流,到产品销售、售后服务等各个环节,成为提高企业整体信息化程度的有效途径。更进一步,物联网技术在一个行业的应用也将带动上下游产业,最终服务于整个产业链。

### 1.2.3　从泛在感知、泛在网络到泛在机器人

在 1.2.2 节中已经详细描述了物联网技术的相关特点,其中泛在化主要是

指无线网络覆盖的泛在化,以及无线传感器网络、RFID标识与其他感知手段的泛在化。泛在化的特征主要说明了两个问题:第一,全面的信息采集是实现物联网技术的基础;第二,解决低功耗、小型化与低成本是推动物联网技术普及的关键。1988年,施乐(XEROX)Palo Alto研究中心的首席科学家Mark Weiser首次将"泛在"一词用于计算机和网络中,他将泛在计算定义为"一种使用物理上的多台计算机加强计算能力,同时让用户无感知地使用的方式"。与当时主流提出的"更快、更好、更强"的思想不同,Mark Weiser提出的是"更小、更轻、更易用",以及更面向网络的计算模式[11]。网络的快速发展在30年后的今天印证了他对未来的预想,技术越来越开始无缝地融入人们的生活。过去的几年,计算机、互联网和手机带来的潜移默化的巨大改变,无数种类的智能设备的广泛应用,智能化的生活随着微处理器等设备价格的下降和性能的提升正不断向我们靠近。

泛在感知网络通过把物理的处理器和他们处理的信息真实关联,将虚拟和现实连接起来,与以往着重于基础设施的建设及技术应用和规划不同,泛在感知网络强调了人们的实际生活需求,如完善高龄者生活照顾、有效利用医疗设施机构、营造放心安全的生活环境等,同时利用信息通信技术解决社会实际问题,包括使用网络技术、安全认证、软件应用、配置技术等。亚太、欧盟、北美的各个国家都分别从国家产业高度制定了明确的推动政策与技术,如日韩的泛在网络(Ubiquitous Network)、欧盟的环境感知智能(Ambient Intelligence)、北美的普适计算(Pervasive Computing)等。尽管各国的提法各不相同,但其理念都是一致的,即网络不再被动地满足用户需求,而是主动地感知用户场景的变化并进行信息交互,通过分析人的个性化需求主动提供服务,而各个终端设备具备感知能力和智力型接口,使用更加便利。为了实现这种理想的智能化和泛在化,需要泛在感知网络中的各个物品和所处环境之间能够互相交互,这就需要微小的电子传感设备和标签,实时的定位系统以及无处不在的通信网络。从中,我们可以看到以下几个方面的技术在泛在感知网络的发展中起着举足轻重的作用:①RFID技术;②传感器和控制器技术;③泛在感知网络通信技术;④系统架构和中间件技术等。其中RFID技术让远距离的识读变得可能,通过射频信号自动识别目标对象,无须人工干涉;IPv6和5G等新一代网络技术让泛在感知网络中的每个部分之间的通信越来越容易;中间件技术也为泛在感知网络的信息和应用搭起了坚固桥梁。由于接入的各种设备和网络的异质性,支持的设备及硬件的广泛性,泛在感知网络需要中间件技术支持多种多样的协议和语言。泛在感知网络不仅仅是基础的网络架构,同时也能向其他行业提供信息通信服务,实现对信息的综合利用,提升个人、企业、家庭的生活品质及工作效率。通过各种人机互动研究的进行,泛在感知网络能够真正实现不仅是人和人,同时也包括人和机器、机器同机器的无障碍交流。

随着泛在感知网络的发展,在机器人领域也兴起了新的变革,2005年,研究人员从泛在感知网络、普适计算的概念出发,重新定义了感知模块、执行模块、控制模块之间的关系,正式提出了泛在机器人的概念[12]。随后,大量将机器人技术与环境智能结合起来的研究开始出现,利用分布式的传感和执行网络的优势提高机器人的能力。随着物联网、云计算等领域的蓬勃发展,分布式、网络化的概念被广泛接受。J. Kufner博士于2010年提出了云机器人的概念[13],提出机器人本身不需要存储所有的资料和信息,也不需要强大的计算能力,只是在需要时向云平台发出请求。同时,云机器人使得不同机器人之间共享信息、共同学习和互相协作变得更加容易。这些技术与泛在机器人存在共通之处,泛在机器人技术的前景越来越广阔,受到了更大的关注。

如图1-18所示,泛在机器人是一个将机器人的传感和执行组件广泛分布在环境中的智能系统,各机器人组件通过网络通信,协作完成任务[14]。泛在机器人技术是物联网的延伸,日常环境中的各种电子设备,如电灯、电视、空调、微波炉、冰箱都能成为泛在机器人的执行模块;环境摄像头、RFID标签、温度亮度传感器等都能成为泛在机器人的传感模块。这些模块通过中间件技术,抽象成为即插即用、能够互相通信和协作的组件,从而泛在机器人系统可以方便地组合不同组件向用户提供不同的服务。泛在机器人的主要优势主要有以下几个方面。

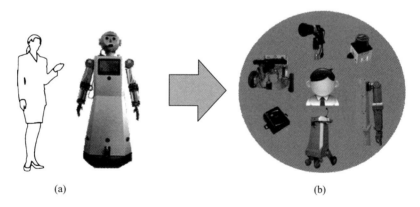

图1-18 泛在机器人与人关系框图
(a)传统机器人;(b)泛在机器人。

(1)降低成本。传统单体智能机器人将各项复杂功能集于一身,开发成本高、难度大。泛在机器人每个组件通常只负责某一个感知或执行功能,复杂的计算由服务器或云端完成,故以化整为零的办法,降低机器人成本。

(2) 增强感知和执行能力。机器人的感知、执行能力不受空间限制,由于机器人组件是分布式的,机器人的感知和执行能力扩展到整个环境。

(3) 易于扩展。机器人以模块化的形式开发,各模块之间功能独立,所以扩展新的组件不会对已有组件带来影响。使用者往往可以从简单基本的机器人组件开始,逐步扩充组件数量和类型。

(4) 高复用性。同一个机器人组件可以用在不同任务和不同的系统中。完成新的任务或者搭建新的系统通常只需要组合不同的组件。

(5) 高效率。系统根据任务和环境状态优化资源分配,以速度快、能耗少为依据选择合适的机器人组件完成任务。

(6) 高鲁棒性。由于系统的冗余度,某几个组件的错误不会影响整个任务的执行,整个系统有较高的稳定性。

由于泛在机器人的巨大优势,国内外已有广泛的研究,涉及了家庭服务、城市安保、公共场所的游客引导、城市保洁等多个应用领域。相关项目通常都十分庞大,涉及多个研究团队和众多的研究方向。显然,对于单个机器人而言的重要技术,也同样是泛在机器人领域的研究重点,如定位导航、人机交互、运动控制、规划与学习等。但与传统研究不同,网络化、分布式的环境给这些研究领域带来了新的问题,如利用环境传感器或其他机器人的信息定位导航、基于网络服务的人机交互、多机器人的运动控制、分布式的规划与学习等。

欧盟在泛在机器人技术研究上处于领先地位,他们率先并持续进行了大量的研究。2006 年,欧盟成立 DustBot 项目[15-16]目标是建立一个可以监控环境质量、打扫卫生、清理垃圾的机器人智能系统,如图 1-19 所示。在城市环境中部署了基于 Zigbee 和 TCP/IP 的无线传感网络,每个节点集成了很多传感器,如摄像头、温湿度传感器、污染气体传感器等。移动机器人是无线传感网络的一个移动节点,它们靠散布在城市中的传感器定位和导航。机器人接收用户短信,上门收取垃圾,并自主清理街道,还能向市民发布环境质量状况。

同年,英国、法国、西班牙、意大利、瑞士、比利时等多国十多个研究团队共同展开了 URUS(Ubiquitous networking Robotics in Urban Settings)城市环境下泛在网络机器人项目[17-18]的研究。图 1-20 为 URUS 系统框图,目标是开发一个能把机器人、环境传感器和人类融合在一起的网络架构。主要应用领域是在城市中货物搬运、安全监控、游客引导等。项目针对网络化、分布式的智能环境带来的新问题,主要研究了多机器人的协作定位导航、协作感知、协作建立地图、任务分配等技术。

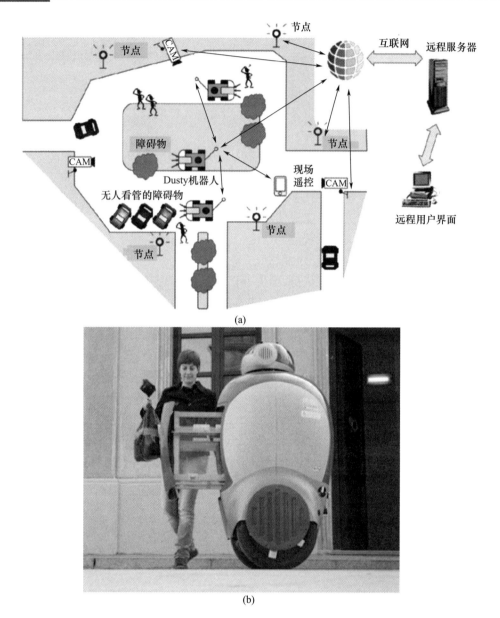

图 1-19　DustBot 泛在机器人系统
(a) DustBot 机器人工作环境;(b) DustBot 垃圾收集机器人。

德国慕尼黑大学搭建了日常厨房环境(图 1-21),探索泛在机器人的感知和执行技术。他们以机器人备餐摆桌为例,提出了基于 Player/Stage 构架的泛在机器人系统,研究了机器人如何运用环境智能,如何通过人类的演示学习动作模

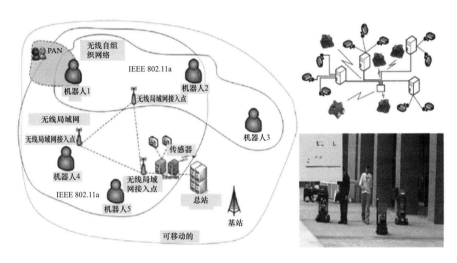

图 1-20 城市环境下泛在网络机器人系统框图

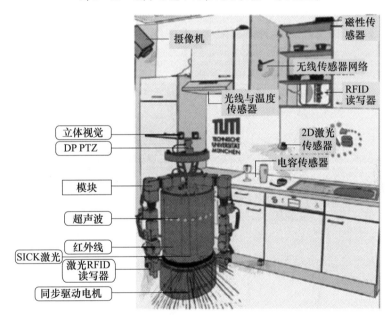

图 1-21 机器人厨房

型,并根据环境特点进行任务规划。他们提出了在线执行、离线优化的规划方法。在离线优化过程中,根据定义好的转换规则建立了一个规划库,将规划结果预先存入库中,在线时直接读取规划结果[19]。该方法只适用于任务数目不大且不考虑环境不确定性影响的情况,这种将所有规划结果预先计算好的方法不能应对复杂多变的任务。

瑞士的厄尔布鲁大学从 2005 年起开展了 Peis – Ecology（Physically Embedded Intelligent System）项目[20-21]，以一个单身公寓为实验环境，目的是开发能融入人类日常生活的家庭服务机器人系统，Peis – Ecology 机器人与组件组织架构如图 1 – 22 所示。他们用中间件对不同的机器人组件进行封装，以达到互操作和易于扩展的目的，并且提出了一套自动规划与重规划的方法[22]，协调多个相异性的组件协作完成任务。这个项目从生态学的观点，将人、环境中的设备和机器人都看作是这个生态系统的一部分，从而为达到一个共同的目标而建立一种相互协作的关系。

在此基础上，欧盟于 2011 年开展了一个 330 万欧元的新项目 RUBICON（Robotic UBIquitous Cognitive Network），目标是建立一个能够学习进化的泛在机器人系统[23-24]，其研究重心向着系统智能化和以人为中心的资源分配与优化展开。

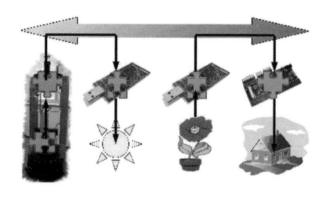

图 1 – 22　Peis – Ecology 机器人与组件组织架构

另外,日本、韩国的研究也起步较早。韩国的 URC(Ubiquitous Robotic Companion)项目目标为降低单个机器人的复杂度,降低系统的开发成本,并能在任何时间、任何地点为用户提供服务,如图 1-23 所示。他们把泛在机器人划分为嵌入式机器人、移动机器人和软件机器人[18],其中嵌入式机器人和移动机器人提供感知和执行功能,利用中间件技术互相通信和协作。另外,文献[25]提出了基于语义的服务模型,使用符号规划器将用户的指令转化成控制指令。在人机交互方面,他们开发了一个有情感的软件机器人与人交互,作为用户和泛在机器人系统的桥[26]。

图 1-23 韩国的 URC(Ubiquitous Robotic Companion)系统框图

日本研究者也很早就开始研究泛在机器人技术,最主要的是 UNR-PF(Ubiquitous Network Robot Platform)项目(图 1-24),其目的是将机器人服务与机器人、智能手机和传感网络相结合,为老年人和残疾人提供个性化的服务[27]。他们将泛在机器人分为 3 种形式:可视型、虚拟型和隐蔽型。可视型机器人,如人形机器人、宠物机器人、玩偶机器人等具有眼睛、头、手和脚等器官,可以通过头部和手部姿势与人们亲切交流。可视型机器人通过自主行动和远距离操作能够完成信息提供、道路向导和引导等许多服务。虚拟型机器人是在网络虚拟空间中活动的机器人,通过手机、PC 等,结合计算机图形学实现的姿势与人进行会话交流,通过扬声器振动发声也可以认为是具有传达功能。隐蔽型机器人,是由摄像机、激光测距仪等环境传感器群体,以及埋设在衣服或身体装饰品内的可穿着传感器等与控制这些传感器的 CPU 有机地组合起来的一体化机器人。隐蔽机器人默默无声地存在于人的周围,能够给其他形式的机器人提供信息。他们也利用中间件技术封装底层设备,解决相异性设备的通信和协作问题。更进一步,其研究的重点是整合底层资源,完成各种各样的服务[28-29]。用户通过家中的虚拟机器人订阅想要的服务,他们强调系统能够记录用户信息,从而提供个性化的服务[29]。

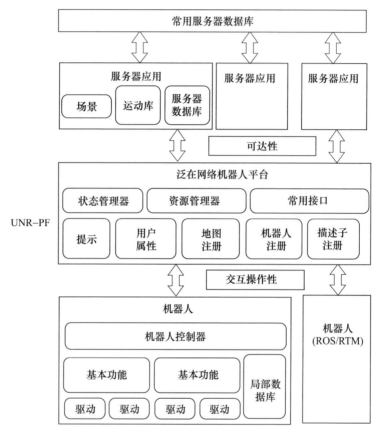

图1-24 UNR-PF泛在网络机器人架构

在国内,浙江理工大学研究者将语义网用于泛在机器人的任务配置和重配置,其研究重点在于把传感器、执行器或者软件算法抽象成一种服务,一种服务配置就是由这些服务构建的与或树。文献[30]给出了服务配置和重配置的算法,并给出了仿真和实际机器人的实验结果。上海交通大学研究者实现了一种基于分布式智能的网络机器人系统,将环境摄像头和移动机器人抽象为即插即用的智能节点,传感智能节点能够处理和传输多种层次的传感信息,实现传感智能的交互与共享。

综上研究现状分析,近年来,对于泛在机器人技术的研究备受关注,日本、韩国与欧盟甚至将此作为国家战略发展方向。相比之下,国内对泛在机器人技术的研究仍处于起步阶段。随着物联网、云计算的蓬勃发展,泛在机器人技术势必将对未来的社会和经济产生重要的影响。

# 第 2 章  基础理论与相关技术

## 2.1  泛在机器人系统

### 2.1.1  机器人模块化

早期的机器人在构型和功能上是固定的,比较呆板,无法按照任务要求在构型上做出相应的变化;机器人的自由度是固定的,当任务发生改变时,可能因为机器人的结构不能完成任务;机器人的传感器也是固定的,难以在机器人本体上进行传感器的扩展和新型号传感器的更换;多机器人之间的信息共享和互换性也比较差。由于这种固定机器人存在各种弊端,针对不同的任务,必须重新开发新结构的机器人,从而造成成本和工作量的增加。

传统的机器人模块是指类似于搭积木的方式,把各种模块化的组件组装成为一个完整的机器人系统。使用模块可以进行批量、柔性生产,加快产品的开发速度和生产效率,提高机器人系统的可靠性和易维修性,并且可以根据客户的需求对机器人系统进行个性化定制,以满足不同的市场需求。模块化的工业机器人每个模块都是个独立的机械功能单元,各模块间都有标准化的机械动力,控制信号接口,可以方便快捷地进行更换,并且每个模块之间都相互独立,以减少整机系统模块之间的关联性,各模块原则上需要有运动学和动力学的独立性,在没有其他模块时,也不影响自身功能的运行。

随着机器人技术、传感器技术、通信技术和计算机技术的发展,机器人更多地向传感器、执行器、控制器模块化方向发展,并将这些单元的信息格式进行统一整合,制定标准的接口,以方便更换不同的传感器、执行器和控制器模块。在新一代通信技术的帮助下,机器人甚至可以不是一个整体,传感器、执行器和控制器可以化整为零,作为一个个分开的单元,通过统一的通信接口,完成机器人的各项功能。模块不再是单纯指完全独立的功能模块,而是可以更换的各种功能组件。它们可以在一个平台上共享各种传感器信息,经过决策算法模块,最后控制各种执行器模块完成任务。机器人模块化可以将各个模块分散在任务环境中,通过网络技术进行信息交互,完成决策,并且最终使用执行模块完成任务。如图 2-1 所示,各种不同的机器人可以由相类似的传感、算法决策和执行模块组成,从而可以方便快捷地进行机器人系统搭建。

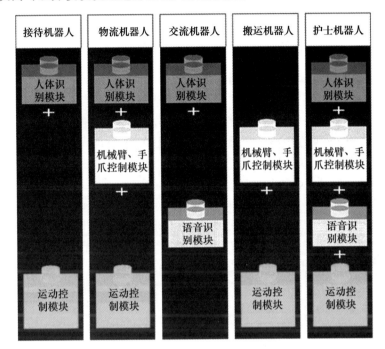

图 2-1　各种机器人的模块化组成

## 2.1.2　机器人中间件技术

中间件是一种计算机软件,可为操作系统的软件应用程序提供服务。它可以描述为"黏结操作系统与应用程序的胶水"。中间件使软件开发人员更容易实现通信和输入/输出,因此,他们可以专注于应用程序的特定功能。它在20世纪80年代逐渐兴起,为"如何将较新的应用程序与较旧的遗留系统联系起来"的问题提供了一种解决方案。

操作系统和中间件功能之间的区别在某种程度上是模糊的。虽然核心内核功能只能由操作系统本身提供,但以前单独由中间件提供的某些功能现在集成在操作系统中。一个典型的例子是用于电信的 TCP/IP 协议栈,现在几乎包含在每个操作系统中。

目前,在机器人技术方面还不存在统一的标准,也没有形成配套的专业化设计与产业链分工,很难实现不同功能构件之间的可重用与互操作,不能满足多种机器人异构组件的快速开发、集成及应用要求。在国内外实际应用中仍存在大量的重复性开发工作,成本高、周期长,制约了机器人产品的广泛应用,急需开展机器人标准化、组件化体系结构的研究工作。对于机器人中间件理论的研究,有助于将机器人系统研发由原有的整体构建转变成积木式搭建模式,以降低软硬件部件复用的门槛,简化设计过程,降低机器人系统研发成本,正逐渐引起学术界的关注。

1) 通用对象请求代理(CORBA)

CORBA 是由 OMG 组织制定的开放分布式对象计算构架标准,是一种"软总线",利用它能够方便地实现异构软件平台上程序之间的通信,无须考虑这些程序的设计方式、编程语言和运行平台。CORBA 提供了一种"即插即用"的软件环境,它自动地完成许多一般性的编程任务,如对象的注册、定位、激活、请求的分发和异常处理等。

CORBA 是 OMG 在对象管理体系结构(Object Management Architecture, OMA)基础之上定义的对象请求代理 ORB(Object Request Broker)的公共结构。在 CORBA 环境,功能驻留于对象之中,而客户可通过对象请求代理 ORB 访问这些对象。实现基本 ORB 功能的软件称为 ORB 核心。ORB 是一种对象中间件,它有效地隔离了互操作的双方:客户对象与服务器对象只需遵守由接口定义语言(Interface Defined Language, IDL)定义的共同接口,则客户对象可以透明地激活一个远程的服务器对象,就像是激活本地的对象一样,而不必关心对象的位置、使用的编程语言、具体的操作系统,或者其他与对象接口无关的信息。基于 CORBA 的分布式系统是将一个分布式异构系统作为相互作用的对象集合,即将分布式系统中各成员系统的资源模型转化为构件,成为可以直接插在 CORBA 软件总线上的对象。这种结构类似于"软总线 + 软件构件",其中 ORB 是软总线,成员系统提供的服务接口就是"软件构件",ORB 把分布式系统中的各类对象和应用连接成相互作用的整体。

另外,接口定义语言 IDL 支持程序设计语言的无关性。该语言在语法上类似于 C++,但不包含语义:IDL 中指定的操作是操作接口描述,而不是操作实现。由于它对多种平台和多种语言的支持,以及它的分布式特征的可伸缩性,CORBA 非常适合于管理企业规模的信息系统。一个 CORBA 对象接口采用 IDL 描述。CORBA 提供了 IDL 到 C、C++、Java、COBOL 等语言映射机制的 IDL 编译器。IDL 编译器可以生成 Server 方的 Skelton 和 Client 方的 Stub 代码,通过分别与客户端和服务端程序的联编,即可得到相应的 Server 和 Client 程序。

CORBA 规范充分利用了现今软件技术发展的最新成果。其特点可以总结为如下几个方面。

(1) 引入中间件(Middle ware)作为事务代理,完成客户机(Client)向服务对象方(Server)提出的业务请求(引入中间件概念后分布计算模式如图 2-2 所示)。

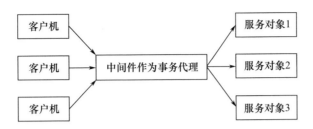

图 2-2　引入中间件后客户机与服务器之间的关系

（2）实现客户与服务对象的完全分开，客户不需要了解服务对象的实现过程以及具体位置（如图 2-3 所示的 CORBA 系统体系结构图）。

（3）提供软总线机制，使得在任何环境下、采用任何语言开发的软件只要符合接口规范的定义，均能够集成到分布式系统中。

（4）CORBA 规范软件系统采用面向对象的软件实现方法开发应用系统，实现对象内部细节的完整封装，保留对象方法的对外接口定义。

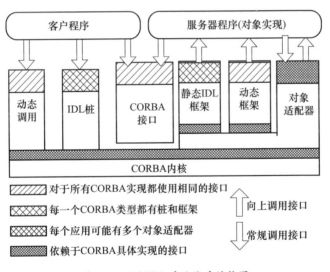

图 2-3　CORBA 系统体系结构图

CORBA 在提高机器人组件重用性、增强分布计算功能方面具有以下 5 个突出特点。

（1）不依赖于操作系统和硬件连接。

（2）客户程序与服务器程序完全分离。

（3）与面向对象的建模概念相结合。

（4）引入接口定义语言 IDL 描述服务对象功能。

（5）确立了通信协议的标准、网络透明性。

2) Open HRP

日本机器人协会(JARA)的工业机器人委员会(AIST)、东京大学(The University of Tokyo)以及制造科学与技术中心(SMTC)联合实施了 Open HRP(Open architecture Humanoid Robotics Platform)项目,其目的是开发一套面向类人机器人仿真与实际控制的通用组件化平台。主要以日本国内多种类人机器人为对象,实现具有一定通用性的运动学规划、碰撞检测、动力学计算等方面的仿真与控制。系统将类人机器人仿真及控制涉及的功能封装为 5 类 CORBA 功能组件,包括模型解析器、控制器、动力学计算器、碰撞检测器和在线显示器,采用 CORBA 中间件作为系统软总线将组件集成为系统进行仿真控制(图 2-4)。其中,模型解析器负责载入 VRML 格式的机器人、环境等实体的三维数据信息,在仿真环境中构建对应的三维模型;碰撞检测器用于计算实体间的相对位置,检测实体之间是否发生碰撞或干涉;动力学计算器用来进行机器人前向动力学模型的计算,获取机器人不同时刻的位姿信息;控制器负责与用户进行交互,从而确定机器人需要执行的动作序列,以控制机器人的运动;在线显示器用于向外界实时显示机器人仿真或控制的情况。系统通过 ORB(Object Request Broker)将各服务器连接起来,并按固定的工作时序协调各个模块工作。由于 Open HRP 将仿真与实际控制两种模式下的控制器模型进行了统一的封装,保证了仿真器与物理机器人之间的一致性,既可以支持虚拟仿真,又能对机器人进行实际控制。Open HRP 能够支持日本多种现有的类人机器人产品,并支持用户进行二次开发,近年来受到日本机器人界的广泛关注。

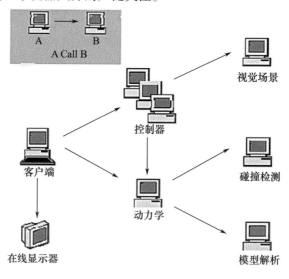

图 2-4 Open HRP 服务器服务关系

3) RT 中间件(Robotics Technology Middleware)

RT 中间件是指基于机器人或者是机器人技术构建的系统控制软件/模块的规格协议,即模块间的通信接口协议,这个规格协议是由因为将 CORBA 和 UML 标准化而广为人知的 Object Management Group 制定的国际标准之一。

RT 中间件是把构成机器人的三大元素(传感器、控制器和执行器)的软件封装为组件的技术。只要使用 RT 中间件技术可以简单地把功能部件软件进行组件化,然后就能使用这些功能组件非常容易地构建具有多种功能的机器人系统。2008 年 4 月,由 RT 中间件技术封装软件组件的模型被国际标准化团体 OMG(Object Management Group)所采用,并发布"关于机器人软件模块化的规格标准"。只要根据用户需求通过组合这些功能组件的模块,就能基于 RT 中间件开发出各种各样的机器人(图 2-5)。

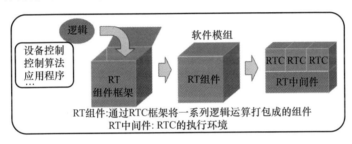

图 2-5  RT 组件与 RT 中间件关系

通过机器人中间件,我们可以比较容易地把各个组件组合在一起进而完成比较复杂的任务,由于各组件具有良好的重用性,系统的开发周期大大缩小。同时,机器人中间件(RTM)具有跨平台的特性,如图 2-6 所示,可以将不同系统的机器人子系统通过工业以太网连接在一起,进行信息交互,以完成目标任务。

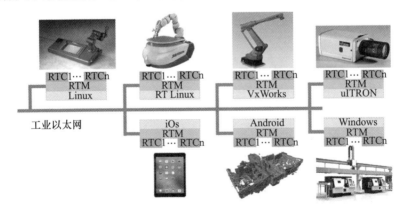

图 2-6  基于机器人中间件的机器人系统

### 2.1.3 泛在机器人技术框架

因为人类生活环境非常复杂,如果机器人在与人相同的环境中活动,需要机器人要有高度的智能,当然,高智能机器人必然需要拥有多传感器和多自由度机构。通过机器人单独完成的任务,要求机器人具备众多的功能,实现这一目标需要攻克很多课题也是事实。另一方面,并不是要把所有的功能都集中在机器人上,如果可以适当地借助周围的环境,那么,机器人本身就不需要众多的功能,即使没有很高的智能,也可以完成所给予的任务。周围的支援不仅是信息性的支援(传感器信息等),还有物理的支援,这是一个广泛的机器人概念,实际上可以实现这些支持,不仅是将周围智能环境像机器人一样进行模块分布式控制,还要根据任务规划要求配置机器人的模块,通过分布式控制和协作实现机器人的功能。

泛在机器人技术是在传统机器人技术基础上,融入物联网技术、云技术、泛在计算技术、人工智能技术和可穿戴人机交互技术等新兴技术,根据国内外现状的调研,本书将泛在机器人系统组成关键技术总结为组件化技术、智能化技术和人机交互技术3个方面,如图2-7所示。即由感知组件、控制组件和执行组件构成传统机器人,可穿戴感知和增强现实技术构成泛在人机交互组件,物联网+和云计算技术三大部分组成了泛在机器人系统。

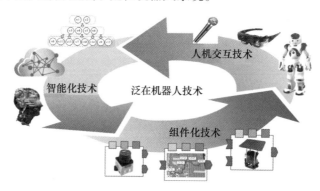

图2-7 泛在机器人技术框架

### 2.1.4 泛在机器人系统构建

搭建泛在机器人系统主要有3个方面的问题:第一是如何整合高度相异性的机器人设备,使它们能够互相通信和协作;第二是怎样协调大量的感知、执行资源完成复杂任务;第三是如何以用户为中心,向其提供无处不在的服务。针对这3个问题,本文将泛在机器人系统总结为图2-8所示的3层架构。此架构概括了大部分研究者的工作,分为3个层次,即设备层、服务层和应用层。这3个层次也概括了泛在机器人系统涉及的 3 个关键技术,即组件化技术、智能化技术和人机交互技术。

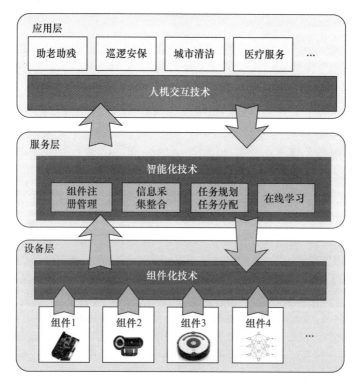

图 2-8　泛在机器人通用 3 层架构

1）泛在机器人设备层

首先,泛在机器人系统需要有效利用环境智能,整合大量高度相异的设备。这些设备包涵了机器人的感知、执行和控制部分,可以是一个移动机器人,也可以是一个嵌入式设备,或者仅仅是软件算法。这些机器人组件在硬件平台(PC、嵌入式等)、软件平台(Linux、Windows 等)和编程语言(C++、Java、Python 等)的不同,使得需要一个统一的通信接口让组件之间的协作成为可能。基本上所有研究者都采用了模块化的设计思想,如利用 ROS 的模块化架构开发系统,或采用中间件技术将机器人组件封装起来,并对上层提供统一的标准化接口,如图 2-9 所示。

中间件技术广泛地使用在相异性的分布式系统中,其中也包括相异性的多机器人系统,以加快机器人系统在模块组件层面的集成。从泛在机器人系统的要求来看,一种理想的中间件技术需要具备以下特性。

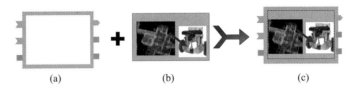

图 2-9　机器人中间件概念框图
(a)中间件架构；(b)机器人控制程序；(c)机器人组件。

(1) 动态性。支持组件的动态接入和离开，以及方便选择和切换不同组件之间的数据传输。

(2) 扩展性。适合小型组件(如传感器)，同时也适合大型组件(如移动机器人)，组件可以方便地添加、移除和修改。

(3) 自省性。可以获得并设置组件的运行状态，即打开、关闭、重置等。

(4) 实时性。有良好的实时性，支持数据的大规模、连续传输。

(5) 通用性。适用于各种软硬件平台和编程语言；适用于多种通信协议，如 Zigbee、TCP/IP 等。

中间件技术目前备受关注，很多国家已经或正着手制定中间件标准。不仅是机器人领域，在计算机科学领域也有大量的中间件研究工作，这将大大推动机器人产业的发展。这样每个机器人设备不但能够实现"即插即用"，还能提高设备的可重用性。也通过降低系统耦合性的方法使得系统更加容易开发、调试和扩展。

2) 泛在机器人服务层

泛在机器人系统需要整合大量的感知、执行、控制组件来完成复杂任务，其开发目标是解决复杂多样的任务，而不是针对特定任务作固定编程，因此，提高系统的智能性是决定服务质量的关键因素，这也是本文要重点讨论的问题。

本书设计的服务层架构如图 2-10 所示。任务规划模块的输入信息由 3 个部分组成：根据用户指令生成的规划问题；从系统读取的组件状态；事先定义好的领域知识。根据这 3 个输入信息，任务规划算法自动生成设备层可以直接执行的动作指令，经由设备管理和监控程序下发到下层机器人组件。同时，监控模块实时读取组件执行情况，将组件的状态和执行结果反馈给任务规划器。

另外，实际环境具有动态性，这要求任务规划器具有自适应能力或学习能力。在线学习模块的主要作用是从实际执行任务的过程中提取有用的信息，自动修改和优化领域知识。这样，随着任务在实际环境中的执行，系统能得到更精确的环境模型。更进一步，当实际环境发生变化时，模型能通过在线学习过程自动适应新的环境。

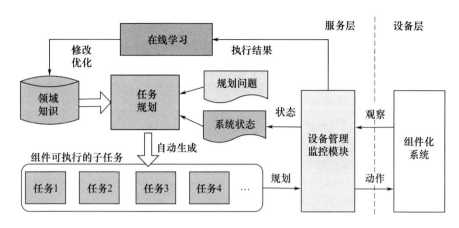

图 2-10 任务规划和在线学习架构

**3）泛在机器人应用层**

泛在机器人系统应用层的主要任务是向用户提供任何时间、任何地点的服务，其核心技术是人机交互技术。泛在机器人网络化的特点很自然地使得很多项目以网络服务的形式向用户提供服务，用户能随时通过手机等移动设备订阅需要的服务。为了提供好的服务体验，相关的研究内容包括机器人的情感及其表达，获取和理解用户动作、行为、意图的语义知识，对用户的习惯、喜好、个性进行建模等。要想融入人类的日常生活环境，系统还需要有一些基本的社会常识和社交能力。更进一步，还可以利用虚拟现实和增强现实技术使得交互更直接、更顺畅。

在应用层，以新的人机交互方法和以人为中心的服务为基础，可以开发大量的应用，包括家庭老人看护、机器人智能家居系统、城市巡逻安保、博物馆等旅游参观场所的游客引导、城市清洁与卫生监控等。

本节对这部分内容不作过于深入的研究，实验部分所使用的人机交互技术主要包括简单的人机对话、网络下单等。这些指令转换成服务层中任务规划器所需要的"规划问题"，规划器根据规划问题，给出规划结果。组件状态和规划的执行结果实时反馈到应用层，通过人机对话或者网页显示反馈给用户。

## 2.2 模块化技术

传统的机器人设计思路，是根据某一个特定的目标，从头到尾、从无到有地进行整个系统的设计与开发工作。这种设计思路，与之前机器人产品发展不成熟，产品种类较少，功能单一，需求较为集中的大背景有一定关系。如今，机器人产品市场迎来了新的局面,也对机器人设计工作提出了新的需求[31]:①功能的多样化;②产品的个性化;③研发的时效性;④设计的标准化。

基于以上所说的4点新要求,传统的从无到有、从零到一的机器人设计思路已经逐渐不能满足当今需求。机器人模块化设计则是应对挑战的新手段。

模块化设计,往往可分以下几步。

(1) 分解。将一个复杂系统的设计任务,按照结构、功能划分成若干模块。

(2) 设计。按照已经划分好的模块,逐个进行设计。

(3) 整合。将设计好的各个独立模块整合成完整系统。

对应到机器人技术中,模块化机器人则是由若干个具有一定自治能力和感知能力的模块组成,各模块间有标准化的统一接口,模块与模块之间可通过接口传递力、运动、能量和通信,从而实现各种功能,完成多种任务。各个功能模块既有自己独立的功能,又能通过接口相互联系、相互通信。因此,机器人上面的各个功能模块,既是独立体,也是统一体。

随着机器人技术更新换代,尤其是第三代机器人——泛在机器人的出现,模块化机器人技术优势更加明显[31]。

(1) 模块化机器人技术,使设计者能直接利用已有的功能模块,通过搭积木的方式对已有功能进行组合和优化,从而设计新的机器人产品。这一方法避免了从头到尾进行设计的繁琐步骤,实现了设计方案的重用和已有技术的集成,大大缩短设计周期、降低成本。

(2) 模块化机器人技术,使设计者能够根据用户实际情况和具体需求,选择最合适的功能模块,实现机器人产品的个性化、定制化。

(3) 模块化机器人技术,包含标准化的接口技术。通过标准化的接口,不同模块能够连接通信,组合成一个整体。这就使得不同的模块可以分散化、专业化设计与批量化生产,保持产品具有较高通用性,同时提高效率、降低成本、保证质量。

(4) 模块化机器人技术实现了不同功能模块的封装。机器人设计者不必理会功能模块内部结构,就可以直接通过外部标准接口使用该模块设计新的机器人,实现了设计的重用,大大简化了复杂系统的设计工作。

模块化机器人技术,与泛在机器人系统息息相关。泛在机器人技术理念中,凡是具有一定功能的智能网络化的设备,大至人形双足移动机器人,小至一个传感器,如摄像头、温湿计乃至智能家庭环境中网络化的家用电器、贴上射频标签的包裹等,都可以被视作一个泛在机器人的子功能模块(组件)。各个模块之间通过各种标准化接口进行网络通信协作,完成复杂任务。由此一来,泛在机器人才真正做到了"无处不在"。

在模块化机器人技术中,如何得到标准的模块呢?我们需要一种可以统一接口的模块化封装技术。本节我们介绍5种模块化封装技术,分别是日本 RTC 技术、美国 ROS 技术、欧盟 OROCOS 技术、韩国 OPRoS 技术以及中国 RFC 技术。

### 2.2.1 日本 RTC 技术

1) RT 中间件概述

针对机器人系统开发与模块化设计特点,日本产业技术综合研究所(National Institute of Advanced Industrial Science and Technology,AIST)提出了面向机器人领域通用的机器人中间件技术,即 RT 中间件[32]。

RT 中间件是一个软件平台,通过把模块化的机器人功能元素(RT Functional Element)组合起来用以创建机器人系统。机器人功能元素的功能可以相当广泛,它可以是一个设备部件(如伺服电机、传感器、摄像头)或设备的集合(如运动平台、机械臂)。不仅与硬件相关的功能可以作为功能元素,单纯的软件算法也能作为一个功能元素,如控制算法、图像处理算法等。如图 2-11 所示,RT 中间件作为一个软件平台,可以将模块化的功能元素按一定层级组合起来,使得构建和配置一个机器人系统变得相对容易。

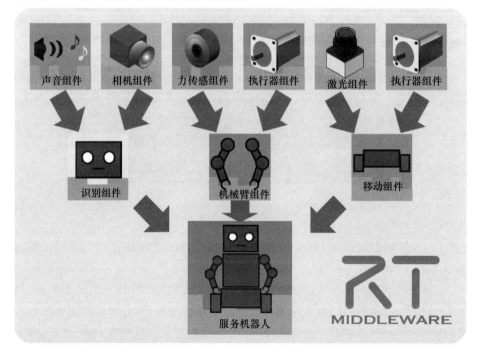

图 2-11 RT 功能元素

在 RT 中间件中，被模块化的功能元素称为机器人技术组件（RT – Component,RTC），每个 RTC 组件都有其通用的接口，用以和其他组件进行数据和命令的通信。将各组件的接口连接起来，集成各自功能，便构建了一个机器人系统，作为一个整体实现某功能。

在一个模块化的机器人组件中，必不可少的功能元素的软件部分称为核心逻辑（Core Logic），而规定的通用接口的软件框架称为组件框架（RT – Component Framework）。概要来说，利用组件框架将核心算法封装起来，便形成了一个 RTC 组件。如此，组件的开发者便可专注于核心逻辑功能的实现，系统的开发者则可专注于整体系统的设计，而无须了解功能实现的内部细节，有效地提高了开发效率。

2）RTC 的组成和作用机制

RTC 组件如图 2 – 12 所示，包含以下要素。

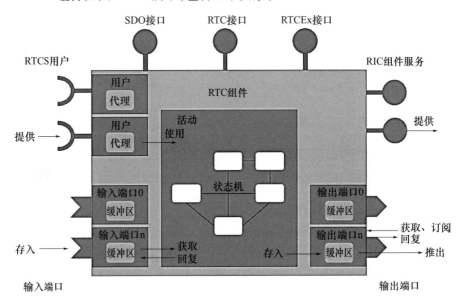

图 2 – 12　RTC 组件的组成元素

（1）组件概要（Component Profile）。一个组件的基本信息，如组件名、端口概要等。

（2）行为（Activity）。一个组件内部的行为逻辑，它拥有一个状态机制，如图 2 – 13 所示，在不同状态下以及两个状态的切换过程中，将自动调用相应的回调函数，执行不同的操作。一般地，一个完整的 RTC 组件均会经历开启、初始化、激活、中止、退出等过程，这一系列过程称为 RTC 组件的一个生命周期（Life

Circle)。例如,在一个基本的生命周期中,组件从创建之初首先进入 Inactive 状态,此过程中调用 onInitialize()函数进行一次初始化操作;从 Inactive 状态可转变为 Active 状态,此过程中调用 onActivated()函数进行一次激活操作;在 Active 状态下,onExecute()函数将被反复调用,循环执行;当有错误发生时,将进入 Error 状态,此过程中调用 onAborting()函数进行一次中止操作;在 Error 状态下,onError()函数将被反复调用,循环执行;Error 状态亦可回复到 Inactive 状态,此过程中执行 onReset()函数进行一次重置操作。

在创建 RTC 组件时,需要根据组件要实现的功能以及设计者的设计意图指定以上回调函数为开启或关闭,未开启的回调函数将在生成的模板文件中被注释掉,然后对已开启的回调函数进行复写(Override),对具体每个回调函数要执行的操作进行指定,以实现 RTC 的功能。这个过程体现了设计者的逻辑,是组件开发的关键。

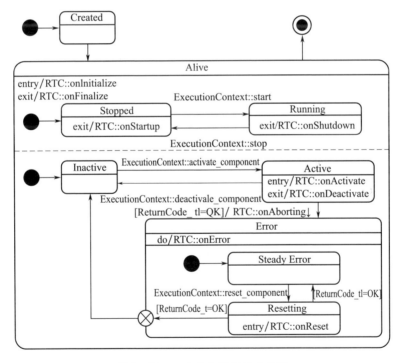

图 2-13 一个生命周期的示意图

在 RTC 组件的一个生命周期中,可能经历的状态及其意义如表 2-1 所列。在某状态下以及两个状态转换过程中,所调用的回调函数及其作用如表 2-2 所列。

表 2-1　RTC 组件在一个生命周期中各状态

| 状态 | 描述 |
| --- | --- |
| Created | 一个组件创建之初的状态 |
| Initialize | 初始化状态,在该状态下执行初始化操作 |
| Ready | 准备就绪状态,该状态可立即转化为 Active 状态 |
| Starting | 从 Ready 状态进入 Active 状态的过渡状态 |
| Active | 活动状态,主操作在该状态下完成 |
| Stopping | 从 Active 状态到 Ready 状态的过渡状态 |
| Aborting | 错误发生时,从 Active 状态到 Error 状态的过渡状态 |
| Error | 错误状态,一旦错误发生,任何状态均会转至此状态 |
| Exiting | 从 Error 状态到退出的过渡状态 |
| Fatalerror | 致命错误状态 |
| Unknown | 未知状态,一般不会出现 |

表 2-2　RTC 组件在一个生命周期中各回调函数

| 回调函数 | 描述 |
| --- | --- |
| onInitialize( ) | 从 Created 状态到 Initialize 状态过程中调用此函数,执行初始化操作 |
| onActivated( ) | 从 Inactive 状态到 Active 状态过程中调用此函数 |
| onExecute( ) | 在 Active 状态下反复调用此函数,执行主要操作 |
| onDeactivated( ) | 从 Active 状态到 Inactive 状态过程中调用此函数 |
| onAborting( ) | 从 Active 状态到 Error 状态过程中调用此函数 |
| onReset( ) | 从 Error 状态到 Inactive 状态过程中调用此函数,执行重置操作 |
| onError( ) | 在 Error 状态下反复调用此函数 |
| onFinalize( ) | 结束生命周期,退出状态机时调用此函数 |
| onStateUpdate( ) | 每次 onExecute( ) 运行完调用此函数 |
| onStateChanged( ) | 每当运行速率改变时调用此函数 |
| onStartup( ) | 从 Stopped 状态到 Running 状态过程中调用此函数 |
| onShutdown( ) | 从 Running 状态到 Stopped 状态过程中调用此函数 |

(3) 执行上下文(Execution Context)。RTC 组件在运行过程中一个线程的抽象表达。它规定了在不同状态下以及在两个状态转换过程中要执行何种操作。对回调函数进行完复写操作后的逻辑文本就可被视作执行上下文。

(4) 数据端口(Data Port)。RTC 组件对外进行数据传输的端口,包括输入端口和输出端口。输入端口从输入缓存器中读取数据,供执行上下文中的行为内核调用;输出端口向输出缓存器中写入数据,该数据往往由行为内核解算产生而被提供给与之相连的 RTC 组件。

（5）服务端口（Service Port）。RTC 组件对外进行服务交互的端口，包括服务消费单元和服务提供单元。与数据端口类似，服务消费单元引入外部实现的方法供行为内核调用，服务提供单元则向外部提供行为内核实现的方法。

（6）配置（Configuration）。用来指定和修改行为内核中的参数。可以设定一串标识符和参数值的对应列表，称为配置集（Configuration Set），其中标识符可被行为内核引用，而参数值可在外部更改。这样，当同一个 RTC 组件在不同场合下应用时，仅需在外部更改对应参数值即可，提升了组件的可重用性。不仅如此，配置参数可以在组件运行时进行动态改写，具有自适应性。

3）RTC 工具的使用

相应地，AIST 提供了一套与 RT 中间件配套的，用于组件开发和系统集成的软件工具。

（1）OpenRTM – aist。实现 RT 中间件的软件平台为 OpenRTM – aist（Open RT – Middleware distributed by AIST），OpenRTM – aist 是由日本产业技术综合研究所（National Institute of Advanced Industrial Science and Technology，AIST）开发、维护并开放源代码的机器人技术中间件。它在 CORBA 规范基础上作了一定的精简和补充，具有网络透明、平台独立、语言独立的特点，目前，它支持 C++、Java、Python 等编程语言，以及 Linux/Unix、Windows、Mac OS X 等主要操作系统。OpenRTM – aist 包含以下库和程序。

① RTC 框架（RTC Framework）。

② RT 中间件（RT Middleware）。

③ 工具：RTC Bulider 和 RT System Editor。

其中的 RTC 框架用来对核心逻辑进行组件层面上的封装，RT 中间件则用来管理和运行组件，RTC Bulider 是按用户指定的组件规范生成组件模板的工具，RT System Editor 是连接和配置多个 RTC 组件构成机器人系统的工具。

（2）RTC Bulider。RTC Builder 是按照组件规范生成项目模板的工具。它以 Eclipse 为平台，Eclipse 是一个广泛应用的集成开发环境，由于其共有开源性，很多的第三方插件可在其上运行。RTC Builder 正是作为一个插件运行在 Eclipse 之上，无缝、直观地与其他 Eclipse 插件交互。RTC Builder 的界面如图 2 – 14 所示。

（3）RT System Editor。RT System Editor 是连接和配置多个 RTC 组件构成机器人系统的工具。它也是一个 Eclipse IDE 的插件，并与其他 Eclipse 插件的无缝交互。它提供了一个图形化的操作环境，只需简单的鼠标点击拖放操作，便可将某组件置入系统，或将两个组件的接口相连，它还能获得并读取组件的基本

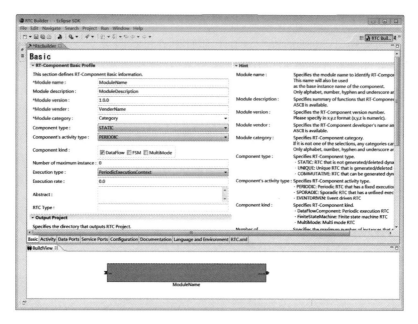

图 2-14  RTC Builder 界面

信息,控制组件的激活(Activate)和停止(Deactivate)。

由于 OpenRTM-aist 是基于分布式对象的,各 RTC 组件可以在网络中的不同节点上运行,只要开启了命名服务(Naming Service),注册到某命名服务器(Name Server)上,便可以基于网络的透明性,将它们远程连接起来,构成一整套系统。系统的连接和配置也可以在网络中其他节点上进行,具有很大的灵活性。

如图 2-15 所示,在 RT System Editor 的界面中,左侧的"Naming Service View"视窗显示在所有连接的命名服务器上注册的 RTC 组件,中间的"System Editor"视窗是系统框图的编辑区域,右侧的"Property View"视图显示了当前选中的 RTC 组件的属性。

在 RTC 组件处于不同状态时将呈现不同颜色。处于未激活状态时为中灰色,(真实状态为蓝色),处于激活状态时为浅灰色(真实状态为绿色),处于错误状态时为深灰色(真实状态为红色)。

(4) RTCTree 和 RTShell。RTCTree 是一个 Python 库,它拥有简单易用的编程接口,能够在运行 RTC 组件和系统时动态管理各组件,如启动、停止、连接、更改配置等。

RTCTree 库的核心是一个树形结构,类似于一个文件系统。命名服务器(Name Server)相当于根目录,通过对它的解析可以得到各组件(Components)和中间件(Manager),命名环境(Naming Context)相当于子目录,其下运行的一个个

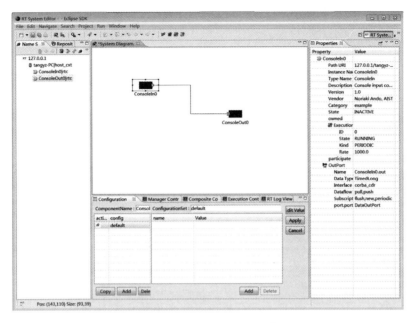

图 2-15　RT System Editor 界面

RTC 组件则相当于一个个文件。命名服务器、命名环境、中间件和组件分别用 NameServer、Directory、Manager、Component 类的对象表示。在解析函数中给定命名服务器的 IP 和端口便可对指定的命名服务器进行解析,一个 RTCTree 也得以建立。

对树形结构的某一节点(Node)的读取可通过路径(Path)完成,路径是一列字符串,每一串字符表示树形结构的一个层级,并逐步深入。同文件系统路径的表示方法相似,如路径/localhost/naming_context/Consolein0.rtc 则表示主机命名服务器 localhost 上运行的命名环境 naming_context 下注册的 RTC 组件 Consolein0.rtc。

RTShell 则是一个以命令行方式管理组件和系统的工具,它建立在 RTCTtree 库的基础上。它适用于资源配置低,难以使用图形化工具 RT System Editor 的情况下,不仅如此,它还能在组件运行时进行动态连接和配置,实现某些 RT System Editor 难以实现的功能。

### 2.2.2　美国 ROS 技术

1) ROS 概述

随着机器人领域的快速发展和复杂化,代码的复用性和模块化的需求越来越强烈,而已有的开源机器人系统又不能很好地适应需求。2010 年,Willow Garage 公司发布了开源机器人操作系统(Robot Operating System,ROS)[34],很快在机器人研究领域展开了学习和使用 ROS 的热潮。

ROS 系统是起源于 2007 年斯坦福大学人工智能实验室的项目与机器人技术公司 Willow Garage 的个人机器人项目(Personal Robots Program)之间的合作,2008 年之后就由 Willow Garage 进行推动,已经有 4 年多的时间了。随着 PR2 那些不可思议的表现,如叠衣服、插插座、做早饭,ROS 也得到越来越多的关注。Willow Garage 公司也表示希望借助开源的力量使 PR2 变成"全能"机器人。

ROS 提供类似于计算机操作系统的服务,包括硬件抽象描述、底层驱动程序管理、共用功能的执行、程序间消息传递、程序发行包管理,它也提供一些工具和库用于获取、建立、编写和执行多机融合的程序。虽然目前它还需要在其他操作系统上运行,但是能自成系统也是 ROS 的一个研究目标。当前 ROS 的首要设计目标是在机器人研发领域提高代码复用率。ROS 通过一种分布式处理框架,使得可执行文件能被单独设计,并且在运行时松散耦合。

与 RTM 系统类似,ROS 也同样提供了很多模块化工具,但是大多以分散的可执行命令的形式存在。如与 RTC 的 RTC builder 类似,ROS 有 create_pkg,但是没有界面,所有对模块配置操作,都是对配置文件进行直接操作。

ROS 中有 Rxgraph,如图 2 – 16 所示,能够提供 RTM 中的系统编辑器的显示功能。由于 ROS 目前还没有模块状态的概念,因此并没有系统管理的功能,对系统简单管理通过 launch 文件实现。

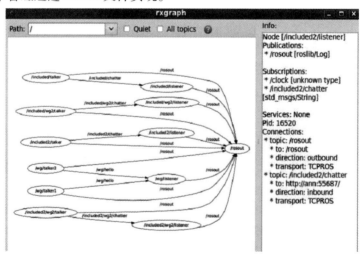

图 2 – 16  ROS 中的系统结构显示界面 rxgraph

除此之外,ROS提供各种方便开发调试的基本工具模块,如传感器数据录制回放、图像化显示界面等。另外,得益于ROS开源性质,ROS提供了超过2500种机器人相关的功能模块,包括各种商业机器人模块、传感器模块以及算法模块等。

2)设计目标

ROS是开源的,是用于机器人的一种后操作系统,或者说是次级操作系统。它提供类似操作系统所提供的功能,包含硬件抽象描述、底层驱动程序管理、共用功能的执行、程序间的消息传递、程序发行包管理,它也提供一些工具程序和库用于获取、建立、编写和运行多机整合的程序。

ROS的首要设计目标是在机器人研发领域提高代码复用率。ROS是一种分布式处理框架(又名Nodes)。这使得可执行文件能被单独设计,并且在运行时松散耦合。这些过程可以封装到数据包(Packages)和堆栈(Stacks)中,以便于共享和分发。ROS还支持代码库的联合系统,使得协作亦能被分发。这种从文件系统级别到社区一级的设计让独立地决定发展和实施工作成为可能。上述所有功能都能由ROS的基础工具实现。

相比之下,RTC更侧重于模块之间的组织与管理,如各模块的动态链接、模块状态监控等,可以使得一个系统能够根据不同的需求进行自组织以实现不同的功能。ROS目前只是面向单个任务,以减少重复编码为目的,所以本文以RTC为基础框架,进行助行机器人的系统搭建。对于某些模块则采用ROS编写,同时也利用一些ROS中已经有的模块,然后通过RTC提供的针对ROS模块的接口转换类实现两者兼容。

3)主要特点

ROS的运行架构是一种使用ROS通信模块实现模块间P2P的松耦合的网络连接处理架构[34],它执行若干种类型的通信,包括基于服务的同步RPC(远程过程调用)通信、基于Topic的异步数据流通信,还有参数服务器上的数据存储。ROS本身并没有实时性。

ROS的主要特点可以归纳为以下几条。

(1)点对点设计(图2-17)。一个使用ROS的系统包括一系列进程,这些进程存在于多个不同的主机并且在运行过程中通过端对端的拓扑结构进行联系。虽然基于中心服务器的那些软件框架也可以实现多进程和多主机的优势,但是在这些框架中,当各个计算机通过不同的网络进行连接时,中心数据服务器就会发生问题。

ROS的点对点设计以及服务和节点管理器等机制可以分散由计算机视觉和语音识别等功能带来的实时计算压力,能够适应多机器人遇到的挑战。

(2)多语言支持。在写代码时,许多编程者会比较偏向某一些编程语言。

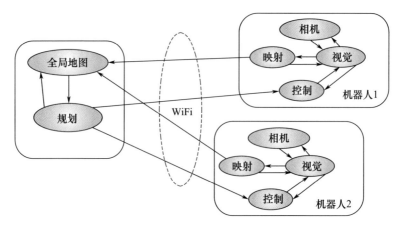

图 2-17 端对端的拓扑结构

这些偏好是个人在每种语言的编程时间、调试效果、语法、执行效率以及各种技术和文化的原因导致的结果。为了解决这些问题,我们将 ROS 设计成了语言中立性的框架结构。ROS 现在支持许多种不同的语言,如 C++、Python、Octave 和 LISP,也包含其他语言的多种接口实现。

ROS 的特殊性主要体现在消息通信层,而不是更深的层次。端对端的连接和配置利用 XML-RPC 机制进行实现,XML-RPC 也包含了大多数主要语言的合理实现描述。我们希望 ROS 能够利用各种语言实现得更加自然,更符合各种语言的语法约定,而不是基于 C 语言给各种其他语言提供实现接口。然而,在某些情况下,利用已经存在的库封装后支持更多新的语言是很方便的,如 Octave 的客户端就是通过 C++ 的封装库进行实现的。

为了支持交叉语言,ROS 利用了简单的、语言无关的接口定义语言去描述模块之间的消息传送。接口定义语言使用了简短的文本去描述每条消息的结构,也允许消息的合成。

(3) 精简与集成。大多数已经存在的机器人软件工程都包含了可以在工程外重复使用的驱动和算法,但由于多方面的原因,大部分代码的中间层都过于混乱,以至于很难提取出它的功能,也很难把它们从原型中提取出来应用到其他方面。

为了应对这种趋势,我们鼓励将所有的驱动和算法逐渐发展成为和 ROS 没有依赖性单独的库。ROS 建立的系统具有模块化的特点,各模块中的代码可以单独编译,而且编译使用的 CMake 工具使它很容易就实现精简的理念。ROS 将复杂的代码封装在库里,用户只要使用 ROS 所带的一些库函数就可以对简单的代码进行移植和重新使用。作为一种新加入的优势,代码在库中分散后进行测试也变得非常容易。

ROS利用了很多现在已经存在的开源项目的代码(图2-18),例如,从Player项目中借鉴了驱动、运动控制和仿真方面的代码,从OpenCV中借鉴了视觉算法方面的代码,从OpenRAVE借鉴了规划算法的内容。同时ROS也开放了对一些开源项目地接口,如OROCOS、Player、OpenCV、OMPL、Visp、Gazebo等,其中OROCOS主要侧重于机器人底层控制器的设计,包括用于计算串联机械臂运动学数值解的KDL、贝叶斯滤波、实时控制等功能;Player是一款优秀的二维仿真平台,可以用于平面移动机器人的仿真,在ROS里可以直接使用;OpenCV是机器视觉开源项目,ROS提供了cv_bridge,可以将OpenCV的图片与ROS的图片格式相互转换;OMPL是现在最著名的运动规划开源项目;Visp是一个开源视觉伺服项目,已经跟ROS完美整合;Gazebo是一款优秀的开源仿真平台,可以实现动力学仿真、传感器仿真等,也已被ROS吸收。在每一个实例中,ROS都用来显示多种多样的配置选项以及和各软件之间进行数据通信,也同时对它们进行微小的包装和改动。ROS可以不断地从社区维护中进行升级,包括从其他的软件库、应用补丁中升级ROS的源代码。

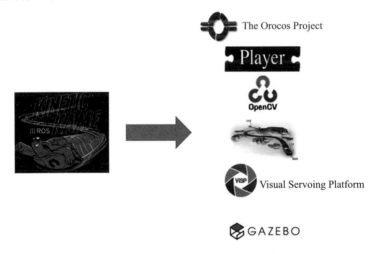

图2-18 ROS包含的开源项目

(4)工具包丰富。为了管理复杂的ROS软件框架,我们利用了大量的小工具去编译和运行多种多样的ROS组建,从而设计成了内核,而不是构建一个庞大的开发和运行环境。

这些工具担任了各种各样的任务,例如,组织源代码的结构,获取和设置配置参数,形象化端对端的拓扑连接,测量频带使用宽度,生动地描绘信息数据,自动生成文档等。尽管我们已经测试通过了类似于全局时钟和控制器模块记录器的核心服务,但是我们还是希望能把所有的代码模块化。我们相信在效率上的损失远远是稳定性和管理的复杂性无法弥补的。

（5）免费并且开源。ROS 所有的源代码都是公开发布的。我们相信这必将促进 ROS 软件各层次的调试,不断地改正错误。虽然像 Microsoft Robotics Studio 和 Webots 这样的非开源软件也有很多值得赞美的属性,但是我们认为一个开源的平台也是无可替代的。当硬件和各层次的软件同时设计和调试时,这一点是尤其真实的。

ROS 以分布式的关系遵循着 BSD 许可,也就是说,允许各种商业和非商业的工程进行开发。ROS 通过内部处理的通信系统进行数据的传递,而不要求各模块在同样的可执行功能上连接在一起。如此,利用 ROS 构建的系统可以很好地使用它们丰富的组件:个别的模块可以包含被各种协议保护的软件,这些协议从 GPL 到 BSD,但是许可的一些"污染物"将在模块的分解上就完全消灭掉。

4）ROS 计算图

计算图[34]就是用 ROS 的 P2P 网络集中处理所有的数据,基本的计算图的概念包括节点、消息、服务、话题、节点管理器和参数服务器。它们以不同的方式给图传输数据。

（1）节点。一个节点即为一个可执行文件,它可以通过 ROS 与其他节点进行通信。

（2）消息。节点之间通过消息来传递消息。一个消息是一个简单的数据结构,包含一些归类定义的区。支持标准的原始数据类型（整数、浮点数、布尔数等）和原始数组类型。消息可以包含任意的嵌套结构和数组（很类似于 C 语言的结构体）。

（3）服务。发布/订阅模型是很灵活的通信模式,但是多对多,单向传输对于分布式系统中经常需要的"请求/回应"式的交互来说并不合适。因此,"请求/回应"式的交互是通过服务实现的。这种通信的定义是一种成对的消息:一个用于请求,一个用于回应。假设一个节点提供了一个服务,客户使用服务发送请求消息并等待答复。ROS 的客户库通常以一种远程调用的方式提供这样的交互。

（4）话题。消息以一种发布/订阅的方式传递。一个节点可以在一个给定的话题中发布消息。话题用来描述消息内容。可能同时有多个节点发布或者订阅同一个话题的消息,也可能有一个节点同时发布或订阅多个话题。总体上,发布者和订阅者不了解彼此的存在。

（5）节点管理器。提供了登记列表和对其他计算图的查找。没有节点管理器,节点将无法找到其他节点来交换消息或调用服务。

（6）参数服务器。参数服务器使数据按照钥匙的方式存储。

在 ROS 的计算图中,ROS 的节点管理器为节点存储了消息和服务的注册信息。节点与参数服务器通信从而报告它们的注册信息。当这些节点与参数服务器通信时,它们可以接收关于其他以注册节点的信息并且建立与其他已注册节点之间的联系。当这些注册信息改变时,参数服务器也会回馈这些节点,同时允许节点动态创建与新节点之间的连接。

节点之间的连接是直接的,参数服务器仅仅提供了查询信息,就像一个 DNS 服务器。节点订阅一个话题将会要求建立一个与发布该话题节点的连接,并且将会在同意连接协议的基础上建立该连接。ROS 里面使用最广的连接协议是 TCPROS,这个协议使用标准的 TCP/IP 接口。这样的架构允许解耦操作(Decoupled Operation),通过这种方式可以建立大型或更为复杂的系统。

5) ROS 消息和服务

前面介绍了 ROS 建立的系统具有模块化的特点,模块具有标准的输入输出接口,这种接口是以消息格式、服务格式以及动作格式的形式体现,而且这种接口支持多种编程语言,通过 ROS 通信模块实现模块间 P2P 的松耦合的网络连接。下面介绍 ROS 中常见的消息通信和服务通信,并给出简单的示例。

(1) 消息通信。

① 理解消息。如图 2-19 所示,/teleop_turtle 节点和/turtlesim 节点之间是通过话题/turtle1/command_velocity 相互通信的,/teleop_turtle 节点在/turtle1/command_velocity 话题中发布消息,/turtlesim 则订阅该话题获取消息。

图 2-19 节点通过消息通信

一个话题可以被多个节点订阅,如图 2-20 所示,/turtle1/command_velocity 话题同时被节点/turtlesim 和节点/rostopic_14245_1355179857944 订阅,当然,一个节点也可以同时订阅多个话题。

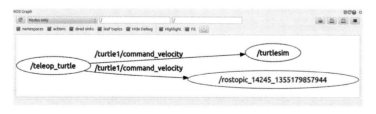

图 2-20 一个话题可以被多个节点订阅

② 消息文件。消息(msg)文件就是一个描述 ROS 中所使用消息类型的简单文本。它们会用来生成不同语言的源代码。msg 文件存放在 package 的 msg 目录下。msg 文件实际上就是每行声明一个数据类型和变量名。可以使用的数据类型如下：

- int8，int16，int32，int64(plus uint*)；
- float32，float64；
- string；
- time，duration；
- other msg files；
- variable – length array[ ] and fixed – length array[ C ]。

在 ROS 中有一个特殊的数据类型：Header，它含有时间戳和坐标系信息。在 msg 文件的第一行经常可以看到 Header header 的声明。

下面是一个 msg 文件的样例，它使用了 Header、string 和其他另外两个消息类型。

```
Header header
string child_frame_id
geometry_msgs/PoseWithCovariance pose
geometry_msgs/TwistWithCovariance twist
```

由于 ROS 中有很多已经定义好的消息类型供我们使用，这里就不再介绍创建消息和使用消息，需要了解的读者可在 ROS 的官方网站查看教程。下面简单介绍一下如何编写消息发布器和订阅器，了解一下节点之间的通信方式。

③ 编写消息发布器和订阅器。

下面是发布器节点程序。

```
#include "ros/ros.h"
#include "std_msgs/String.h"
#include <sstream>
int main(int argc,char**argv)
{
  ros::init(argc,argv,"talker");
  ros::NodeHandle n;
  ros::Publisher chatter_pub =
n.advertise<std_msgs::String>("chatter",1000);
  ros::Rate loop_rate(10);
  int count=0;
  while(ros::ok())
```

```
    {
      std_msgs::String msg;
      std::stringstream ss;
      ss < < "hello world " < <count;
      msg.data = ss.str();
      ROS_INFO("% s",msg.data.c_str());
      chatter_pub.publish(msg);
      ros::spinOnce();
      loop_rate.sleep();
      + +count;
    }
    return 0;
}
```

我们分段解释代码。

```
#include "ros/ros.h"
```

ros/ros.h 是一个实用的头文件,它引用了 ROS 系统中大部分常用的头文件。

```
#include "std_msgs/String.h"
```

这引用了 std_msgs/String 消息,它存放在 std_msgs package 里,是由 String.msg 文件自动生成的头文件。

```
ros::init(argc,argv,"talker");
```

该指令是进行 ROS 初始化。它允许 ROS 通过命令行进行名称重映射,然而,这并不是现在讨论的重点。在这里,我们也可以指定节点的名称——运行过程中,节点的名称必须唯一。

这里的名称必须是一个 base name,也就是说,名称内不能包含"/"等符号。

```
ros::NodeHandle n;
```

该指令为这个进程的节点创建一个句柄。第一个创建的 NodeHandle 会为节点进行初始化,最后一个销毁的 NodeHandle 则会释放该节点所占用的所有资源。

```
ros::Publisher chatter_pub = n.advertise < std_msgs::String > ("chatter",1000);
```

该指令告诉 master 我们将要在 chatter 话题名上发布 std_msgs/String 消息类型的消息。这样,master 就会告诉所有订阅了 chatter 话题的节点,将要有数据发布。第二个参数是发布序列的大小。如果我们发布消息的频率太高,缓冲区中的消息在大于 1000 个时,就会开始丢弃先前发布的消息。

NodeHandle::advertise() 返回一个 ros::Publisher 对象,它有两个作用:它有一个 publish() 成员函数可以让你在 topic 上发布消息。如果消息类型不对,它会拒绝发布。

```
ros::Rate loop_rate(10);
```

ros::Rate 对象可以允许你指定自循环的频率。它会追踪记录自上一次调用 Rate::sleep() 后时间的流逝,并休眠直到一个频率周期的时间。

在这个例子中,我们让它以 10Hz 的频率运行。

```
int count = 0;
  while(ros::ok())
  {
```

roscpp 会默认生成一个 SIGINT 句柄,它负责处理 Ctrl - C 键盘操作,使得 ros::ok() 返回 false。

如果下列条件之一发生,ros::ok() 返回 false:

SIGINT 被触发(Ctrl - C);

被另一同名节点踢出 ROS 网络;

ros::shutdown() 被程序的另一部分调用;

节点中的所有 ros::NodeHandles 都已经被销毁。

一旦 ros::ok() 返回 false,所有的 ROS 调用都会失效。

```
std_msgs::String msg;
std::stringstream ss;
ss << "hello world " << count;
msg.data = ss.str();
```

我们使用一个由 msg 文件产生的消息自适应类在 ROS 网络中广播消息。现在我们使用标准的 String 消息,它只有一个数据成员"data"。当然,也可以发布更复杂的消息类型。

```
chatter_pub.publish(msg);
```

这里,我们向所有订阅 chatter 话题的节点发送消息。

```
ROS_INFO("% s",msg.data.c_str());
```

ROS_INFO 和其他类似的函数可以用来代替 printf/cout 等函数。

```
ros::spinOnce();
```

在这个例子中并不是一定要调用 ros::spinOnce(),因为我们不接受回调。然而,如果程序里包含其他回调函数,最好在这里加上 ros::spinOnce() 这一语句;否则,回调函数就永远也不会被调用了。

```
loop_rate.sleep();
```

这条语句是调用 ros::Rate 对象休眠一段时间以使得发布频率为 10Hz。

对上边的内容进行一下总结:

· 初始化 ROS 系统;

- 在 ROS 网络内广播我们将要在 chatter 话题上发布 std_msgs/String 类型的消息；
- 以每秒 10 次的频率在 chatter 上发布消息。

接下来我们要编写一个节点接收这个消息。

```
#include"ros/ros.h"
#include"std_msgs/String.h"
void chatterCallback(const std_msgs::String::ConstPtr& msg)
{
  ROS_INFO("I heard:[%s]",msg->data.c_str());
}
int main(int argc,char** argv)
{
  ros::init(argc,argv,"listener");
  ros::NodeHandle n;
  ros::Subscriber sub = n.subscribe("chatter",1000,chatterCallback);
  ros::spin();
  return 0;
}
```

下面我们将逐条解释代码,当然,之前解释过的代码就不再赘述了。

```
void chatterCallback(const std_msgs::String::ConstPtr& msg)
{
  ROS_INFO("I heard:[%s]",msg->data.c_str());
}
```

这是一个回调函数,当接收到 chatter 话题时就会被调用。消息是以 boost shared_ptr 指针的形式传输,这就意味着你可以存储它而又不需要复制数据。

`ros::Subscriber sub = n.subscribe("chatter",1000,chatterCallback);`

告诉 master 我们要订阅 chatter 话题上的消息。当有消息发布到这个话题时,ROS 就会调用 chatterCallback() 函数。第二个参数是队列大小,以防我们处理消息的速度不够快,当缓存达到 1000 条消息后,再有新的消息到来就将开始丢弃先前接收的消息。

当 NodeHandle::subscribe() 返回 ros::Subscriber 对象时,必须让它处于活动状态直到不再想订阅该消息。当这个对象销毁时,它将自动退订 chatter 话题的消息。

有各种不同的 NodeHandle::subscribe() 函数,允许指定类的成员函数,甚至是 Boost.Function 对象可以调用的任何数据类型。

`ros::spin();`

ros::spin()进入自循环,可以尽可能快地调用消息回调函数。如果没有消息到达,它不会占用很多 CPU,所以不用担心。一旦 ros::ok()返回 false,ros::spin()就会立刻跳出自循环。这有可能是 ros::shutdown()被调用,或者是用户按下了 Ctrl – C,使得 master 告诉节点要终止运行。也有可能是节点被人为关闭的。

下面,我们来总结一下:
- 初始化 ROS 系统;
- 订阅 chatter 话题;
- 进入自循环,等待消息的到达;
- 当消息到达,调用 chatterCallback()函数。

那么,到这里,发布器和订阅器节点的代码就解释完成了,然后进行编译(编译方式参考 ROS 官方教程)就可以获得可执行文件了。那么,下面测试一下我们的发布器和订阅器程序。

首先启动发布器,假设发布器节点是包 beginner_tutorials 中的 talker。

```
$ roscore
```

打开节点管理器。

```
$ rosrun beginner_tutorials talker
```

运行 talker 节点,可以看到下列输出信息。

```
[INFO][WallTime:1314931831.774057]hello world 1314931831.77
[INFO][WallTime:1314931832.775497]hello world 1314931832.77
[INFO][WallTime:1314931833.778937]hello world 1314931833.78
[INFO][WallTime:1314931834.782059]hello world 1314931834.78
[INFO][WallTime:1314931835.784853]hello world 1314931835.78
[INFO][WallTime:1314931836.788106]hello world 1314931836.79
```

然后启动订阅器,假设订阅器节点包是 beginner_tutorials 中的 listener。

```
$ rosrun beginner_tutorials listener
```

可以看到下列输出信息。

```
[INFO][ WallTime: 1314931969.258941 ]/listener_17657_1314931968795I heard hello world 1314931969.26
[INFO][ WallTime: 1314931970.262246 ]/listener_17657_1314931968795I heard hello world 1314931970.26
[INFO][ WallTime: 1314931971.266348 ]/listener_17657_1314931968795I heard hello world 1314931971.26
[INFO][ WallTime: 1314931972.270429 ]/listener_17657_1314931968795I heard hello world 1314931972.27
```

[INFO][WallTime:1314931973.274382]/listener_17657_1314931968795I heard hello world 1314931973.27

[INFO][WallTime:1314931974.277694]/listener_17657_1314931968795I heard hello world 1314931974.28

[INFO][WallTime:1314931975.283708]/listener_17657_1314931968795I heard hello world 1314931975.28

（2）服务通信。

① 理解服务。服务（Services）是节点之间通信的另一种方式。服务允许节点发送请求（Request）并获得一个响应（Response）。

② 服务文件。服务（srv）文件描述一项服务，srv 文件存放在 srv 目录下。srv 文件分为请求和响应两部分，由"---"分隔，下面是 srv 的一个例子。

int64 A

int64 B

- - -

int64 Sum

其中 A 和 B 是请求，而 Sum 是响应。

③ 编写服务端和客户端。首先编写服务端节点，下面是服务端节点的代码。

```
#include "ros/ros.h"
#include "beginner_tutorials/AddTwoInts.h"

bool add(beginner_tutorials::AddTwoInts::Request &req,
         beginner_tutorials::AddTwoInts::Response &res)
{
  res.sum = req.a + req.b;
  ROS_INFO("request:x=%ld,y=%ld",(long int)req.a,(long int)req.b);
  ROS_INFO("sending back response:[%ld]",(long int)res.sum);
  return true;
}

int main(int argc,char **argv)
{
  ros::init(argc,argv,"add_two_ints_server");
  ros::NodeHandle n;

  ros::ServiceServer service = n.advertiseService("add_two_ints",add);
```

```
ROS_INFO("Ready to add two ints.");
ros::spin();

return 0;
}
```

下面逐行分析下代码。

```
#include "ros/ros.h"
#include "beginner_tutorials/AddTwoInts.h"
```

beginner_tutorials/AddTwoInts.h 是由编译系统自动根据我们先前创建的 srv 文件生成的对应该 srv 文件的头文件。

```
bool add(beginner_tutorials::AddTwoInts::Request &req,
         beginner_tutorials::AddTwoInts::Response &res)
```

这个函数提供两个 int 值求和的服务,int 值从 request 里面获取,而返回数据装入 response 内,这些数据类型都定义在 srv 文件内部,函数返回一个 boolean 值。

```
{
  res.sum = req.a + req.b;
  ROS_INFO("request:x=%ld,y=%ld",(long int)req.a,(long int)req.b);
  ROS_INFO("sending back response:[%ld]",(long int)res.sum);
  return true;
}
```

现在,两个 int 值已经相加,并存入了 response。然后,一些关于 request 和 response 的信息被记录下来。最后,service 完成计算后返回 true 值。

```
ros::ServiceServer service = n.advertiseService("add_two_ints",add);
```

这里,service 已经建立起来,并在 ROS 内发布出来。下面编写客户端节点。

```
#include "ros/ros.h"
#include "beginner_tutorials/AddTwoInts.h"
#include <cstdlib>

int main(int argc,char** argv)
{
  ros::init(argc,argv,"add_two_ints_client");
  if(argc!=3)
  {
    ROS_INFO("usage:add_two_ints_client X Y");
    return 1;
```

```
    }
    ros::NodeHandle n;
    ros::ServiceClient client =
n.serviceClient<beginner_tutorials::AddTwoInts>("add_two_ints");
    beginner_tutorials::AddTwoInts srv;
    srv.request.a = atoll(argv[1]);
    srv.request.b = atoll(argv[2]);
    if(client.call(srv))
    {
      ROS_INFO("Sum:%ld",(long int)srv.response.sum);
    }
    else
    {
      ROS_ERROR("Failed to call service add_two_ints");
      return 1;
    }
    return 0;
}
```

下面逐行分析代码。

```
    ros::ServiceClient client =
n.serviceClient<beginner_tutorials::AddTwoInts>("add_two_ints");
```

这段代码为 add_two_ints service 创建一个 client。ros::ServiceClient 对象会用来调用 service。

```
    beginner_tutorials::AddTwoInts srv;
    srv.request.a = atoll(argv[1]);
    srv.request.b = atoll(argv[2]);
```

这里,我们实例化一个由 ROS 编译系统自动生成的 service 类,并给其 request 成员赋值。一个 service 类包含两个成员 request 和 response。同时也包括两个类定义 Request 和 Response。

```
    if(client.call(srv))
```

这段代码是在调用 service。由于 service 的调用是模态过程(调用时占用进程阻止其他代码的执行),一旦调用完成,将返回调用结果。如果 service 调用成功,call() 函数将返回 true,srv.response 里面的值将是合法的值。如果调用失败,call() 函数将返回 false,srv.response 里面的值将是非法的。

我们将服务端节点和客户端节点进行编译,然后进行如下测试。假设服务端节点是包 beginner_tutorials 中的 add_two_ints_server。客户端节点是包 beginner_tutorials 中的 add_two_ints_client。

$ rosrun beginner_tutorials add_two_ints_server

运行服务端节点，会看到下面的信息。

Ready to add two ints.

运行客户端节点，并给出两个参数 1 和 3。

$ rosrun beginner_tutorials add_two_ints_client 1 3

我们会得到下面的信息。

request:x=1,y=3

sending back response:[4]

6）ROS 的标准接口

ROS 中提供了大量类型的标准接口，基本涵盖了机器人领域内经常使用的所有数据类型，消息接口中常见的有传感器接口 sensor_msgs、几何接口 geometry_msgs 等，传感器接口 sensor_msgs 又分为 Imu、LasereScan、Image 等具体的传感器消息类型。ROS 在封装程序时接收和发出的都是这种标准接口的信息，因此我们在连接各模块时，只要把模块之间输入输出的消息接口对应上就可以实现各模块之间的连接。我们以 ROS 官方教程中的 navigation 包为例（图 2-21）进行简单介绍。

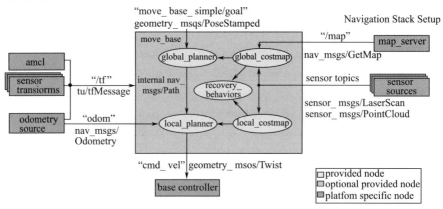

图 2-21　ROS 导航模块

如图 2-21 所示，中间方框内的是一个导航模块，它订阅了话题"/tf"获取 tf/Message 类型的消息，订阅话题"/map"获取 nav_msgs/GetMap 类型的消息，订阅话题"odom"获取 nav_msgs/odometry 类型的消息，订阅传感器节点发布的话题获取 sensor_msgs/LaserScan 或者 sensor_msgs/PointCloud 类型的消息，然后导航模块内部对这些信息进行处理，最后向"cmd_vel"话题发布 geometry_msgs/Twist 类型的消息。从上述流程可以看到，在导航模块调用和发出消息时，我们并没有强调从导航模块与其他某种确定的模块进行通信,而是通过订阅话题获取标准格式的信息。也就意味着,对这一模块而言,我们只需要提供它需要的信息接口,并且将输出信息以指定接口形式发出即可。

正是由于 ROS 的这种模块化特点以及 ROS 中丰富的标准接口,将采用 ROS 的这种模块化封装形式对我们的决策、传感、执行3个模块的各个子模块进行封装。

### 2.2.3 欧盟 OROCOS 技术

由比利时、法国与瑞典科学家发起开源机器人控制软件(Open Robot Control Software,ORoCoS)项目,其目的是开发一种通用的组件化架构,用于组件化机器人系统的控制。ORoCoS 项目具体由4个 C++组件库组成:实时工具集、运动学与动力学算法集、贝叶斯滤波库与 ORoCoS 组件库,如图2-22所示。

(1) 实时工具集(RTT)不仅是一个应用程序,还为机器人系统开发人员提供了大量的组件化应用案例。

(2) ORoCoS 组件库(OCL)提供了一些典型的控制模块,如硬件接口模块、控制模块及模块的管理功能组件。

(3) 运动与动力学组件(KDL)是一个 C++的函数库。提供了实时的动力学约束计算服务。

(4) 贝叶斯滤波库(BFL)提供了一种专有的应用算法库,是由动态贝叶斯网络理论推导出的。这个理论可用于递归信息处理及基于贝叶斯规则的算法评估,如卡尔曼滤波、粒子滤波算法等。

ORoCoS 应用是由组件组成的。这些组件联合构成了一个针对应用的专有网络。同时,用户也可以根据需要使用实时工具集 RTT 开发自己的组件。每个 ORoCoS 组件都对应有一个面向控制的接口。每个单一的 ORoCoS 组件可以是控制一个完整的设备,也可以是控制整个组件网络中的一个很小的部件,如一个决策分类器组件或机器人动力学组件等。ORoCoS 组件大部分用户是通过属性接口(XML 方式)或方法接口配置组件的。通过属性、事件、方法、命令与数据流端口5种方式能够使 ORoCoS 组件连接上,如图2-23所示。接口类型和使用目的是由组件构建者在说明文档中进行说明的。每个组件的文档都需要对其接口将进行规范的描述。其各接口的意义说明如下。

(1) 数据流端口。用于组件间有缓存或无缓存的数据通信。

(2) 属性。组件在运行时需要设定的相关参数,保存于组件对应的 XML 文件中,如动力学算法、控制参数、原点位置、工具类型等。

(3) 方法。可由其他组件调用,并能向调用方返回运算结果,与 C 语言中的"函数"概念类似,如机器人轨迹跟踪、松开夹手等。

(4)命令。由其他组件以指令方式发送给接受者以达到某种要求,如机械臂移动(位置、速度)、回零等。一般来说,一个命令不能立即执行完毕,因此发送命令的组件不能因等待命令执行完成而阻塞。但命令组件可以提供回调接口使发送命令的组件知道这个命令的执行进度。

(5)事件。当系统中发生某种变化时所触发的一系列状态的变化,如达到位置、紧急停车、目标物已抓住。

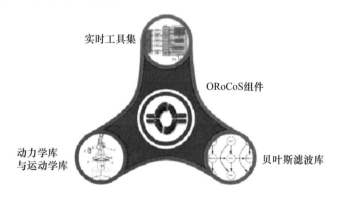

图 2-22 欧洲 ORoCoS 项目

图 2-23 除了定义上述的组件模型外,ORoCoS 允许组件或应用构建者编写具有优先级的状态机程序,用来定义 ORoCoS 组件的应用逻辑,状态机可以在运行时由组件加载或卸载。

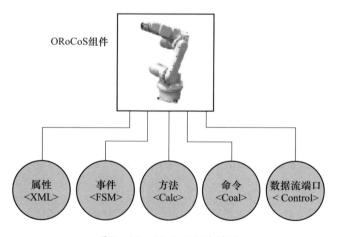

图 2-23 ORoCoS 组件模型

如图 2-24 所示,除了定义上述的组件模型外,ORoCoS 允许组件或应用构建者编写具有优先级的状态机程序,用来定义ORoCoS组件的应用逻辑,状态机可以在运行时由组件加载或卸载。

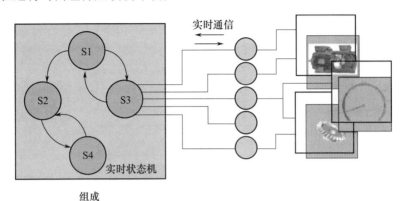

图2-24 ORoCoS组件的应用逻辑模型

### 2.2.4 韩国OPRoS技术

韩国研发的机器人服务开放平台(Open Platform for Robotic Services, OPRoS)希望不仅能够提供机器人开发中的框架和中间件技术,还能够提供机器人整个生命周期中的开发服务,因此,OPRoS通过提供机器人软件组件模型,组件执行引擎,各种中间件服务,开发工具和模拟环境,支持机器人软件开发和执行的整个生命周期。主要包括OPRoS组件模型、组件执行引擎和开发工具。

1) OPRoS组件模型

(1) 分布式网络。OPRoS组件是可重复使用和可替换且不需要重新编译的模块。它们分布在网络中,代表机器人的设备,通常是松散耦合和独立运行的。一个机器人服务由这些分布式组件组成,与机器人由硬件系统与设备组装在一起类似。组件执行引擎提供组件之间的通信管理。网络管理与组件逻辑分离,开发人员可以只专注于开发的逻辑,关于网络管理没有额外的顾虑。

分布式OPRoS组件的粒度可以是任何级别的。例如,它可以在设备级别、算法级别或协调级别等,组件开发人员决定哪一个级别是合适的,随着分布式组件的不同粒度,平行或分层组合方式可用于各种机器人软件架构。

(2) 端口作为接口。在基于组件的机器人软件中,组件通过连接相互通信。连接建立在发送组件的端口到接收组件之间。组件间通信包括3种类型的信息:方法调用、数据和事件。

OPRoS组件模型具有3种类型的相应端口,即服务端口、数据端口和事件端口。图2-25描绘了OPRoS组件模型。一个组件具有一个或多个这些类型的端口。

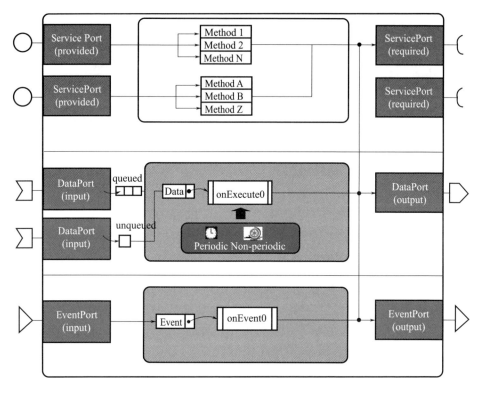

图2-25　OPRoS组件模型

服务端口允许其他组件调用该组件的算法。它具有一组方法的接口定义。一个服务端口可以提供类型或需求类型。提供类型服务端口为其他组件提供方法服务，将提供类型服务端口的方法映射到用户组件中定义的方法。需求类型的服务端口充当连接组件中用户定义的方法的代理。

数据端口用于交换数据。输出数据端口将数据发送到其他数据的输入数据端口。输入和输出具有相同的数据类型。数据端口有用于存储接收数据的队列或单个缓冲区存储最近接收的数据。接收的数据是在组件 onExecute( ) 方法中处理。

事件端口用于传输事件。虽然数据端口和事件端口在传输结构化数据方面类似，事件会由网络服务线程中 onEvent( ) 方法立即处理，而接收的数据先进入缓冲区，然后再被处理。

数据/事件的输出端口不会阻塞数据/事件，而服务端口根据方法类型调用支持阻塞和非阻塞。

（3）执行模式。组件的执行模式分为周期性、非周期性或被动的。在周期性模式下，周期性调用 onExecute( ) 函数处理数据或执行其算法。适用于周期运行的机器人设备组件。用户可以指定组件的执行周期执行组件配置文件中组件的句点。

非周期模式适用于 onExecute( ) 方法预期执行时间很长或不可预测的情况。每个非周期性组件使用单一线程，组件迭代执行 onExecute( ) 方法，直到组件消亡时才释放它的专用线程。

被动模式的组件既没有 onExecute( ) 回调方法，也没有自己的线程，只有其他组件的事件或方法刺激时才会被激活。

（4）类图。如图 2-26 所示，用户组件继承了"组件"基类。组件具有与其他组件交互的一个或多个端口，也需要继承其他接口，如生命周期、端口管理和属性。这些接口便于使用组件容器以管理组件。用户组件重写基类的继承回调函数，并且添加用户自定义方法。网络服务线程收到客户端的请求之后调用用户定义方法。组件的父接口和回调方法由容器调用。

组件的主动执行，无论是周期模式，还是非周期模式，通过执行器由组件容器管理。容器在执行器中注册组件，执行器运行注册过的组件，组件具有相同的周期和优先级，由容器的分配线程。

（5）生命周期管理。组件在运行周期中一些状态如图 2-27 所示。当组件的实例创建后，它处于创建状态；容器调用 onInitialize( ) 之后，它的状态变为 Ready 状态；onStart( ) 方法将组件引导到激活状态，迭代执行 onExecute( ) 和 onUpdate( ) 方法。调用 onStop( ) 方法使它进入非激活状态。

如果发生错误，组件将转换为错误状态，容器调用 onError( ) 函数处理错误。当它从错误中恢复时，组件调用 onRecover( ) 方法之后立即进入 Ready 状态。组件实例在调用 onDestroy( ) 方法之后被销毁。

（6）组件合成。利用现有的组件制作新组件会减少开发时间以及创建组件可能发生的错误，具有两种类型的组件：核组件和复合组件。

核组件是单独制作的，主要设计抽象低级设备或算法。

复合组件由其他组件组成（核组件或复合组件）。复合组件访问每个内部包含组件的端口。当复合组件的接口被调用时，将其转发给相应的内部包含组件。通过这种方式，复合组件抽象内部组件的接口，用户可以访问简化的接口。

（7）组件配置文件。组件的端口类型、执行语义、属性记录在组件的 XML 配置文件中。组件执行引擎读取配置文件以操作相应的组件。组件的 API 在单

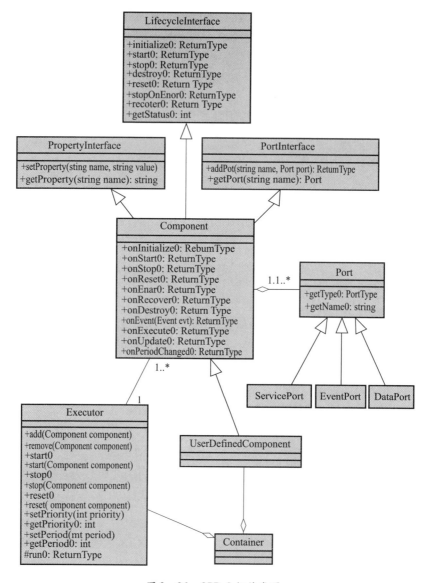

图 2-26 OPRoS 组件类图

独的服务配置文件中，是服务端口提供的方法的签名。此外，数据配置文件描述组件之间方法调用和数据传输中数据类型或数据结构。这两个配置文件类似于 CORBA IDL 中描述接口和数据类型。应用配置文件描述分布式节点的网络配置、对参与组件的引用以及组件之间的端口连接，执行引擎读取应用配置文件用于运行机器人应用程序。

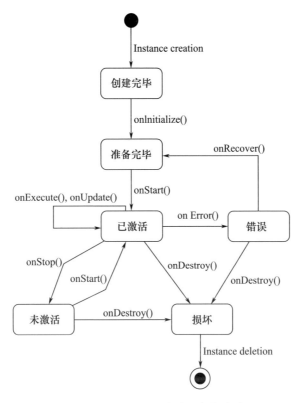

图 2-27 OPRoS 组件的状态转移图

2）组件执行引擎

组件执行引擎读取应用配置文件管理和执行组件，机器人开发人员不用担心线程管理、资源分配和状态管理，可以专注于应用程序逻辑。

如图 2-28 所示，引擎包含组件管理器、组件容器和组件服务，它从组件编写器读取组件、协调执行组件、管理它们的生命周期和状态、使用组件容器连接组件，并且支持监控和容错等服务。

组件容器解析应用配置文件，将组件加载到内存中，建立组件之间的连接，并按照组件配置文件激活组件。激活组件根据组件配置文件在执行器中运行，组件容器的调度模块为执行器分配线程。调度模块为周期和优先级相同的组件分配相同的执行器，防止线程进行不必要切换。调度模块为非周期组件分配专用执行器和线程，组件只执行一次。

组件执行引擎提供了操作系统的合理抽象。使用包装类实现常用功能，如线程函数、线程同步函数和文件 I/O 函数。包装类封装了常用的操作系统提供的系统功能。此外，引擎还提供了连接器，连接器是 I/O 的抽象类，它允许机器

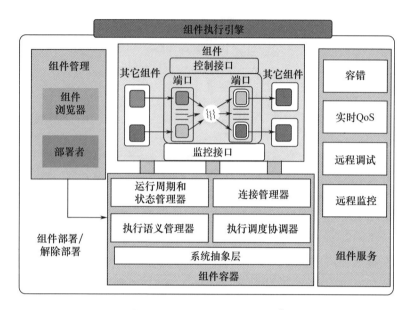

图 2-28 OPRoS 组件执行引擎

人组件之间在不同的网络间进行通信的通信。引擎分配一个连接器建立两个交互之间的连接端口。连接器提供网络连接管理、编组功能、远程方法调用和数据传输功能。它们可以绑定到各种网络协议或通信中间件。目前,引擎提供 3 种类型的连接器:用于 TCP/IP 的 SocketConnector、用于 UPnP 的 UPnPConnector 和用于 CORBA 的 CorbaConnector。

执行引擎不能在故障或失败时陷入异常。自重构容错模块可以检测故障或异常并自动修复它们。它侧重于执行器中线程的可靠性。每个线程周期性处理周期相同的组件。将新的具有相同循环时间的组件添加到执行器中,执行器可能无法在周期时间内处理所有组件,破坏了组件的及时性。为了防止这种情况,每一个执行器需要检测违规。当检测到组件(称为故障组件)违规时,同一执行器的其他组件迁移到新的执行器中继续执行。故障组件仍然执行,因为它可能会完成执行。

3) 开发工具

通常,不依赖专用开发工具从头开始制作组件是非常耗时且错误的。因此,很有必要提供至少一种工具,用于制作核组件和符合组件。OPRoS 提供了 eclipse IDE 的两个插件,可以在任何安装了 eclipse 的操作系统平台上安装和使用。

(1) 组件制作工具。如图 2-29 所示的组件的制作工具界面,制作核组件时,用户需要指定端口、回调函数以及组件配置文件,组件制作工具帮助开发者添加回调函数的执行和用户自定义代码,不需要考虑端口之间的关系。

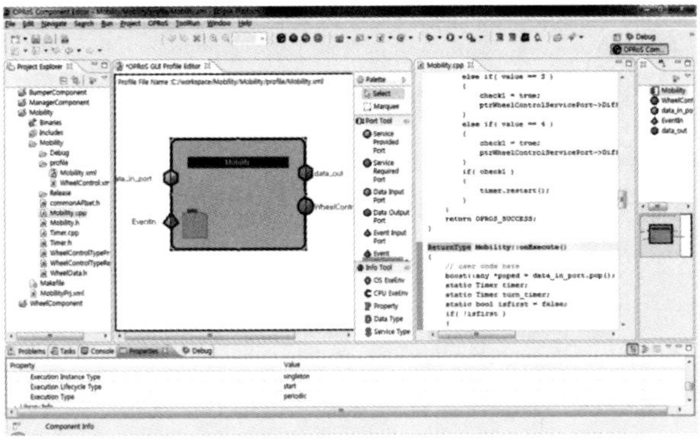

图 2-29 组件制作工具界面

(2)组件组合工具。图 2-30 所示的是组件组合工具界面,组件组合工具器用于搭建机器人应用程序。它有本地存储库,用于存储组件和导入组件制作工具中的包。应用程序开发人员将组件拖放到主图上,并连接端口以构建应用程序。

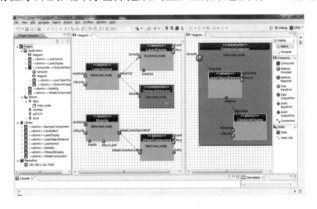

图 2-30 组件组合工具界面

组件组合工具验证端口的数据或服务类型,只有当它们具有相同类型时才能连接,数据在连接组件之间共享。

组件组合工具可以通过将各个组件放入复合组件中,并将端口连接到复合组件的端口来创建复合组件。连接信息存储在自动生成的应用配置文件中。通过这种方式,外部请求或数据/事件组件可以委托给内部组件,反之亦然。

组件组合工具可以同时远程控制和监控多个组件执行引擎,在主图上将引擎节点拖到组件上面,就可以为组件分配执行引擎,应用配置文件和组件打包并通过网络发送到组件执行引擎。

### 2.2.5 中国 RFC 技术

1) RFC 技术概述

为了解决生产和生活中越来越困难的任务,机器人和其他智能系统的复杂程度飞速增加。与成熟的 PC 产业相比,机器人市场的集成存在很大的障碍,其主要原因包括硬件模块互不兼容、软件模块互不兼容。一个机器人的硬件模块不能组装到另一个机器人上使用,为一个机器人开发的控制软件无法直接在另一个机器人上使用,使得机器人产品大量处于低层次重复开发,复用化程度低、扩展性差,造成了巨大的资源浪费。

我国在 2016 年制定了机器人软件功能组件设计规范,本标准针对机器人产品软件资源的功能组件化要求,采用模块化设计思想规定了模块化和网络化构建的机器人软件功能组建框架,包括功能组件的接口描述和状态转换,组件化机器人软件系统设计方法,为机器人软件设计者和使用者提供参考。本标准有助于建立一个良好的机器人产业的生态环境。开发人员可以将来自不同供应商的机器人功能组件结合到一个应用程序中,从而使得机器人和机器人软件的开发变得方便和快捷,使得机器人系统变得灵活和高效。

在该标准中,机器人功能组件 RFC(Robotic Functional Component)[33]是实现机器人模块化的要素,具有独立的结构,符合标准的软件和硬件接口规范,能完成机器人相关的独立功能,能够实现支撑、运动、感知、计算、控制等特定功能。机器人功能组件组建器(RFC Builder)是用于开发机器人功能组件的模板生成工具,生成基于用户配置的参数化自定义模板,并以 XML(可扩展标记语言)文件进行保存。它通常是以插件或脚本形式生成。机器人功能组件集成器(RFC Integrator)是将若干个机器人功能组件集成起来进行协同管理的工具。每个组件外部有若干数量的输入、输出端口(包括数据端口和服务端口等),开发人员能够在端口之间连线,规范模块间的数据流和服务流关系,能够将系统的全部组件连接关系以图形化形式进行编辑,并以 XML 格式存储。程序编辑完成后,通过机器人功能组件集成器控制整个机器人系统运行。任务编辑器(Task Editor)是以脚本或图形化编程的形式,为机器人系统编写任务或服务的软件。在任务编辑器中,各个组件通过输入、输出接口相互连接。用户基于有限状态机编写脚本或流程图,任务编辑器即自动生成可以直接执行的任务序列。编辑好的任务以 XML 格式存储,可以连接仿真环境查看运行效果,也可以直接下载到机器人系统运行。

2) RFC 模型和状态转换

(1) RFC 模型概述。在机器人软件系统中,其基本的组件单元成为机器人功能组件,如图 2-31 所示,其 UML 模型如图 2-32 所示。

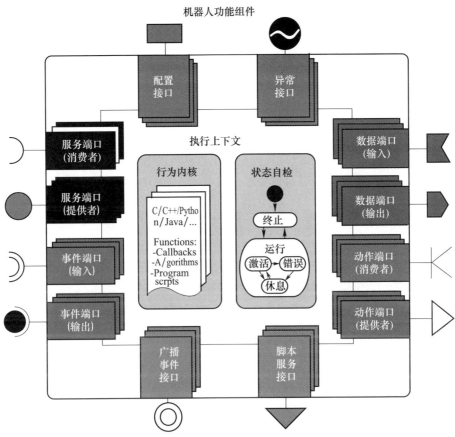

图 2-31 机器人功能组件模型

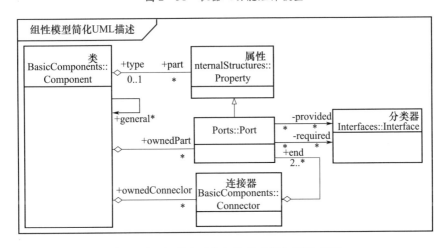

图 2-32 机器人功能组件模型简化 UML 描述

(2) RFC 模型构成。

① 描述。组建服务信息,用以描述组件各方面的属性,如组件名称、组件的端口信息、组件的服务状态等。

② 执行状态管理。组件执行状态描述如下。

·执行环境。组件内线程的抽象表示。线程根据当前状态执行组件内相关的工作。

·行为内核。负责组件的内部逻辑处理。具体包括一个有限状态机和一个内部逻辑单元,用于计算和处理不同时刻组件所处的状态模式。

·状态自检。组件可以对自身状态自检,当出现异常时,通过异常接口对外通知。

③ 端口管理。组件端口定义及功能描述如下。

·数据端口。组件用于对外进行数据传输的单元,包括输入端口和输出端口两类。数据输入端口用于接受从外界获取的数据,并将其传送到内部逻辑单元进行处理。数据输出端口用于向外界特定连接发送数据。

·事件端口。组件用于事件出发的单元,包括事件输入和事件输出端口。事件输入端口用于接收事件,并根据该事件触发某项功能。事件输出端口用于发出事件,以触发其他功能的某项功能。

·服务端口。组件用于对外进行服务交互的单元,可以向外界租用或提供特定的服务资源。服务提供者用于向外界提供本组件内部的相关服务。服务消费者用于调用外部组件的服务资源。

·动作端口。组件用于对外交互工作的单元,可以向外界提供组建内部的动作或调用外部组件的动作资源。动作提供者用于向外部提供本组件内部的相关动作,该动作一般需要较长时间执行。动作提供单元根据动作消费单元的需求执行相关的动作,并根据执行情况提供反馈和结果。动作消费者用于调用外部组件的动作资源。

·配置接口。该接口为外界提供动态的调用、修改组件内部逻辑参数的能力。

·广播事件接口。用于接收系统的事件广播,允许组件在特定事件发生时做相应的动作。

·脚本服务接口。用户可以直接用脚本对组件进行控制、状态查询等操作。

·异常接口。组件在异常情况发生时,对外通知,发出相应的命令和动作。

(3) RFC 状态变迁。

① 概述。RFC 具有创建、激活、非激活和错误状态,处于何种状态则依赖于

它所运行的执行环境。状态之间的转换由有限状态机定义,并能根据外部命令切换。

② 创建状态。当前机器人功能组件已经被实例化,但是还没有完全初始化。处于创建状态的机器人功能组件可以进行初始化操作,若初始化成功,则组件变迁到非激活状态。

③ 非激活状态。当前机器人功能组件已经完全初始化,但是没有被任何的执行环境所调用。处于创建状态的机器人功能组件可以进行激活操作,若激活成功,则组件变迁到激活状态。

④ 激活状态。当前机器人功能组件被至少一个执行环境调用,通常,当前机器人功能组件的核心功能处于执行状态。处于激活状态大的机器人功能组件可以进行失活操作,若失活成功,则组件变迁到非激活状态,处于激活状态的机器人功能组件若遇到执行错误,则组件变迁到与环境相对应的错误状态。

⑤ 错误状态。当前机器人功能组件在一个给定执行环境遇到问题时,处于错误状态的机器人功能组件可以被重置,若重置成功,机器人功能组件的状态将会变迁到非激活状态,如果重置失败将还是保持错误状态。

3) RFC 集成方法

(1) 设计机器人功能组件。对机器人模块化功能组件进行功能和结构分析,确定机器人组件的功能和主要参数;确定操作系统、开发环境、编程语言等工具;设计机器人接口、状态变迁关系和执行环境。

(2) 创建机器人功能组件模型。定义机器人功能组件参数,设置组件名称、执行模式循环周期等属性;创建数据端口、服务端口、事件端口、事件端口、动作端口、配置端口;设计机器人接口、状态变迁关系和执行环境;编写功能函数,实现组件功能逻辑。

(3) 调试机器人功能组件。如果机器人功能组件能够正常初始化,可被激活和失活且运行正常,则说明机器人功能组件创建成功。机器人功能组件的运行状态可以通过脚本服务查询和控制。

(4) 机器人功能组件通信测试。连接不同的机器人功能组件的数据端口、服务端口、事件端口和动作端口,激活上述各个机器人功能组件,测试各组件是否正常运行,测试各组件之间的通信和服务等信息是否正确。

(5) 机器人功能组件集成完毕。如果以上步骤都能正确完成,组件之间通过上述标准接口交换数据、调用服务,形成一个紧密相连的整体,则机器人功能组件集成完毕。

## 2.3 新一代网络技术

在泛在机器人技术中,机器人由各个模块组合而成,并且模块跟模块在物理关系上没有直接连接,例如,移动机器人在室内定位导航过程中,传感模块是分散在室内各处的环境相机,决策模块是我们普通的笔记本电脑,执行模块是移动机器人,我们可以发现模块之间物理关系上没有相连,因此,这也是泛在机器人技术与传统的机器人技术最大的区别。没有相连的模块如何进行数据传输呢?那么,就需要我们的网络通信技术,通过网络将数据在各个模块之间进行传输,保证机器人的正常运行。因此,网络通信技术的发展对泛在机器人技术会起到极大的推动作用。如今网络通信技术也被广泛应用在机器人领域,那么,本章小节简要介绍两种新型的网络通信技术——IPv6 技术和 5G 技术,未来这两种技术的发展会使得泛在机器人模块之间数据传输的速度更快、容量更大以及实时性更好。

随着泛在机器人技术的发展以及上述网络通信技术的发展,泛在机器人系统的规模会越来越大,最终甚至达到万物互联,那么,与之而来的问题是海量的数据如何处理,因此,本章小节介绍云计算和边缘计算两种技术,云计算将计算分布在大量的分布式计算机上,而非本地计算机或远程服务器中,泛在机器人系统可以根据系统的规模大小自主选取云计算的计算资源,边缘计算是用来解决海量数据传输到云平台上带来的网络通信和计算压力。

### 2.3.1 IPv6 技术

1)背景与目标

现今的互联网络发展蓬勃,根据互联网数据研究机构的统计,全世界 76 亿人口,网民总数已经超过了 40 亿(2018 年 1 月),IPv4 仅能提供 2 的 32 次方,约 42.9 亿个 IP 位置。所以说,IPv4 地址池接近枯竭,根本无法满足互联网发展的需要。人们迫切需要更高版本的 IP 协议、更大数量的 IP 地址池。虽然目前的网络地址转换及无类别域间路由等技术可延缓网络位置匮乏的现象,但为求解决根本问题,从 1990 年开始,互联网工程任务小组开始规划 IPv4 的下一代协议,除要解决即将遇到的 IP 地址短缺问题外,还要发展更多的扩展,即 IPv6(Internet Protocol version 6)。

2)IPv6 地址

(1)IPv6 地址格式。IPv6 的编码地址空间远大于 IPv4,因为 IPv6 采用 128 位的地址,而 IPv4 使用的是 32 位,所以 IPv6 能提供 2 的 128 次方个地址,是 IPv4 的 2 的 96 次方倍。IPv6 地址以 16 位为一组,每组以冒号":"隔开,可以分为8组,每组以4位十六进制方式表示。例如,2001:0db8:85a3:08d3:1319:8a2e:0370:7344是一个合法的IPv6地址。

(2) IPv6地址分类。IPv6地址分为3种。

① 单播(Unicast)地址。单播地址标示一个网络接口。协议会把送往地址的数据包送往其接口。IPv6的单播地址可以有一个代表特殊地址名字的范畴,如link-local地址和唯一区域地址(Unique Local Address,ULA)。单播地址包括可聚类的全球单播地址、链路本地地址等。

② 任播(Anycast)地址。Anycast是IPv6特有的数据发送方式,它像是IPv4的Unicast(单点传播)与Broadcast(多点广播)的综合。IPv4支持单点传播和多点广播,单点广播在来源和目的地间直接进行通信;多点广播存在于单一来源和多个目的地间进行通信。

Anycast则在以上两者之间,它像多点广播(Broadcast)一样,会有一组接收节点的地址栏表,但指定为Anycast的数据包,只会发送到距离最近或发送成本最低(根据路由表来判断)的其中一个接收地址。当该接收地址收到数据包并进行回应,且加入后续的传输。该接收列表的其他节点,会知道某个节点地址已经回应了,它们就不再加入后续的传输作业。

③ 多播(Multicast)地址。多播地址也称为组播地址。多播地址被指定到一群不同的接口,送到多播地址的数据包会被发送到所有的地址。

3) IPv6的优点

IPv6不仅在地址容量上优于IPv4,在一些其他方面也比IPv4表现得要好。

(1) IPv6使用更小的路由表。使得路由器转发数据包的速度更快。

(2) IPv6增加了增强的组播支持以及对流的控制,有利于对多媒体的应用和服务质量(QoS)的控制。

(3) IPv6加入了对自动配置的支持。这是对DHCP协议的改进和扩展,使得网络(尤其是局域网)的管理更加方便和快捷。

(4) IPv6具有更高的安全性。用户可以对网络层的数据进行加密并对IP报文进行校验,极大地增强了网络的安全性。

(5) IPv6具有更好的扩容能力。如果新的技术或应用需要时,IPV6允许协议进行扩充。

(6) IPv6具有更好的头部格式。IPv6使用新的头部格式,简化和加速了路由选择过程,提高了效率。

4) IPv6转换机制

IPv6的提出,最重要的目的就是解决公网IPv4耗尽的问题,而且IPv6协议的设计考虑到了更好的效率、安全、扩展等方面,可以说,IPv6是未来网络发展的大趋势。但为什么 IPv6 已经发展了十几年,目前在我们的工作和生活中还是比较少接触和使用?这里的原因是非常复杂的,有技术上的障碍,因为 IPv6 和 IPv4 是两个完全不兼容的协议(在极少数的特定场景可以实现兼容),如果要从支持 IPv4 升级到 IPv6,无论是应用程序客户端、服务器程序端,还是路由器等,都要同时支持 IPv6 才能解决问题,这个升级改造需要花费的成本是巨大的。正是由于技术上的升级花费大量的人力、物力,无论是运营商还是互联网服务商,一方面要重视用户的体验问题,这个肯定不能强制客户更新换代硬件设备和软件,另一方面也要维护自身的投资和利益,更愿意去选择利用现有技术降低 IPv4 地址耗尽带来的压力,例如,NAT 的广泛应用,就是 IPv6 推广使用的一个重要的"障碍"。由上面所述,IPv4 升级到 IPv6 肯定不会是一蹴而就的,是需要经历一个十分漫长的过渡阶段。现阶段,就出现了 IPv4 慢慢过渡到 IPv6 的技术(或者称为过渡时期的技术)。过渡技术要解决最重要的问题就是,如何利用现在大规模的 IPv4 网络进行 IPv6 的通信。

要解决上面的问题,这里主要介绍 3 种过渡技术:双栈技术、隧道技术、转换技术。

(1)双栈技术。这种技术其实很好理解,就是通信节点同时支持 IPv4 和 IPv6 双栈。例如,在同一个交换机下面有 2 个 Linux 的节点,2 个节点都是 IPv4/IPv6 双栈,节点间原来使用 IPv4 上的 UDP 协议通信传输,现在需要升级为 IPv6 上的 UDP 传输。由于 2 个节点都支持 IPv6,那只要修改应用程序为 IPv6 的 socket 通信就基本达到目的了。

上面的例子对局域网通信的改造是很容易的。但是在广域网,问题就变得十分复杂了。因为主要问题是在广域网上的 2 个节点间往往经过多个路由器,按照双栈技术的部署要求,所有节点都要支持 IPv4/IPv6 双栈,并且都要配置 IPv4 的公网 IP 才能正常工作,这里就无法解决 IPv4 公网地址匮乏的问题。因此,双栈技术一般不会直接部署到网络中,而是配合其他过渡技术一起使用,例如,在隧道技术中,隧道的边界路由器就是双栈的,其他参与通信的节点不要求是双栈的。

(2)隧道技术。当前的网络是以 IPv4 为主,因此,尽可能地充分利用 IPv4 网络进行 IPv6 通信是十分好的手段之一。隧道技术就是一种过渡技术。

隧道将 IPv6 的数据报文封装在 IPv4 的报文头部后面(IPv6 的数据报文是 IPv4 的载荷部分),IPv6 通信节点之间传输的 IPv6 数据包就可以穿越 IPv4 网络进行传输。隧道技术的一个很重要的优点是透明性,通过隧道进行通信的两个 IPv6 节点(或者节点上的应用程序)几乎感觉不到隧道的存在。

根据隧道的出口、入口的构成,隧道可以分为路由器—路由器,主机—路由器、路由器—主机、主机—主机等类型。

隧道的类型也分为手动配置类型和自动配置类型两种,手动配置是指点对点的隧道是手动加以配置,例如,手动配置点对点隧道外层的 IPv4 地址才能建立起隧道;自动配置是指隧道的建立和卸载是动态的,一般会把隧道外层的 IPv4 地址内嵌到数据包的目的 IPv6 地址里面,在隧道路由器获取该 IPv6 地址时取出内嵌 IPv4 地址,从而使用该 IPv4 地址作为隧道的对端建立隧道。

(3) 转换技术。隧道技术是比较好地解决了在很长期一段时间内还是 IPv4 网络为主流的情况下 IPv6 节点(或者双栈节点)间的通信问题。但是由于 IPv4 到 IPv6 的过渡是十分漫长的,因此,也需要解决 IPv6 节点与 IPv4 节点通信的问题。协议转换技术可以用来解决这个问题。

协议转换技术根据协议在网络中位置的不同,分为网络层协议转换、传输层协议转换和应用层协议转换等。协议转换技术的核心思路就是在 IPv4 和 IPv6 通信节点之间部署中间层,将 IPv4 和 IPv6 相互映射转换。

我们非常熟悉的 NAT 也是一种典型的协议转换技术,是将私网 IPv4 地址映射转换为公网 IPv4 地址,这种转换技术又称为 NAT44。

5) IPv6 对泛在机器人技术的影响

区别于传统机器人技术,在泛在机器人技术中,各个模块没有直接相连,但是各个模块都会接入网络,那么,就需要更多的 IP 地址。因此,IPv6 首先可以解决 IP 地址不足的问题。由于 IPv6 采用更小的路由表,路由器转发数据包的速度更快,则机器人模块之间数据传递更加快速,这样能够减少网络延时情况,能够更好地满足要求实时性的机器人系统。由于 IPv6 更高的安全性,各个模块之间传输的数据不会泄露或被恶意更改。

## 2.3.2 5G 技术

5G 作为下一代蜂窝网络,为满足未来 10 年及以后不断扩展的全球连接需求而设计。5G 的意义不仅仅局限于网速更快、移动宽带体验更优,它的使命在于连接新行业、催生新业务,如推进工业自动化、大规模物联网、智能家居、自动驾驶等十大领域,如图 2-33 所示。这些行业和服务都对网络提出了更高的要求,要求网络更可靠、低时延、广覆盖、更安全。

1) 5G 技术的工程需求

(1) 数据速率。移动数据业务的巨大需求是 5G 技术发展的强大驱动力,数据速率的衡量指标又分为以下 3 种[36]。

① 聚合数据率。通信系统能够同时支持的总的数据速率,单位是单位面积上得到的 b/s,相比于上一代的 4G 通信系统,5G 聚合数据率要求提高 1000 倍以上。

图 2-33  5G 的应用领域

② 边缘速率。用户处于系统边缘时,也就是距离当前蜂窝细胞中基站最远的位置,用户可能会遇到的传输速率最差的情况,也就是数据速率的下限。又因为一般取传输速率最差的 5% 的用户作为衡量边缘速率的标准,边缘速率又称为 5% 速率。对于该指标,5G 的目标是 100Mb/s~1Gb/s,这一指标相比于 4G 典型的 1Mb/s 的边缘速率,要求提高了至少 100 倍。

③ 峰值速率。所有条件都是最好的情况下,用户能够达到的最大速率。这一速率有望达到 10Gb/s 的量级。

(2) 延迟。现在 4G 系统的往返延迟是 15ms,其中 1ms 是用于基站给用户分配信道和接入方式产生的必要信令开销。虽然 4G 的 15ms 相对于绝大多数服务而言,已经是很够用了,但是随着科技发展,兴起的一些设备需要更低的延迟,如移动云计算和可穿戴设备的联网。因此,5G 需要新的架构和协议。

(3) 能量消耗。随着转向 5G 网络,通信所花费的能耗应该越来越低,但是前文提到用户的数据速率至少需要提高 100 倍,这就要求 5G 中传输每比特信息所花费的能耗需要降低至少 100 倍。现在能量消耗的一大部分在于复杂的信令开销,如网络边缘基站传回基站的回程信号。5G 网络由于基站部署更加密集,导致这一开销会更大,因此,5G 必须要提高能量的利用率。

2) 5G 关键技术

(1) 提高数据速率。5G 希望将数据速率提高 1000 倍左右,那么,主要是要通过下面3种方式进行改善。

① 极端致密化和卸载。在蜂窝网络通信中,一个最直接的提高数据速率的方式就是减小蜂窝细胞的覆盖面积。好处是随着蜂窝细胞的减小,可以重复使用频谱,并且能够减少单个蜂窝细胞中的用户数量。

② 毫米波。在无线通信中,频率越高,能传输的信息量也越大。因此,频率极高的毫米波(目前主要应用于射电天文学、遥感等领域)得到了广泛的关注。全新的5G技术首次将频率大于24GHz以上的频段(通常称为毫米波)应用于移动宽带通信。大量可用的高频段频谱可提供极致数据传输速度和容量。但是使用毫米波存在技术上的难度,由于毫米波波长很短,信号衍射能力有限,那么,毫米波频段传输更容易造成路径受阻与损耗。通常情况下,毫米波频段传输的信号甚至无法穿透墙体,此外,也面临着波形和能量损耗等问题[37]。

③ 大规模MIMO。MIMO(Multiple - Input Multiple - Output)技术是目前无线通信领域的一个重要创新研究项目,通过智能使用多根天线(设备端或基站端),发射或者接收更多的信号空间流,能显著提高信道容量;通过智能波束成型,将射频的能量集中在一个方向上,可以提高信号的覆盖范围,具体原理如图2-34所示。

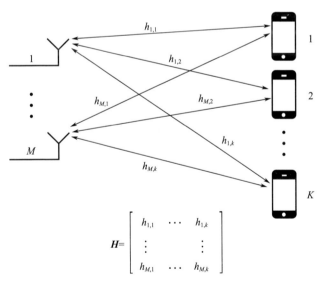

图2-34 大规模MIMO

(2)基于OFDM优化的波形(图2-35)和多址接入。

OFDM被当今的4G LTE和WiFi系统广泛采用,能很好地满足5G NR的各种需求,包括高频谱效率、可扩展至更大带宽、高效使用MIMO和降低每比特数据复杂性。OFDM 技术可实现多种增强功能，如使用加窗或滤波技术增强频率本地化、在不同用户和服务间提高多路传输效率以及创建单载波 OFDM 波形，实现高能效上行链路传输。OFDM 技术的优势如下。

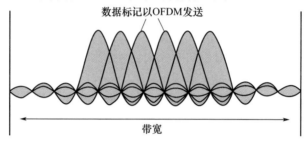

图 2-35　基于 OFDM 优化的波形[37]

① 复杂度低。可以兼容低复杂度的信号接收器，如移动设备。
② 频谱效率高。可以高效使用 MIMO，提高数据传输效率。
③ 能耗少。可以通过单载波波形实现高能效上行链路传输。
④ 频率局域化。可以通过加窗和滤波提升频率局域化，最大限度地减少信号干扰。

不过，OFDM 体系也需要进行创新改造，才能满足 5G 的需求。

① 通过子载波间隔扩展实现可扩展（图 2-36）的 OFDM 参数配置。目前，通过 OFDM 子载波之间的 15kHz 间隔（固定的 OFDM 参数配置），LTE 最高可支持 20MHz 的载波带宽。为了支持更丰富的频谱类型/带（为了连接尽可能丰富的设备，5G 将利用所有能利用的频谱，如毫米微波、非授权频段）和部署方式，5G 将引入可扩展的 OFDM 间隔参数配置。这一点至关重要，因为当快速傅里叶变换（Fast Fourier Transform，FFT）为更大带宽扩展尺寸时，必须保证不会增加处理的复杂性。为了支持多种部署模式的不同信道宽度，5G 必须适应同一部署下不同的参数配置，在统一的框架下提高多路传输效率。另外，5G 也能跨参数实现载波聚合，如聚合毫米波和 6GHz 以下频段的载波，因而，也就具有更强的连接性能。

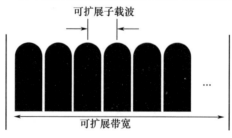

图 2-36　可扩展子载波[37]

② 通过OFDM加窗提高多路传输效率。前文提到5G将被应用于大规模物联网，这意味着会有数十亿设备在相互连接，5G势必要提高多路传输的效率，以应对大规模物联网的挑战。为了相邻频带不相互干扰，频带内和频带外信号辐射必须尽可能小。OFDM能实现波形后处理（Post-Processing），如时域加窗或频域滤波，提升频率局域化。如图2-37所示，利用5G OFDM的参数配置，5G可以在相同的频道内进行多路传输。

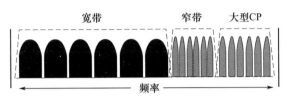

图2-37　5G可针对不同服务进行高效多路传输[37]

（3）能量效率。5G技术中网络密度大大增加，同时，网络接入消耗的能量比例是最大的，因此，提高能量效率需要减少网络接入的消耗，主要分为以下几个方面。

① 资源分配。主要是设计一种优化的资源分配策略，适当降低数据速率，使得能量节省量较大。

② 网络规划。对目标覆盖区域规划出能完全覆盖但是基站数量最小的方案，同时，设计出基站的自适应睡眠/唤醒算法，这样在没有活跃用户的区域可以关闭基站来节省能量。

③ 可再生能源。基站的供电来源由可再生能源提供，如太阳能等。

④ 硬件解决办法。通过硬件层面来节省能量，如使用低功耗天线、无噪声天线等。

3）5G技术应用

5G的快速发展充分体现了当今时代"万物互联"（Internet of Everything，IoE）的发展目标及方向。在当前通信设备激增的趋势下，通过超高速网络互联实现各类通信终端设备高效协同是5G时代的发展理念。5G网络搭建进程正在全球范围如火如荼的推进，世界几大通信巨头（华为、高通、爱立信、诺基亚）也就5G市场展开了激烈竞争。5G的超高速网络正在走进人们的日常生活，2019年5月31日，英国广播公司（BBC）使用5G网络在一个早间节目做直播连线，这是英国首次使用5G信号进行电视直播，采用了来自华为的5G设备，并由于流量过大冲破SIM的限制，直播推迟了15min；2019年6月6日，工信部向中国电信、中国移动、中国联通、中国广电发放5G商用牌照，这表明了我国即将进入5G时代，而5G技术必将为传统的行业带来新的技术革命，其中包括智慧城市、智能家居、车联网及自动驾驶以及智能制造。

5G将以低网络能耗、高数据传输速度，推动智慧城市发展。5G技术于智慧城市场景具有大规模的应用潜力，其涉及应用主要涵盖智慧城市能源、智慧安防、智慧交通、公共服务以及楼宇检测等领域。通过实现高密度网络连接，5G将助力智能家居场景全面渗透。5G技术于智能家居场景具有重要的实用价值，或将重塑用户当前的生活方式，开创更智能、更简易、更优质的生活体验。以强大的网络连接支持、低延时保障，5G有望开启车联网领域新高度，对于车联网应用场景具有开创性意义。车联网应用场景有望真正实现车内网与车际网相互协同，带来前所未有的智能化驾车及乘车体验。以海量连接能力，助力高可靠无线通信技术，5G有望推动自组织的柔性制造系统建设。5G技术的引入有望实现以智能工厂为载体、智能化制造环节为核心、5G网络为支撑的制造模式，通过实现自组织的柔性制造系统，实现高效、个性化的生产方式。

4）5G技术对泛在机器人技术的影响

5G技术将对泛在机器人发展有着质的改变。首先，5G网络其峰值理论传输速度可达数十Gb/s，比4G网络的传输速度快数百倍，这样在机器人模块之间传递数据的速度更快，更能满足机器人的实时性要求。其次，5G主要是解决了移动用户的数据接入，那么，泛在机器人模块中可以加入移动模块，对于室外大型的泛在机器人系统，其中包含分散在系统各处的固定模块以及在系统中不断移动的移动机器人模块，由于系统中位置分布分散，不利于WiFi网络环境的搭建，此时，5G网络技术将会解决室外大型的泛在机器人系统的通信问题，保证了系统中各模块之间的实时通信，同时，也能将移动机器人的决策模块跟传感模块、执行模块分离，将决策模块放在固定地点，传感模块和执行模块在移动机器人上，决策模块、传感模块和执行模块之间采用5G技术通信，这样可以减轻移动机器人结构的设计复杂度，同时，可以在固定地点采用高性能处理器提高计算性能。当然，也可以将决策模块放置在云端。最后，由于5G的广泛覆盖，使得泛在机器人的模块分布范围更广泛，能够调度和使用的信息来源更加广泛，可以组建结构更加复杂的机器人系统，甚至跟物联网技术相结合，扩展了机器人的应用领域。

### 2.3.3 云计算

1）云计算背景

云计算是继20世纪80年代大型计算机到客户端—服务器的大转变之后的又一种巨变。云计算（Cloud Computing）是分布式计算、并行计算、效用计算、网络存储、虚拟化、负载均衡、热备份冗余等传统计算机和网络技术发展融合的产物。

对云计算的定义有多种说法,现阶段广为接受的是美国国家标准与技术研究院(NIST)定义:云计算是一种按使用量付费的模式,这种模式提供可用的、便捷的、按需的网络访问,进入可配置的计算资源共享池(资源包括网络、服务器、存储、应用软件、服务),这些资源能够被快速提供,只需投入很少的管理工作,或与服务供应商进行很少的交互。

云计算是通过使计算分布在大量的分布式计算机上,而非本地计算机或远程服务器中,企业数据中心的运行将与互联网更相似。这使得企业能够将资源切换到需要的应用上,根据需求访问计算机和存储系统。

2)云计算特点

NIST(美国国家标准与技术研究院)在2011年下半年公布了云计算定义的最终稿,给出了云计算模式所具备的5个基本特征(按需自助服务、广泛的网络访问、资源共享、快速的可伸缩性和可度量的服务)、3种服务模式(SaaS(软件即服务)、PaaS(平台即服务)和IaaS(基础设施即服务))和4种部署方式(私有云、社区云、公有云和混合云)。云计算有以下五大特点。

(1)大规模、分布式。"云"一般具有相当的规模,一些知名的云供应商如Google云计算、Amazon、IBM、微软、阿里等也能拥有上百万级的服务器规模。依靠这些分布式的服务器所构建起来的"云"能够为使用者提供前所未有的计算能力。

(2)虚拟化。云计算都会采用虚拟化技术,用户并不需要关注具体的硬件实体,只需要选择一家云服务提供商,注册一个账号,登录到它们的云控制台,购买和配置需要的服务(如云服务器、云存储、CDN等),再为应用做一些简单的配置后,就可以让应用对外服务了,这比传统的在企业的数据中心去部署一套应用要简单方便得多。你可以随时随地通过PC或移动设备控制资源,这就好像是云服务商为每一个用户都提供了一个IDC(Internet Data Center)一样。

(3)高可用性和扩展性。那些知名的云计算供应商一般都会采用数据多副本容错、计算节点同构可互换等措施保障服务的高可靠性。基于云服务的应用可以持续对外提供服务($7 \times 24h$),另外,"云"的规模可以动态伸缩,满足应用和用户规模增长的需要。

(4)按需服务,更加经济。用户可以根据自己的需要购买服务,甚至可以按使用量进行精确计费。这能大大节省IT成本,而资源的整体利用率也将得到明显的改善。

(5)安全。网络安全已经成为所有企业或个人创业者必须面对的问题,企业的IT团队或个人很难应对那些来自网络的恶意攻击,而使用云服务则可以借助更专业的安全团队有效降低安全风险。

3) 云服务

常规上是指通过网络以按需、易扩展的方式获得所需服务,这种服务可以是IT和软件、互联网相关,也可是其他服务,它意味着计算能力也可作为一种商品通过互联网进行流通。云服务可以将企业所需的软硬件、资料都放到网络上,在任何时间、地点,使用不同的IT设备互相连接,实现数据存取、运算等目的。云服务主要有公有云和私有云两种形式。

(1) 公有云。

公有云是最基础的服务,成本较低,是指多个客户可共享一个服务提供商的系统资源,他们无须架设任何设备及配备管理人员,便可享有专业的IT服务,这对于一般创业者、中小企来说,无疑是一个降低成本的好方法。它包括以下3个类别,对应云计算的3个分层(图2-38),基础设施在最下端,平台在中间,软件在顶端。

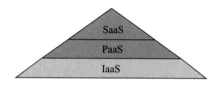

图2-38 云计算的3个分层

① IaaS 基础设施即服务(Infrastructure as a Service)。把计算基础(服务器、网络技术、存储和数据中心空间)作为一项服务提供给客户。它也包括提供操作系统和虚拟化技术管理资源。消费者通过Internet可以从完善的计算机基础设施获得服务。

② PaaS 平台即服务(Platform as a Service)。PaaS实际上是指将软件研发的平台作为一种服务,供应商提供超过基础设施的服务,一个作为软件开发和运行环境的整套解决方案,即以SaaS的模式提交给用户。因此,PaaS也是SaaS模式的一种应用。但是,PaaS的出现可以加快SaaS的发展,尤其是加快SaaS应用的开发速度。

③ SaaS 软件即服务(Software as a Service)。SaaS是一种交付模式,其中应用作为一项服务托管,通过Internet提供给用户,帮助客户更好地管理他们的IT项目和服务,确保他们IT应用的质量和性能,监控他们的在线业务。

(2) 私有云。虽然公有云成本低,但是大企业(如金融、保险行业)为了兼顾行业、客户私隐,不能将重要数据存放到公共网络上,故倾向于架设私有云端网络。总体来看,私有云的运作形式,与公共云类似。然而,架设私有云却是一项重大投资,企业需自行设计数据中心、网络、存储设备,并且拥有专业的顾问团队。企业管理层必须充分考虑使用私有云的必要性,以及是否拥有足够资源来确保私有云正常运作。

4)云计算技术对泛在机器人技术的影响

泛在机器人技术是将传统机器人转化为分布式机器人,实际上是形成一个智能空间,智能空间中的传感模块、执行模块需要一个决策模块对传感器信息进行处理,并驱动执行模块完成任务,那么,在普通规模的泛在机器人系统中,计算量有限,决策模块可以是我们的个人计算机、服务器。但是随着泛在机器人系统规模的扩大,这个决策模块需要越来越高的计算性能,那么,相应地又要花费很高的时间和成本实现期望的计算能力,而云计算就可以解决这个问题。用户可以根据自己的需要向云平台申请期望的计算资源,而无须关心实现计算的硬件。云计算技术为泛在机器人技术提供了重要的决策模块。

### 2.3.4 边缘计算

1)边缘计算定义

"边缘计算"是物联网技术一项重要的突破,它将为应用程序提供动力,并提供云计算永远无法实现的成果。这种对话将让决策者认为他们需要在云计算或边缘计算之间进行选择。边缘计算是指在靠近物或数据源头的一侧,采用网络、计算、存储、应用核心能力为一体的开放平台,就近提供最近端服务。其应用程序在边缘侧发起,产生更快的网络服务响应,满足行业在实时业务、应用智能、安全与隐私保护等方面的基本需求。边缘计算处于物理实体和工业连接之间,或处于物理实体的顶端。云端计算,仍然可以访问边缘计算的历史数据。

如果用常规模式构建物联网,随着设备的迅速增加,网络边缘侧所产生的数据量级将非常巨大。这些数据如果都交由云端的管理平台处理,将会导致现实网络流量压力巨大,一些设备的低时延、实时协同工作难以保证,特殊信息的数据安全风险大增。

边缘计算也属于一种分布式计算:在网络边缘侧的智能网关上就近采集到的数据,许多控制将通过本地设备实现而无须交由云端,处理过程将在本地边缘计算层完成,而不需要将大量数据上传到远端的核心管理平台,这无疑将大大提升处理效率,减轻云端的负荷。由于更加靠近用户,还可为用户提供更快的响应。

2)边缘计算的特点

"边缘计算最大的好处是能够更快地利用数据和洞察力。"边缘计算的兴起不是为了完全取代云计算,而是对云计算的有益补充,它的主要特点包括以下几方面。

(1)实时或更快速地处理和分析数据。数据处理更接近数据来源,而不是在外部数据中心或云端进行,因此可以减少迟延时间。

(2)较低的运营成本。企业在本地设备的数据管理解决方案上的花费比在云和数据中心网络上的花费要少。

(3)占用网络流量较少。随着物联网设备数量的增加,数据生成极速飙升。因此,网络带宽变得更加有限,让云端不堪重负,造成更大的数据瓶颈。

(4)更高的应用程序运行效率。随着滞后的减少,应用程序能够以更快的速度高效地运行。

(5)减少对云的依赖可以降低发生单点故障的可能性,也意味着某些设备可以稳定地离线运行。这在互联网连接受限或无法访问的偏远地区尤其能够派上用场。

(6)边缘计算可以提高数据的安全性和合规性,这对保护个人信息大有裨益。由于边缘设备能够在本地收集和处理数据,数据不必传输到云端。因此,敏感信息不需要经由网络,这样,如果云遭到网络攻击,影响也不会那么严重。边缘计算还能够让新兴联网设备和旧式的"遗留"设备之间实现互通。它将旧式系统使用的通信协议"转换成现代联网设备能够理解的语言"。这意味着传统工业设备可以无缝且高效地连接到现代的物联网平台。

3)边缘计算的核心技术

计算模型的创新带来的是技术的升级换代,而边缘计算的迅速发展也得益于技术的进步。边缘计算发展 7 项核心技术包括网络、隔离技术、体系结构、边缘操作系统、算法执行框架、数据处理平台以及安全和隐私。

(1)网络。边缘计算将计算推至靠近数据源的位置,甚至将整个计算部署于从数据源到云计算中心的传输路径上的节点。命名数据网络(Named Data Networking,NDN),是一种将数据和服务进行命名和寻址,以 P2P 和中心化方式相结合进行自组织的一种数据网络。将 NDN 引入边缘计算中,通过其建立计算服务的命名并关联数据的流动,从而可以很好地解决计算链路中服务发现的问题。软件定义网络(Software Defined Networking,SDN),是一种控制面和数据面分离的可编程网络以及简单网络管理。由于控制面和数据面分离这一特性,网络管理者可以较为快速地进行路由器、交换机的配置,减少网络抖动性,以支持快速的流量迁移,因此,可以很好地支持计算服务和数据的迁移。同时,结合 NDN 和 SDN,可以较好地对网络及其上的服务进行组织,并进行管理,从而可以初步实现计算链路的建立和管理问题。

(2)隔离技术。隔离技术是支撑边缘计算稳健发展的研究技术,边缘设备需要通过有效的隔离技术保证服务的可靠性和服务质量。隔离技术包括资源的隔离和数据的隔离,资源的隔离是应用程序间不能相互干扰,数据的隔离是不同应用程序应具有不同的访问权限。

在云计算场景下,由于某一应用程序的崩溃可能带来整个系统的不稳定,造成严重的后果,而在边缘计算下,这一情况变得更加复杂,目前,在云计算场景下主要使用 VM 虚拟机和 Docker 容器技术等方式保证资源隔离。边缘计算可汲取云计算发展的经验,研究适合边缘计算场景下的隔离技术。

(3)体系结构。无论是如高性能计算一类传统的计算场景,还是如边缘计算一类的新兴计算场景,未来的体系结构应该是通用处理器和异构计算硬件并存的模式。异构硬件牺牲了部分通用计算能力,使用专用加速单元减小了某一类或多类负载的执行时间,并且显著提高了性能功耗比。边缘计算平台通常针对某一类特定的计算场景设计,处理的负载类型较为固定,故目前有很多前沿工作针对特定的计算场景设计边缘计算平台的体系结构。针对边缘计算的计算系统结构设计是一个新兴的领域,仍然具有很多挑战亟待解决。

(4)边缘操作系统。边缘计算操作系统向下需要管理异构的计算资源,向上需要处理大量的异构数据以及应用负载,其需要负责将复杂的计算任务在边缘计算节点上部署、调度及迁移,从而保证计算任务的可靠性以及资源的最大化利用。与传统的物联网设备上的实时操作系统 Contikt 和 FreeRTOS 不同,边缘计算操作系统更倾向于对数据、计算任务和计算资源的管理框架。

机器人操作系统(Robot Operating System,ROS)最开始设计用于异构机器人集群的消息通信管理,现逐渐发展成一套开源的机器人开发及管理工具,提供硬件抽象和驱动、消息通信标准、软件包管理等一系列工具,广泛应用于工业机器人、自动驾驶车辆及无人机等边缘计算场景。根据目前的研究现状,ROS 以及基于 ROS 实现的操作系统有可能会成为边缘计算场景的典型操作系统,但其仍然需要经过在各种真实计算场景下部署的评测和检验。

(5)算法执行框架。随着人工智能的快速发展,边缘设备需要执行越来越多的智能算法任务,在这些任务中,机器学习尤其是深度学习算法占有很大的比例如何,使硬件设备更好地执行以深度学习算法为代表的智能任务是研究的焦点,也是实现边缘智能的必要条件,而设计面向边缘计算场景下的高效的算法执行框架是一个重要的方法。在云数据中心,算法执行框架更多地执行模型训练的任务,它们的输入是大规模的批量数据集,关注的是训练时的迭代速度、收敛率和框架的可扩展性等。边缘设备更多地执行预测任务,输入的是实时的小规模数据。由于边缘设备计算资源和存储资源的相对受限性,它们更关注算法执行框架预测时的速度、内存占用量和能效。为了更好地支持边缘设备执行智能任务,一些专门针对边缘设备的算法执行框架应运而生。2017 年,谷歌发布了用于移动设备和嵌入式设备的轻量级解决方案 TensorFlow Lite，它通过优化移动应用程序的内核、预先激活和量化内核等方法减少执行预测任务时的延迟与内存占有量。Caffe2 是 Caffe 的更高级版本，它是一个轻量级的执行框架，增加了对移动端的支持。此外，PyTorch 和 MXNet 等主流的机器学习算法执行框架也都开始提供在边缘设备上的部署方式。

（6）数据处理平台。边缘计算场景下，边缘设备时刻产生海量数据，数据的来源和类型具有多样化的特征，这些数据包括环境传感器采集的时间序列数据、摄像头采集的图片视频数据、车载 LiDAR 的点云数据等，数据大多具有时空属性。构建一个针对边缘数据进行管理、分析和共享的平台十分重要。

（7）安全和隐私。虽然边缘计算将计算推至靠近用户的地方，避免了数据上传到云端，降低了隐私数据泄露的可能性。但是，相较于云计算中心，边缘计算设备通常处于靠近用户侧，或者传输路径上，具有更高的潜在可能被攻击者入侵，因此，边缘计算节点自身的安全性仍然是一个不可忽略的问题。

在边缘计算的环境下，通常仍然可以采用传统安全方案进行防护，如通过基于密码学的方案进行信息安全的保护；通过访问控制策略对越权访问等进行防护。但是，需要注意的是，通常需要对传统方案进行一定的修改，以适应边缘计算的环境。同时，近些年也有些新兴的安全技术（如硬件协助的可信执行环境）可以使用到边缘计算中，以增强边缘计算的安全性。此外，使用机器学习来增强系统的安全防护也是一个较好的方案。

可信执行环境（Trusted Execution Environment, TEE）是指在设备上一个独立于不可信操作系统而存在的可信的、隔离的、独立的执行环境，为不可信环境中的隐私数据和敏感计算，提供了安全而机密的空间，而 TEE 的安全性通常通过硬件相关的机制来保障。

4）边缘计算技术对泛在机器人技术的影响

如果泛在机器人系统的核心运算采用云计算，那么，泛在机器人子系统的运算就最好采用边缘计算。边缘计算对于云计算的补充作用跟普通场景下是相同的。

首先，大大缓解了海量数据从子系统传输到云平台造成的传输压力以及计算压力，因为泛在机器人子系统会向云平台传输传感模块的数据，同时也需要从云平台获取控制指令，驱动子系统中的执行模块，而云平台在接收数据之后经过处理才能发出控制指令。

其次，保证了子系统中控制的实时性，因为不同于一般的应用，机器人的应用场景多需要保证系统的实时性以及动态性，如果所有数据都传输到云平台之后，再计算传输到子系统，那么，会导致子系统的实时性和动态性大大降低，难以满足需求。

最后,保证了子系统中的信息安全,这一点对于企业级的泛在机器人系统尤为重要,通过边缘计算将子系统的核心信息在本地处理,然后将处理后的信息发送至云平台处理,这样就能保证本地私有的系统信息不被传输出去,大大降低了信息泄露的可能性。

## 2.4 任务规划技术

### 2.4.1 任务规划

任务规划对泛在机器人中任务调度、切换起到核心作用,其输入是泛在机器人各组件的状态信息等服务,输出是泛在机器人所需要进行的动作序列。同时,任务规划问题可以和5G技术与云技术结合,5G技术有利于泛在机器人之间建立合理的通信机制,云技术有利于将各个泛在机器人资源和状态进行整合,以便任务规划进行调用。因此,可利于解决大规模、分布广的任务规划问题。下面首先介绍关于任务规划的国内外研究现状。

1) 国内外研究现状

近年来,越来越多的对泛在机器人的研究关注于上层的规划、学习等问题。对于泛在机器人任务规划的研究大致可分为以下三类。

(1) 针对特定任务的规划、任务分配。大多数早期的泛在机器人系统是针对特定任务开发的,因而,不具备执行通用任务的能力。例如,欧盟的 Dustbot 项目主要针对城市环境清洁和监控[38],日本产业技术综合研究所(AIST)的研究者利用泛在机器人技术帮助机器人建立地图和定位[39],日本京都大学研究者将泛在传感技术用在游客导引的任务[40]。这些面向特定任务的泛在机器人系统使用更轻量的方法,如有限状态机等,处理任务层的调度协调问题。欧盟的 U-RUS 项目主要应用领域是在城市中货物搬运、安全监控、游客引导等,他们主要研究了任务分配技术[42],而任务执行的方法还是通过人类专家预先定义的。这些方法在完成特定任务时表现良好,然而,不能处理通用的任务。另外,当任务复杂、状态空间非常大时,要预先考虑所有可能出现的情况是很难的。

(2) 基于知识推理的方法。部分研究者从知识表示与逻辑推理的角度去处理泛在机器人资源调度和服务提供的问题。例如,RoboEarth 项目开发了 KnowRob 知识处理系统,用描述逻辑(Description Logic)表示知识,用逻辑推理的方法处理知识,从而得出合理的系统配置[41];SOCAM 架构基于本体网络语言(OWL)对语义和知识建模,并能根据服务进行推理[43];韩国的 U – Health Smart

Home 项目面向健康监护任务建立了语义模型并自动提供服务[44]。这类基于知识的方法有很好的普适性,然而,知识的建模对普通用户来说比较困难,并且推理的效率不高,难以适用大规模复杂环境。

(3) 基于自动规划的方法。自动规划问题是人工智能领域的核心问题,主要是根据预定的目标、环境信息和预定义的可执行动作,综合制定出实现目标的动作序列[45]。这与泛在机器人系统的目标——在没有人为干预的甚至是环境变化的情况下,自动协作和调度资源提供服务相一致。Peis-Ecology 采用 PDDL(Planning Domain Definition Language)表示领域知识,用 HTN(Hierarchical Task Network)规划器求解规划任务[46];韩国研究者将 HTN 方法和语义网络相结合,进行泛在机器人的任务规划[38];德国慕尼黑大学研究者基于自动规划理论提出了一种执行动作顺序的控制方法,使得机器人能够利用环境信息完成日常厨房环境中的任务[47]。然而,经典的自动规划模型假设了环境是确定性的、静态的,并且规划是离线的,这样的模型很难应对泛在机器人系统中各组件容易发生错误和失败的情况。针对这一问题,有些研究者使用非确定性模型建立任务模型,如 Peis-Ecology 项目采用了 PTLplanner 这一概率规划器来配置泛在机器人系统向用户提供服务;葡萄牙的研究者使用了基于部分客观马尔可夫决策过程(Partially Observable Markov Decision Process, POMDP)模型的方法,考虑了系统的不完全可观察性和不确定性[48]。当前广泛采用的马尔可夫决策过程(Markov Decision Process, MDP)模型能够解决非确定性问题,然而,求解大规模的 MDP 模型会遇到维数爆炸问题,而一些常用的状态近似方法也无法用在面向通用领域的任务规划问题上,因此,MDP 模型在实际的任务规划问题中也很难应用。

国内的相关研究还比较少,浙江大学研究者将语义网用于泛在机器人的任务配置和重配置,其研究重点在于把传感器、执行器或者软件算法抽象成一种服务,一种服务配置就是由这些服务构建的与或树,提出了服务配置和重配置的算法,并给出了仿真和实际机器人的实验结果[49]。上海交通大学研究者实现了一种基于分布式智能的网络机器人系统[50],将环境摄像头和移动机器人抽象为即插即用的智能节点,传感智能节点能够处理和传输多种层次的传感信息,实现传感智能的交互与共享。

综上所述,对于泛在机器人系统的任务规划研究尚处于起步阶段,并且已经受到越来越多的重视。但是针对泛在机器人系统非确定性、动态性和大规模特点的任务规划研究仍非常不足。以下将介绍两种主流规划方式的发展状况。

(1) 非确定性规划。非确定性的规划问题放宽了经典规划模型中的"确定性"假设,允许一个动作发生执行错误和失败,更加符合实际环境。自动规划领域在国际规划大赛(International Planning Contest,IPC)的推动下取得了很大进展,自1998年第一届规划大赛以来,比赛内容也向着"非确定性"与"学习"的方向发展。2004年IPC开设了概率规划组,2008年开设了非确定性规划组和学习组。非确定性规划主要以MDP模型和POMDP模型为基础。MDP和POMDP模型也经常用于机器人定位导航、语义理解、人机交互、运动规划以及机器人控制等领域,并取得了不错的效果。近年来,这类模型在单机器人和多机器人系统的任务规划上也有越来越多的研究[51]。然而,MDP模型的一个最主要问题是维数爆炸问题,在实际应用中只能用于解决小规模问题。针对大规模MDP问题收敛速度慢的问题,Kocsis等在2006年提出了UCT算法,用基于采样的方法使迭代向着更有希望的方向发展[52]。该方法对每次采用评估结果定义一个regret值,通过最小化regret选择优先扩展的动作。这样,一些在先前迭代时回报值大的,或者先前迭代中使用次数少的动作会优先采样。2008年,基于UCT算法的围棋程序在9×9的棋盘上能击败有段位的选手[53]。2016年,Deep Mind公司结合UCT和深度网络,围棋程序打败了人类顶尖高手。2011年,Keller等第一次将上述方法应用于领域无关规划,实现了Prost规划器[54],采用UCT算法为领域无关的MDP问题的迭代作预估,连续两届获得世界规划大赛非确定组的冠军。然而,用Prost规划器求解泛在机器人任务规划问题并不能得到很好的效果。一方面是因为泛在机器人系统的任务规划问题的状态空间实在是很大,更主要的原因是泛在机器人系统的任务规划问题是"目标导向(goal-oriented)"型的,即通常只有在少数目标状态才有奖励值反馈,因此,UCT这类基于采样的预估算法很难起到作用,由于大部分采样的状态都没有奖励值反馈,起不到"预估"的作用。

(2) 大规模MDP规划。大规模MDP的规划问题一直是一个研究热点。求解大规模MDP问题的一个主要方法是函数近似(Function Approximation)。在强化学习领域,上文提到的Deep Mind开发的著名的AlphaGO围棋程序使用深度网络对超大规模的棋局状态做了函数近似。但是函数近似方法通常需要领域相关知识,在某项任务获得成功的函数近似方法通常不能扩展到其他任务,因此,难以应用于泛在机器人系统的领域无关的任务规划问题。

求解大规模MDP问题的另一类主要方法是分层方法。通过将大问题层层分解为小规模的问题,减小问题规模。由于泛在机器人任务规划问题通常具备层次特点,因此,分层规划的方法比较适合泛在机器人任务规划问题。然而,上述研究需要设计者手动定义问题结构或抽象动作,问题的求解质量很大程度依赖于设计者定义的问题结构,这在问题复杂时会变得比较困难。

综上所述,基于泛在机器人系统多变量的特点,适于利用分层方法解决大规模问题。本文在 Hengst 和 Jonsson 的基础上,进一步研究面向泛在机器人系统任务规划的自动分层问题和分层求解问题。

根据对国内外泛在机器人的任务规划的调研,目前主要存在以下问题。

① 任务规划建模时没有考虑执行错误以及用户干预等不确定因素。泛在机器人系统有动态非确定性的特点,而大部分任务规划模型都假设当机器人系统执行了某项动作后系统的状态就会发生特定的改变。但是在实际运行中,错误和失败时常会发生,如机械臂抓取物品时并不是每次都能抓取成功,移动机器人会由于定位或障碍物问题无法运动到目标位置。当前普遍的做法是在规划时忽略这些问题,当实际执行效果与预期不同时,进行重规划。存在两个缺点:第一,重规划会耗费更多时间,在执行有些对实时性要求较高的任务(如用户跟踪)时,重规划带来的延迟甚至会导致任务的失败;第二,不考虑错误和失败的规划往往不是最优的,不能避开一些成功率低的动作,鲁棒性差。因此,环境的变化以及动作执行的不确定性问题是规划模型中不能忽略的问题。

② 任务执行过程中缺乏适应环境的能力。我们很难将实际环境中可能出现的状况预先考虑全面,而且实际环境是不断发生变化的,这就要求任务规划模型有一定的自适应能力。欧盟的 RUBICON 项目是以建立一个能够学习进化的泛在机器人系统为目标,利用传感器信息在线调整各个动作的偏好权重,具有一定的自适应能力。在线学习模块的主要作用是从实际执行任务的情况中提取有用的信息,自动修改和优化规划器所用到的领域知识。这样,随着任务在实际环境中的执行,系统能得到更精确的环境模型;更进一步,当实际环境发生变化时,模型能通过在线学习过程自动适应新的环境。

③ 规划效率问题,难以应对超高维度的大规模复杂环境。如前所述,泛在机器人系统通常要协调大量的相异组件,这对规划器来说,意味着巨大的规划空间。当前非确定性规划模型通常面临维数爆炸的问题,只能针对中小规模问题,无法扩展到实际环境。模型的复杂程度与求解效率是一对矛盾问题,既要能够描述非确定性问题又要提高求解效率,这一直是一个难题。

2) 经典任务规划建模方法

(1) 经典任务规划模型。经典任务规划模型对状态转移系统作如下假设。

① 完全可观性。假设系统状态是完全可观察的,完全已知且可靠。

② 确定性。对于任一状态、动作对 $(s,a)$,最多对应转移到一个状态。即如果一个动作可作用于一个状态,那么,作用以后必将确定地转移到单一的状态上。

③ 静态的。系统没有外部事件,即事件集 $E$ 为空集。

④ 受限目标。目标表示为一个特定的状态或状态集合。这表示目标不能是其他形式,如目标要求回避某些特定状态或者含有状态轨迹的约束等。

⑤ 序列式规划结果。规划问题的解是有限动作的线性序列。

⑥ 不考虑时间。动作没有时间延续,状态转移都是瞬间完成的。

⑦ 离线规划。不考虑系统实时的变化情况。

在上述假设下,经典任务规划模型是一个五元组 $\sum = (S,A,c,I,G)$,其中:

① $S = \{S_1, S_2, \cdots\}$ 是有限的状态集合,表示系统可能出现的状态;

② $A = \{a_1, a_2, \cdots\}$ 是有限的动作集合,表示状态之间的状态转移关系,每一个 $a \in A$ 表示为 $(\text{name}_a, \text{pre}_a, \text{eff}_a)$,括号内的元素分别为动作的名称、前提条件和执行效果;

③ $c: A \mapsto \mathbb{R}_0^+$ 是动作的耗费;

④ $I \subseteq S$ 表示系统的初始状态;

⑤ $G \subseteq S$ 表示系统的目标状态。

规划结果用动作序列 $P = <a_1, a_2, \cdots, a_n>$ 表示。规划的目标是求得动作序列 $P$,使得系统从初始状态 $I$ 转移到目标状态 $G$,且总耗费最小化。

(2) 经典任务规划模型描述语言。使用这个模型对问题建模需要使用模型描述语言,常用的模型描述语言有 STRIPS(Stanford Research Institute Problem Solver)、ADL(Action Definition Language)、PDDL 等。STRIPS[55]是斯坦福大学 Fikes 和 Nilsson 在 1971 年提出的规划模型描述语言。它用一阶谓词逻辑描述系统状态和动作,对当前流行的模型描述语言有深远的影响。当前使用最为广泛的语言是由 McDermott 在 1998 年提出的 PDDL[56],它是世界规划大赛(IPC)上使用的语言,十多年来随着规划大赛不断发展和改进,表达能力有了很大的提高。

(3) 经典任务规划模型求解方法概述。针对经典任务规划模型,有很多有效的规划方法,主要包括 3 类:图规划方法[57]、命题可满足方法[58]和启发式搜索方法[59]。

① 图规划方法。图规划技术将状态空间表示为一个规划图,用可达性分析和析取求精两个步骤求解规划结果。Graphplan 规划器利用图规划技术,先是用近似于迭代加深的方法向前扩展规划图,然后从图的最后一层反向搜索规划解。图规划结构能够有效地评估命题集从初始状态开始,各个动作的可达性。假设一个动作集合 $A$,在 $A$ 中如果有动作能够组成 $S_0$ 到 $S$ 的路径,则称状态 $S_0$ 到状态 $S$ 是可达的。

可达树(图 2-39)是用来进行可达性分析的结构,可达树能够得到从起始状态开始能否到达或者是经过多少步和如何到达某一指定状态。由于不同节点可通过不同的路径到达,所以可达树可表示成可达图(图2-40)。

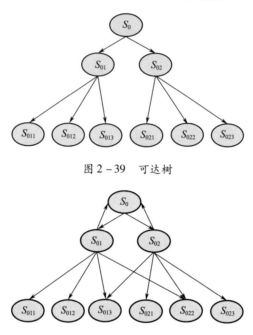

图2-39 可达树

图2-40 可达图

不同于可达图,规划图的基本思想是在规划图结构的每一个命题层中,考虑的不再是单个状态,而是同时考虑若干个状态命题集合的并集。同样,动作层也考虑若干个动作。相对可达图,规划图中的节点包含了某一点可能是真的命题。规划图是一个有向分层图,即规划的边只能从一层到下一层,图中第0层的节点对应于命题集$P_0$,表示规划问题的初始状态$S_0$;第一层有两个子层——动作层$A_1$和命题层$P_1$。$A_1$是前提条件为$P_0$中节点的动作集。$P_1$是$P_0$和$A_1$中动作正效果集的并集。

$A_1$中的动作节点有输入边和输出边,输入的前提条件边由$P_0$中该动作的前提条件发出,输出边到该动作在$P_1$中的正效果和负效果,输出边标记为正效果或负效果,由于负效果没有从$P_1$中删去,于是,$P_0 \subseteq P_1$。重复上述过程,逐层扩展,即可得到相应的规划图(图2-41)。

得到规划图之后,就需要对规划图进行图搜索,求出我们想要的规划。Graphplan算法执行一个近似于迭代深入的过程,每次迭代都向前扩展一层规划图,然后从规划图的最后一层开始反向搜索规划解,这样在每次迭代的过程中都能找到搜索空间新的部分进行搜索。但第一次的扩展进行到第$P_i$层,该层包含了所有目标命题,且命题两两不互斥时,才开始反向搜索。图的扩展和搜索迭代

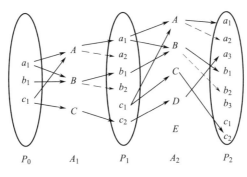

图 2-41 规划图

循环进行,直到找到一个规划,或满足失败终止条件为止。

② 命题可满足方法。命题可满足方法把规划问题表示为可满足问题,再用基于逻辑的推理技术解决问题。规划器 BlackBox[60]基于这种方法,并且运用图规划中互斥的思想,取得了不错的效果。规划表示为可满足问题就是将一个规划问题映射到一个判定或一个命题公式是否可满足的问题。首先将一个规划问题表示为一个命题方式,然后通过对公式中命题变量的赋值,用可满足判定过程判定公式是否可满足。最后从有可满足判定过程中确定的赋值中提取一个规划解。

· 将状态表示为命题公式,这里用命题公式表示状态中为真的事实。

· 将状态转换表示为命题公式,这个命题公式需要表示出不同状态之间转换的事实。

· 规划问题表示为命题公式。将状态和状态转换表示为命题公式之后,可以将规划问题构建为一个命题公式。首先把规划问题限定为:对于给定的正整数 $n$,寻找长度为 $n$ 的规划问题。这种问题称为定界规划问题,每个 $i(0 \leq i \leq n)$ 成为规划问题的步。其次就是把定界规划问题翻译为可满足问题。从第 0 步(初始状态)到第 $n$ 步的每一步中,定界问题的状态和动作描述映射到描述状态与动作的命题。

当我们把一个定界规划问题描述成一个可满足问题之后,就可通过满足判定过程构造所得公式的一个模型。主要有下列两种方法。

· 基于 Davis-Putnam 过程的算法。这种算法的特点是可靠和完备的。

· 基于随机局部搜索思想的过程的算法,如 Local-Search-SAT 和 GSAT 算法。这类算法是可靠的,但是不完备。

③ 启发式搜索方法。近年来,越来越多的研究者使用启发式搜索解决自动规划问题,研究的重心在于寻找好的启发函数。近几年,规划大赛的冠军都采用

启发搜索的方法,在规划的速度和质量上都优于 FF 和 Fast Downward 两类规划器。

得益于世界规划大赛,当前的经典规划算法有很大的发展,但是这类方法很难在实际应用中使用。主要的原因是经典规划模型对系统所做的大量简化,使得其难以完成实际任务。例如,对于确定性简化,经典模型假设动作完成以后,状态一定会发生相应的改变。但是在实际情况中,动作执行经常会发生错误和失败。另外,实际的任务规划是在线的,而系统是动态的,即系统存在不可忽略的外部随机事件,如用户移动系统中的物品等;动作执行的效果也不是固定的,如移动机器人随着电力下降更容易发生错误等。

3)MDP 任务规划方法

(1)MDP 任务规划模型。非经典规划模型对经典模型中的假设做出了扩展。研究最广泛的非经典任务规划模型是 MDP 模型。MDP 模型主要解决了不确定性问题,并且允许外部随机事件,支持在线规划。

MDP 是一个随机过程,假设系统下一刻的状态只依赖于当前的状态和动作,而与历史状态和历史动作无关。MDP 模型用一个四元组表示随机系统 $\sum = (S, A, P, R)$,其中:

① $S = \{S_1, S_2, \cdots\}$ 是有限的状态集合;

② $A = \{a_1, a_2, \cdots\}$ 是有限的动作集合;

③ $P_a = \{S'|S\}$ 表示在状态 $S$ 执行动作 $a$ 转变成状态 $S'$ 的概率,$\sum_{S' \in S} P_a = \{S' | S\}$;

④ $R: S \times A \mapsto \mathbf{R}$ 表示在状态 $S$ 执行动作 $a$ 的回报函数。

规划问题的解是一个策略(Policy)$\pi: S \mapsto A$,是状态到动作的映射。对于状态 $S$ 定义值函数,表示从 $S$ 出发执行策略 $\pi$ 的回报值,即

$$V^\pi(S) = R(S_0, a_0) + \gamma R(S_1, a_1) + \gamma^2 R(S_2, a_2) + \cdots$$
$$= \sum_{i=0} \gamma^i R(S_i, \pi(S_i))$$
$$= R(S, \pi(S)) + \gamma \sum_{S' \in S} P_{\pi(S)}(S'|S) V^\pi(S') \qquad (2-1)$$

式中:$\gamma \in (0, 1]$ 是关于时间的折扣因子(Discount Factor),表示越近的回报给予越高的权重。这样规划问题被转换为一个最优化问题,要找到一个最优策略 $\pi^*$,使得值函数取最大值。根据 Bellman 公式,最优的值函数满足

$$V^*(S) = \max_{a \in A} [R(S, a) + \gamma \sum_{S' \in S} P_a(S'|S) V^*(S')] \qquad (2-2)$$

最优策略 $\pi^*$ 是使得值函数取最大值的策略,即

$$\pi^*(S) = \underset{a \in A}{\operatorname{argmax}}[R(S,a) + \gamma \sum_{S' \in S} P_a(S' \mid S) V^*(S')] \quad (2-3)$$

（2）MDP任务规划模型描述语言。MDP任务规划问题的建模语言有PPDDL(Probabilistic Planning Domain Definition Language)[61]和RDDL(Relational Dynamic Influence Diagram Language)[62]，这两种语言都是为IPC开发的。PPDDL基于确定性规划建模语言PDDL作了非确定性扩展，能够描述简单的MDP问题。RDDL语言基于动态贝叶斯网络(Dynamic Bayes Net, DBN)，将状态、动作都统一为参数化的变量，加强了对复杂概率、并行、外部事件和部分可观测性等问题的表达能力。

RDDL首先定义表示状态和动作的变量(Fluent)，然后对每一个变量定义条件概率函数(Conditional Probabilistic Function, CPF)描述状态的动态转移关系。

（3）MDP任务规划模型求解方法概述。求解MDP任务规划模型的基础方法是迭代方法，如值迭代(Value Iteration)和策略迭代(Policy Iteration)方法[63]。这两种方法都是基于Bellman公式（式(2-2)和式(2-3)）进行迭代。按照式(3-2)进行迭代的方法，也称为动态规划(Dynamic Programming, DP)方法[64]，如表2-3所列。此外，有些算法可以用在状态转移概率$P_a(S'\mid S)$未知的问题中，这类算法基于采样，在线更新值函数。这些方法广泛应用于强化学习中，也大量应用于机器人路径规划、运动规划等。

表2-3 MDP任务规划值迭代（动态规划）算法

| MDP任务规划值迭代算法 | |
|---|---|
| 1. | 任意初始化值函数$V$，如初始化$V(S)=0$ |
| 2. | Repeat |
| 3. | $\Delta \leftarrow 0$ |
| 4. | For each $S' \in S$: |
| 5. | temp$\leftarrow V(S)$ |
| 6. | $V(S) = \underset{a \in A}{\max}[R(S,a) + \gamma \sum_{S' \in S} P_a(S' \mid S) V(S')]$ |
| 7. | $\Delta \leftarrow \max(\Delta, \mid \text{temp} - V(S) \mid)$ |
| 8. | until $\Delta < \theta$（收敛阈值） |
| 9. | $\pi(S) = \underset{a \in A}{\arg\max}[R(S,a) + \gamma \sum_{S' \in S} P_a(S' \mid S) V(s')]$ |

限制MDP模型用于实际问题的主要因素是维数爆炸问题。在MDP模型中，问题的分支系数非常大，求解的复杂度随着状态变量数指数增加。在强化学习和其他规划领域，求解大规模MDP模型主要采用状态近似和分层规划的方

法。然而，由于任务规划的领域无关的性质，缺少状态近似和分层规划所需要的领域知识，难以取得很好的效果。

## 2.4.2 基于深度强化学习的任务规划

1）深度学习

深度学习是实现人工智能的途径之一，在机器人智能化领域应用广泛。深度学习(尤其是深度强化学习)和任务规划的关系密不可分。强化学习可以直接解决任务规划中的大规模 MDP 任务模型，所以本章将介绍深度学习的相关概念。

(1) 多层感知机。多层感知机也称为"前馈神经网络"。感知机的基本组成单元为神经元，神经元模型如图 2-42 所示。

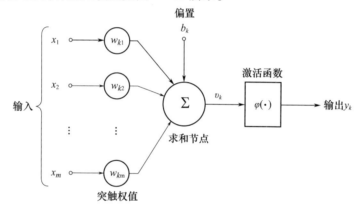

图 2-42 神经元模型

神经元模型主要由三部分组成。

① 突触。即每个连接到神经元的输入支路。连接到神经元 $k$ 的突触 $j$ 上的输入信号，记为 $x_j$。在这个突触上的突触权值记为 $w_{kj}$。还有一个外部偏置 $b_k$，可以通过它来增加或者降低激活函数的输入。我们称输入为突触，是因为它模仿了生物神经元的部分原理，但是这和真正的生物神经元依然有着很大的区别。

② 求和节点。将输入信号和对应的突触权值的乘积的和。

③ 激活函数。根据求和节点的输出将输出结果映射到一个允许范围内，如单位闭区间 $[0,1]$ 或者区间 $[-1,+1]$ 等。常见的激活函数包括以下几种。

· sigmoid 函数(图 2-43)。此函数为 S 形的递增函数，在线性和非线性中表现了良好的平衡性。sigmoid 函数定义为

$$\varphi(v) = \frac{1}{1+\exp(-av)} \qquad (2-4)$$

式中：$a$ 为 sigmoid 函数的倾斜函数，改变 $a$ 就可以改变倾斜程度。

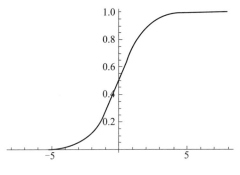

图 2-43  sigmoid 函数

· Relu 函数。在实际使用中，人们发现 sigmoid 在处理极大值或者极小值时出现了饱和的状态，对于不同的较大值，其输出变化并不大。所以，为了解决这个问题，后来的网络大多是使用 Relu 激活函数（图 2-44）。

Relu 函数定义为

$$\varphi(v) = \begin{cases} 0, & v \leq 0 \\ 1, & v > 0 \end{cases} \qquad (2-5)$$

可以发现，它实际上是一个具有两个线性部分的分段线性函数。这样可以避免出现函数饱和，以及因此造成的"梯度消失"现象。

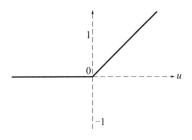

图 2-44  Relu 函数

总结以上内容可知，神经元模型的计算原理为

$$v_k = \sum_{j=0}^{m} w_{kj} x_j \qquad (2-6)$$

$$y_k = \varphi(v_k) \qquad (2-7)$$

式中：$x_j$ 为输入；$w_{kj}$ 为输入对应的突触权值；$v_k$ 为求和节点结果；$\varphi$ 为激活函数；$y_k$

为神经元的输出结果。

另外,值得注意的是,我们在第一个式子中加入的一个突触为

$$x_0 = +1 \tag{2-8}$$

$$w_{k0} = b_k \tag{2-9}$$

这个实际上就是偏置,可以把它当作一个输入。将所有输入乘对应的突触权值,再求得和。最后把这个和经过激活函数计算,得到一个输出值。这就是神经元模型的计算过程。

了解了这些基本概念以后,我们就可以继续学习多层感知机了。多层感知机的大致结构如图 2-45 所示。

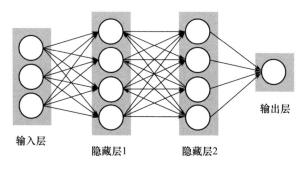

图 2-45 有两个隐藏层的多层感知机结构图

多层感知机主要由三部分组成。

·输入层。输入层的每个节点和输入的数据一一对应。在这一层的节点并不是神经元模型,而仅仅作为下一层隐藏节点的输入节点使用。

·隐藏层。隐藏层的每个节点都是神经元模型,将上一次的输入节点的数据输入,并经过激活函数,得到了每个神经元的输出。它们将作为下一层的输入数据。那么,隐藏层有什么作用呢?我们可以将图上的网络结构用函数表示为 $f(x) = f^{(4)}(f^{(3)}(f^{(2)}(f^{(1)}(x))))$。我们可以将 $f^{(1)}$ 看作输入层,$f^{(2)}$ 和 $f^{(3)}$ 为两层隐藏层,$f^{(4)}$ 为输出层。可以看出,这样的函数形成了一个链状,而链的全长就称为模型的深度。这也是"深度学习"名称的由来。在训练过程中,我们想让 $f(x)$ 尽可以逼近输入 $x$ 对应的标签值 $y$。这个训练的过程,实际上就是不断调整各层函数,如 $f^{(2)}$、$f^{(3)}$、$f^{(4)}$ 的函数内部参数过程。我们在介绍神经元模型时,说过每个输入都有一个对应突触权值,这个权值决定了这项输入对于输出的影响力大小。我们在学习过程中不断调整的参数,其实就是每个神经元的突触权值。在整个训练过程中,训练数据并没有直接给出隐藏层所需的输出,所以称它们为隐藏层。

·输出层。整个网络的最后一层为输出层。从这一层的输出,可以得到最终的分类结果。大部分情况下,我们会使用 softmax 函数对最后的结果进行归一化运算,得到最有可能的分类结果。softmax 公式为

$$\text{softmax}(v)_i = \frac{\exp(v_i)}{\sum_j \exp(v_j)} \qquad (2-10)$$

多层感知器至少要包括一个隐藏层(除了一个输入层和一个输出层以外)。单层感知器只能学习线性函数,而多层感知器也可以学习非线性函数。多层感知机是一种基础的深度神经网络。但是多层感知机是如何在迭代中进行训练的呢,这里就要引入反向传播算法这一重要的概念了。

(2) 卷积网络。在图像处理中,我们一般把图像表示为像素的矩阵,如一个宽 1000、长 1000 的图像,可以表示为一个 1000×1000 的矩阵。在面中提到的多层感知机中,如果把图片作为输入层,隐含层数目与输入层一样,那就是 1000000 个神经元,此时,输入层到隐含层的参数数据为 1000000 × 1000000 = $10^{12}$,这样需要训练的权值就太多了,超出了计算机的处理能力。人们受生物视觉神经科学实验的启发,设计了卷积神经网络。

卷积神经网络一般由两个重要组成部分:卷积层和池化层。卷积层的主要思想有 3 个,分别是稀疏交互、参数共享和平移等变。

① 稀疏交互。正如我们之前所说,如果使用多层感知机一样的全连接网络,需要训练的权值太多。所以,我们设定一个固定大小的卷积核,卷积核大小一般远小于原图片的大小。假设原图像的大小为 1000000 个像素,卷积核的参数大小为 5×5,输出的节点数为 500×500。可以发现,如果使用全连接,需要的权值数量为 $0.25 \times 10^{12}$,而使用卷积的权值数量为 $0.625 \times 10^7$。两者达到了 $10^5$ 数量级的差距,所以权值连接稀疏了很多。卷积核可以看作是一个滤波器,我们用它来提取图像的各种特征。我们在原图像上不断移动卷积核,训练不同位置对应的卷积核内部参数。

② 参数共享。尽管有了稀疏交互,权值的数量依然很多。所以我们使用参数共享,进一步降低权值数量。我们将每个输出神经元对应的卷积核看作相同,即共享所有卷积核的参数,这样就可以把权值数量降到一个很低的水平。例如,卷积核的参数大小为 5×5,输出的节点数为 500×500,需要 $0.625 \times 10^7$ 个权值。但如果每个输出节点的卷积核都相同,那么,仅仅需要 5×5 个权值就可以了。但是这样的参数量显然是不能体现图像特征的,所以可以使用多种卷积核提取图像的不同特征,如图 2-46 所示。

③ 平移等变。因为参数共享,所以卷积神经网络也有了平移等变的性质。

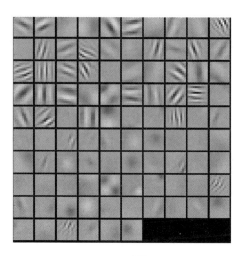

图 2-46 卷积神经网络 AlexNet[65] 第一层使用的多种卷积核

因为每个位置所用的卷积核是相同的,所以无论图像的特征如何平移,使用卷积网络都可以提取出该图像的特征。但是对于图像的放缩或者旋转变换,需要用其他的机制进行处理。

下面介绍卷积神经网络的第二个重要组成部分——池化。池化的目的是卷积结果进行压缩,进一步减少最后分类时,全连接层时的连接数。池化的计算过程是先建立一个池化窗口,再对池化窗口内的数据进行池化运算。经常使用的池化运算有两种:最大值池化和平均值池化。最大值池化指的是取窗口内数据的最大值作为池化区域的代表数值,平均值池化就是取平均值作为代表数值。完成一个区域的池化后,需要移动池化窗到旁边的区域。池化窗口大小和移动距离决定了池化后的特征图大小。池化能够使得网络有着局部平移不变性,当输入有着少量平移时,其池化结果并不会发生改变。最后,我们来看一个完整的卷积神经网络,如图 2-47 所示。

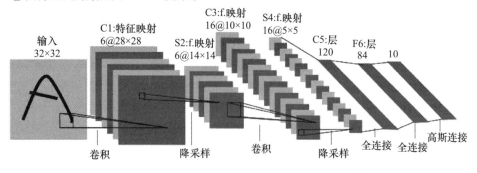

图 2-47 CNN 算法结构(此处采用 Lenet-5 结构[66])

其主要结构是:输入层—卷积层—池化层—卷积层—池化层—全连接层—输出层。卷积层提取图片的特征,池化层压缩特征图维度,再进行同样的操作进一步提取出更抽象的特征。最后进入全连接层,进行最后的 softmax 分类。这就是一个手写体数字识别的卷积神经网络结构。

2) 强化学习

强化学习是机器学习的一个分支,不同于监督学习和无监督学习,它主要侧重于如何输出序列动作,也就是强化学习关注决策与控制。那么,最基本的问题描述就是一个智能体在未知的环境中,如何根据观察和反馈来调整自己行为,从而使累积的反馈最大化,强化学习工作框图如图 2-48 所示。

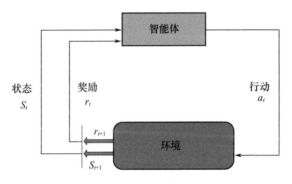

图 2-48 强化学习框图

强化学习问题的基本设定即 $<a,s,r,m>$ 就是 RL 中经典的四元组了。$a$ 代表的是智能体(Agent)的所有动作;$s$ 是智能体所能感知的世界的状态(State);$r$ 是一个实数值,代表奖励或惩罚(Reward);$m$ 则是智能体所交互世界,也称为 model。基于此,以下给出强化学习系统的几个重要概念。

(1) 策略(Policy)。策略是指智能体则是在状态 $s$ 时,所要做出动作 $a$ 的选择,定义为 $\pi$,是强化学习中最核心的问题了。策略可以视为在智能体感知到环境后 $s$ 后到动作 $a$ 的一个映射。如果策略是随机的,策略是根据每个动作概率 $\pi(a|s)$ 选择动作;如果策略是确定性的,策略则是直接根据状态 $s$ 选择出动作 $a = \pi(s)$。

(2) 奖惩信号(Reward Signal)。奖惩信号定义了智能体学习的目标。智能体每一次和环境交互,环境返回奖惩,告诉智能体刚刚的动作是好的,还是不好的,可以理解为对智能体的奖励和惩罚,值得注意的是,agent 的目标并非当前 reward 最大,而是平均累计回报最大。

(3) 值函数(Value Function)。奖惩信号定义的是评判一次交互中立即回报的好坏。值函数则定义的是从长期看动作平均回报的好坏。即一个状态 $s$ 的值是其长期期望 reward 的高低。定义 $V_\pi(s)$ 是策略 $\pi$ 状态 $s$ 长期期望收益, $Q_\pi(s,a)$ 是策略 $\pi$ 在状态 $s$ 下,采取动作 $a$ 的长期期望收益。定义 $G_t(s,a)$ 为长期回报期望(Return),则有

$$G_t = \sum_{n=0}^{N} \gamma^n r_{t+n} \qquad (2-11)$$

状态 $s$ 的 value 为

$$V_\pi(s) = E_\pi[G_t | S_t = s] \qquad (2-12)$$

状态 $s$ 下采取动作 $a$ 的 $Q$ 值为

$$Q_\pi(s,a) = E_\pi[G_t | S_t = s, A_t = a] \qquad (2-13)$$

式中:$0 < \gamma < 1$ 是长期收益的折扣因子。

(4) MDP(Markov Decision Process)过程。即在状态 $s_t$ 时,采取动作 $a_t$ 后的状态 $s_{t+1}$ 和收益 $r_{t+1}$ 只与当前状态和动作有关,与历史状态无关。参考公式为

$$P(S_{t+1}, R_{t+1} | S_0, A_0, R_1, \cdots, S_t, A_t) = P(S_{t+1}, R_{t+1} | S_t, R_t) \qquad (2-14)$$

强化学习的解决方法主要分为 3 个部分。

(1) 基于策略的强化学习。基于策略的强化学习就是直接优化策略 $\pi(s)$。这种方法又分为以下两种。

① 策略梯度(Policy Gradient)。计算策略的梯度方向,通过梯度下降的方式优化策略。其基本流程如下:

**Input**:初始策略参数 $\theta_0$
**for** each episode $\{s_1, a_1, r_2, \cdots, s_{T-1}, a_{T-1}, r_T\} \sim \pi_\theta$ **do**
 **for** $t = 1$ to $T-1$ **do**
  $\theta_{t+1} \leftarrow \theta_t + \alpha \nabla_\theta \log \pi_\theta(s_t, a_t) v_t$
 **end for**
**end for**

其中:$v_t$ 表示梯度下降的动作评价指标;$s_T$、$a_T$、$r_T$ 分别表示第 $T$ 次回合(Episode)的状态、动作以及奖惩。从算法中,可以看出策略梯度首先通过反复试错,然后通过 $\theta_{t+1} \leftarrow \theta_t + \alpha \nabla_\theta \log \pi_\theta(s_t, a_t) v_t$ 对参数进行更新。

Policy Gradient[67]的核心思想与最优化算法中的最优化相似,其通过该公式使得策略的参数向能使得奖惩最大化的策略靠近。

② 进化策略。其本质是不断试错调整策略的参数,选择更好的参数。

其算法基本流程如下:

**Input**:学习率 $\alpha$,噪声标准偏差 $\sigma$,初始策略参数 $\theta_0$
**for** $t = 0, 1, 2, \cdots$   **do**

Sample $\in_1, \cdots, \in_n \sim N(0, I)$

Compute returns $F_i = F(\theta_t + \sigma \in_i)$ for $i = 1, 2, \cdots, n$

Set $\theta_{t+1} \leftarrow \theta_t + \alpha \dfrac{1}{n\sigma} \sum_{i=1}^{n} F_i \in_i$

**end for**

其中:算法中 $F(\cdot)$ 表示环境中的随机返回值;$\theta$ 表示策略 $\pi(s)$ 的参数。从以上流程可以看出,进化策略在不断试错的同时,每一次试错后,会让参数 $\theta$ 更靠近那些返回更多奖励的尝试点。通过大量试验从而使得参数 $\theta$ 收敛。进化策略与策略梯度很相似,但它们存在一个非常重要的区别:策略梯度需要反向传播,而进化策略不需要。同时,在对行为的噪声扰动方面,策略梯度是通过直接扰动行动,从而产生不同的奖励,最后再反向传递梯度。进化策略是直接扰动策略中的参数 $\theta$,通过不同的参数 $\theta$ 对应产生不同的奖惩。最终参数 $\theta$ 更新的比例取决于奖励的不同。

(2)基于值函数的强化学习。值函数方法依赖于估计已知状态下的期望回报的值。状态值函数 $V_\pi(s)$ 是指策略 $\pi$ 在状态 $s$ 下的期望回报。最优化策略 $\pi^*$,有一个相应的状态值函数 $V^*(s)$,即

$$V_\pi(s) = E[R|s, \pi] \qquad (2-15)$$

在上述这个构造中,状态转移动力学仍然没有考虑进去,因此,需要考虑另一种函数——状态—行动值函数。在状态 $s$ 下做出动作 $a$ 的回报值,即

$$Q_\pi(s, a) = E[R|s, a, \pi] \qquad (2-16)$$

此处状态—行动值函数 $Q$ 与值函数方法 $V$ 的关系为

$$V_\pi(s) = \max_a Q_\pi(s, a) \qquad (2-17)$$

下面介绍3种经典的学习算法。

① 瞬时差分(Temporal Difference,TD)学习算法。瞬时差分学习算法是强化学习方法中最主要的学习算法之一,它是蒙特卡罗思想和动态规划思想的结合。

最简单的 TD 算法为一步 TD 算法,即 TD(0)算法。所谓一步 TD 算法,是指 Agent 获得的瞬时奖赏值仅向后回退一步,也就是只迭代修改了相邻状态的估计值。TD(0)算法的值函数迭代公式为

$$V(s_t) = V(s_t) + \alpha(r_{t+1} + \gamma V(s_{t+1}) - V(s_t)) \qquad (2-18)$$

式中:参数 $\alpha$ 为学习率(或学习步长);$\gamma$ 为折扣率。TD(0)学习算法步骤如下所示:

**Input**:值函数 $V(s_t)$

**for** each episode $\{s_1,a_1,r_2,\cdots,s_{T-1},a_{T-1},r_T\} \sim \pi_\theta$ **do**
 **for** $t = 1$ to $T-1$ **do**
  Choose $a$ from $s$ using policy $\pi$ derived from $V$
  Take action $a$, observer $r, s'$
  $V(s) \leftarrow V(s) + \alpha[r + \gamma V(s') - V(s)]$
  $s \leftarrow s'$
 **end for**
**end for**

TD 学习算法事实上包含了两个步骤:一是从当前学习循环的值函数确定新行为策略;二是在新行为策略指导下,通过所获得的瞬时奖惩值对该策略进行评估。就这样不断循环,直到值函数收敛。TD 学习算法的更一般形式是 TD($\lambda$),TD($\lambda$)表示智能体在获得回报并调整估计值时可以回退任意步,其值函数迭代公式为

$$V(s_t) = V(s_t) + \alpha[r + \gamma V(s_{t+1}) - V(s_t)]e(s) \qquad (2-19)$$

式中:$e(s)$ 定义为状态 $s$ 的资格迹(Eligibiligy Traces),是指环境状态 $s$ 在最近被访问的程度。一般定义为

$$e(s_t) = \sum_{k=1}^{t}(\lambda\gamma)^{t-k}\delta_{s_t,s_k} \qquad (2-20)$$

其中

$$\delta_{s_t,s_k} = \begin{cases} 1, & s_t = s_k \\ 0, & \text{其他} \end{cases}$$

② Q 学习算法。Q 学习算法(Q - Learning)是强化学习算法中的一个重要里程碑,它是一种与模型无关的强化学习算法,是由 Watkins 于 1992 年提出来的[70]。一般地,Q 学习是与 TD 算法并列的两种强化学习算法,但 Sutton 认为 Q 学习实质上是 TD 算法中的一种,并称其为离策略 TD 算法(off - policy TD)。不同于 TD 算法只对状态进行值估计,Q 学习是对状态动作对的值函数进行估计以求得最优策略。Q 学习的过程如下:在某个状态 $s$ 下,Agent 选择一个动作 $a$ 执行,然后根据 Agent 所收到的关于该动作的奖赏值和当前的状态动作值的估计对动作的结果进行评估。对所有状态下的所有行为进行这样的重复,Agent 通过对长期的折扣回报的判断,就可以学习总体上的最优行为。

Q 学习中最简单的一种形式为单步 Q 学习,其 Q 值函数迭代公式为

$$Q(s_t,a_t) = Q(s_t,a_t) + \alpha[r_{t+1} + \gamma\max_a Q(s_{t+1},a) - Q(s_t,a_t)] \qquad (2-21)$$

一个典型的单步 Q 学习算法步骤如下:
**Input**:动作值函数 $Q(s_t,a_t)$
**for** each episode $\{s_1,a_1,r_2,\cdots,s_{T-1},a_{T-1},r_T\} \sim \pi_\theta$ **do**
    **for** $t=1$ to $T-1$ **do**
        Choose $a$ from $s$ using policy $\pi$ derived from $Q$
        Take action $a$, observer $r,s'$
$$Q(s,a) \leftarrow Q(s,a) + \alpha[r+\gamma\max_{a'}Q(s',a') - Q(s,a)]$$
        $s \leftarrow s'$
    **end for**
**end for**

由于 Q 值在每一次迭代循环中都需要考虑智能体的每个动作,从而 Q 学习本质上不需要特有的探索策略。当满足一定条件时,只需要采用简单的贪婪策略即可保证算法的收敛性。因此,Q 学习算法是最有效的、与模型无关的强化学习算法之一。

③ Sarsa 学习算法。Sarsa 学习算法是一种在线策略(on-policy)Q 学习算法。Sarsa 本质上是一种在线 Q 学习,与 Q 学习算法的差别在于,Q 学习采用的是值函数最大值进行迭代,Q 值的更新依赖于各种假设的动作,是一种离线算法,而 Sarsa 学习算法则采用实际的 Q 值进行迭代,它严格地执行某个策略所获得的经验更新值函数。Sarsa 算法值函数迭代公式为

$$Q(s_t,a_t) \leftarrow Q(s_t,a_t) + \alpha[r_{t+1}+\gamma Q(s_{t+1},a_{t+1}) - Q(s_t,a_t)] \quad (2-22)$$

Sarasa(0)学习算法步骤如下:
**Input**:动作值函数 $Q(s_t,a_t)$
**for** each episode $\{s_1,a_1,r_2,\cdots,s_{T-1},a_{T-1},r_T\} \sim \pi_\theta$ **do**
    **for** $t=1$ to $T-1$ **do**
        Choose $a$ from $s$ using policy $\pi$ derived from $Q$
        Take action $a$, observer $r,s'$
Choose the next action $a'$ from $Q,s'$
$$Q(s,a) \leftarrow Q(s,a) + \alpha[r+\gamma Q(s',a') - Q(s,a)]$$
        $s \leftarrow s'$
        $a \leftarrow a'$
    **end for**
**end for**

(3)演员—评判家(Actor-critic)算法。演员—评判家算法是一种将基于

值函数的强化学习算法和基于策略的强化学习算法进行混合的算法,如图2-49所示。

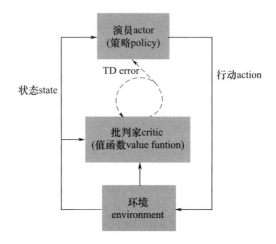

图2-49　演员-评判家算法流程

其中,演员 actor 就是通过学习评判家 critic 的反馈更新自己在状态 state 下产生某个动作 action 的能力。评判家 critic 则是用于评估确定在状态 state 下,演员 actor 产生的动作 action 的好坏,同时,也根据模板差分误差更新自己。其中确定性策略梯度(Deterministic Policy Gradient)为最经典的演员—评判家算法之一。其多用于连续状态和连续动作下的情况,具体算法可以参阅文献[71]。

深度强化学习是强化学习的拓展,其本质是将强化学习中需要拟合的策略或值函数用深度学习进行表达,从而实现从感知到动作端对端的学习。深度强化学习的开端始于 NIPS 2013 上发表的"Playing Atari with Deep Reinforcement Learning"一文。其提出的 DQN(图2-50)引起了广泛的关注。2015 年,DeepMind 在 Nature 上发表了"Human Level Control through Deep Reinforcement Learning"[73]一文使深度强化学习得到了较广泛的关注,在 2015 年涌现了较多的深度强化学习的成果。

DQN 本质是通过深度学习对上文所提到的 $Q$ 学习中的 $Q$ 函数进行拟合。但是在训练过程中仍然存在不稳定甚至会发散的现象,故 DQN 做出了两点改进。

① 使用生物学启发而来的一种机制称为经验延迟,它会把数据随机化,因此,这样会删除观测数据之间的相关性并且平滑数据分布。

② 我们使用一个迭代更新算法调整 $Q$ 函数向目标值的方向,而且是周期性的更新,从而可以降低和目标之间的相关性。

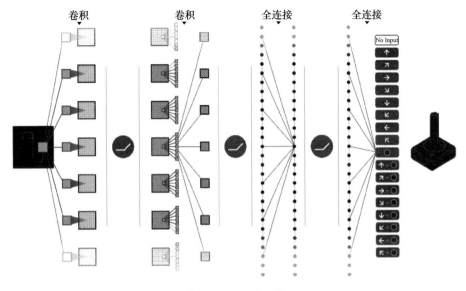

图 2-50　DQN 结构

最终该算法在 49 个游戏上能够得到强化学习论文展示的最好表现。更进一步,我们的 DQN 机器人展示了一个可以和专业玩家相比较的水准,在 49 个游戏中,有超过半数的游戏可以达到人类分数的 75%。

3) 基于深度强化学习的任务规划算法案例分析

近年来,随着深度学习和强化学习的发展,将学习类算法用于任务规划逐渐成为一种新兴的研究热点。

学习类算法用于自动规划的流程如图 2-51 所示。规划的目的在于解决能够满足目标要求的问题,并且得到合适的行动序列以便执行。它需要一个合理的行动模型(Action Model)以描述环境的各个状态。同时,它也需要一个搜索控制算法(Search Control)以在复杂的解中找到一个合理的最佳解。其中,行动模型和搜索控制算法一般是人为定义。然而,人为定义存在大量主观因素,且难以考虑全面,故用学习的思路学习这两个方面的内容渐渐成为主流。图 2-51 展示了一种基本的学习类算法在规划类算法的运用思路,即先用人为定义的行动模型和搜索控制进行规划,在规划过程中可以加入部分噪声以获得规划经验和执行经验。其中规划经验就是规划过程中的行动序列,而执行经验就是智能体和环境交互过程中的奖励或结果。最后,通过学习器对这些经验进行学习(一般采用深度强化学习),学习后的学习器将对规划进行直接的策略模型指导和策略搜索指导。此处,人为定义的策略越具体,策略学习的结果越快速,但学习的效果越单一(即泛化性能差,且策略较为单一)。人为定义策略越简单,策略学习的结果越慢,甚至会发散,但学习结果越"自然",且泛化性能更好。

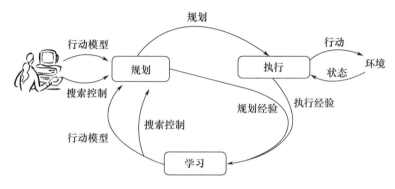

图 2-51　学习类算法在规划类算法中的运用思路

下面介绍基于深度学习和强化学习的任务规划算法。

(1)基于深度学习的经典规划器 LatPlan。最早的将深度学习用在经典任务规划上的研究是 2017 年东京大学 Asai、Masataro 等人提出 LatPlan 即用自编码器对状态特征进行提取,通过深度学习将状态映射到隐空间(如图 2-52 所示,基于自编码器的状态空间特征提取(以投射到隐空间 latent space)),以取代传统的人为定义的符号层描述。然后算法在隐空间的特征中进行符号层面的任务规划。该算法在 8 宫格(8 - puzzle)、汉诺塔(Towers of Hanoi)等问题上进行了验证,并取得了很好的效果,说明了深度学习在任务规划上运用的可行性。

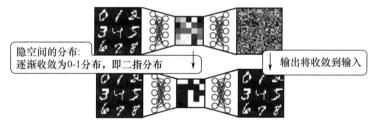

图 2-52　基于自编码器的状态空间特征提取(以投射到隐空间 latent space)

规划器 LatPlan 由三部分组成:状态自编码器;动作模型集合;符号层规划器。状态自编码器将各个状态投射为隐空间的抽象图像(图 2-53 中灰色部分的二值图像)。动作模型集合是将所有有效的、可能的动作所导致前后状态的隐空间的变化(即任务规划中的预条件 preconditions 和影响 effects)的集合,该集合即图所提到的行动模型。在输入初值状态和目标状态后,LatPlan 会将这两个状态映射到隐空间。在已获得行动模型的情况下(即动作模型集合),LatPlan

会采用领域无关的经典规划搜索算法进行解的搜索,得到隐空间的行动序列: action1,action2,action3,…最后,LatPlan 会采用解码器,将这些中间状态解码成可以理解的图像。

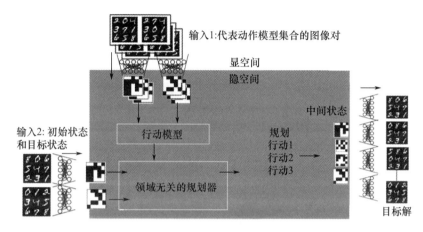

图 2-53　LatPlan 构架

(2)基于深度强化学习的任务规划算法。上一类任务规划算法中最大的问题在于需要记住所有代表动作模型集合的图像对,这对于低纬行动问题而言很好解决。但是随着行动维度提升,如围棋、机器人的运动等,这种枚举的思想将不适用于这些问题。因此,针对高纬问题(不论是状态维度还是行动维度)需要进行两点改变:第一,行动维度过高,极限枚举的思路将不再适用,故需要对动作转移过程进行学习;第二,传统的符号层规划搜索算法将不再适用,因为符号层规划搜索算法包含了大量人为定义,而实际有些问题没法进行预条件(Preconditions)或影响(Effect)的定义,例如,机器人要推一个物体,而由于动力学等问题,难以预测物体推动之后的影响。因此,可以考虑两种解决思路:采用无模型的深度强化学习算法,如 Q 学习、A3C 等;学习转移概率,然后采用基于模型的强化学习算法,如动态规划、Guided policy search 等。

例如,2017 年 Chris Paxton 提出结合深度强化学习和蒙特卡洛树搜索的算法[75]进行无人驾驶的高纬规划问题。无人驾驶的规划分为低维规划和高维规划。低维规划就是一个运动规划问题,即规划出一条到达目标点的无碰撞路径。高维规划则是一个任务规划问题,即规划机器人在某个状态应该采取什么样的高维行动(如加速、刹车、变道、跟随等)。这个问题采用线性时序逻辑进行描述,且包含了大量的人工定义的条件和约束,这个问题在搜索层面上是一个高维问题。本文用传统的神经网络描述策略,并且通过深度强化学习不断试错,同时运用蒙特卡洛树搜索可能的解。

此外，在机器人领域，2018 年 F. Palumbo 等人提出一种特殊的网络结构处理任务规划中的转移概率问题[76]。以叠方块的任务为例（图 2-54），传统解决方案需要大量定义人为谓词（Predications），并且需要用像 PDDL 之类的语言对问题进行描述。这个问题对于人类自身而言并不是这样进行解决的。在这个问题中状态是连续的，然而，这些状态或观测隐藏着潜在的任务信息。本文直接将这个任务视为一个 MDP 问题，目标则是学习一个映射函数，即

图 2-54 叠方块任务

$$T(x,a) \rightarrow (x',a)$$

式中：$x$ 代表状态；$a$ 代表动作；$x'$ 代表在动作 $a$ 执行后得到的状态。所以，这里的目标是在输入某个动作 $a$ 和状态 $x'$ 的情况下，算法能够预测目标状态 $x'$ 和在状态 $x'$ 下有必要采用的行动集合。对于机械臂叠方块而言，状态 $x$ 为图像，机械臂位置和手爪状态的集合。假定目标函数由以下 3 个部分组成。

① $f_{\text{enc}}(x,a) \rightarrow h$，即将观测映射到隐空间的编码器。

② $f_{\text{dec}}(h) \rightarrow (x,a)$，即将隐空间映射到观测空间的解码器。

③ $T_i(h) \rightarrow h'$，即第 $i$ 个学到的状态转移函数（映射到隐空间中不同的位置上）。

网络结构如图 2-55 所示。

编码器将图像、状态以及行动作为输入，传送到隐空间特征中。隐空间特征会预测两个函数。

① $p(a|h)$。即在隐状态 $h$ 下应该采取的动作 $a$。

② $V(h)$。即在隐状态 $h$ 下的期望奖励（值函数）。

值得注意的是，此处从隐藏层到转换层的 softmax 层并不是传统的 softmax，

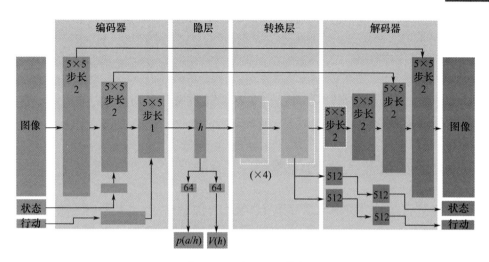

图 2-55 映射网络构架

而是空间 softmax。它能有效地从隐藏层中提取特征关键点到转换层。

转换层即函数 $T_i(h) \rightarrow h'$,它将隐藏层 $h$ 映射为可能的几个目标中的其中一个隐特征 $h'$。如图 2-56 所示,在输入图像(a)下,(b)~(e)展现了不同 $h'$ 的显层图像,(f)为观测的目标图像。最终,算法根据 $p(a|h)$ 选择合理的动作。该算法能很好地完成叠方块任务,此外,本文也在导航等任务中进行了尝试,同样取得不错的效果。

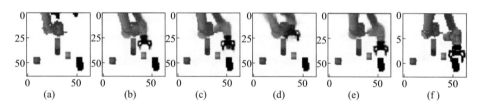

图 2-56 输入图像(a)、不同的 $h'$ 对应的显层图像(b)~(e)及观测的目标图像(f)

综上所述,本节总结了关于深度学习和强化学习方面的进展,同时也介绍了深度强化学习与任务规划相结合的前沿研究。

# 第3章 传 感 模 块

## 3.1 泛在机器人中的传感器

传感器是机器人感知自身状态及环境信息的设备。这些传感器一般安装在机器人的本体上,如扫地机器人上的编码器、碰撞检测、激光雷达、超声测距等传感器。这些安装在机器人身上的传感器,可以告诉机器人目前的自身状态信息,如位移、速度;也可以让机器人感知周边的环境情况,如环境地图、障碍物等。

在泛在机器人的概念中,传感器除了安装在机器人本体上,也可以设置在周边的设备和环境中,如楼房内的监控摄像头、区域探测基站和各种感知设备。另外,许多人机交互设备,如可穿戴设备、人体骨架检测设备、手势识别设备等,也可认为是泛在机器人中的传感器(图 3-1)。

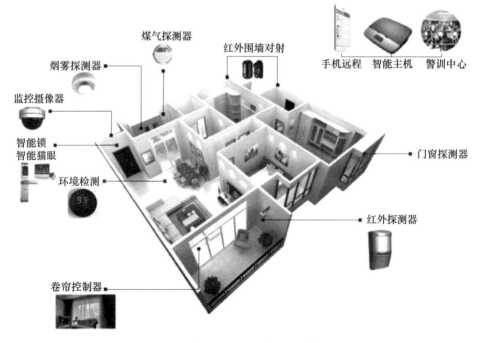

图 3-1 各种传感器组成的智能家居泛在机器人系统

泛在机器人的系统多样复杂,很有可能多个系统需要使用同一个传感器的信息,或者需要多个传感器的信息互相融合。在这种情况下,传感器的输出信号的封装就非常必要。统一规格封装的传感器输出信息让机器人系统拥有了通用性,易维护性和交互性,以便使用时方面调用。

通用性包括传感器硬件的通用性和传感器信息的通用性。例如,在移动机器人上使用的相机有很多种型号,如果直接使用它们的信息,需要对每种相机都要写一个接口程序。但是如果对输出信息进行封装,图像信息转化为统一的格式,那么,各种相机就都可以使用了。当同时使用多种相机时,得到的图像信息都是统一规格的,这种信息的通用性将简化后续的处理决策过程。

易维护性是指操作者可以方便地维护和修改机器人系统。如机器人上的某个相机损坏了,由于封装输出的信息相同,操作者可以更换不同型号的相机,而不用修改主要的算法部分。

本节将介绍泛在机器人传感器模块的封装技术,举例常用传感器包括感知机器人自身位置和速度的传感器、感知距离(超声和毫米波)传感器和视觉传感器(各种相机)。这些传感器在机械臂和各种移动机器人上都有着广泛的应用。下面主要从原理、封装输出信息和实际应用3个方面介绍它们。

### 3.1.1 超声与毫米波传感器

1) 原理介绍

超声波和毫米波传感器都可以作为非接触式距离探测的传感器,有些情况下还可以探测目标物体的相对速度。两者原理不完全相同,它们的功能却经常互为补充,所以在这里放在一起介绍。

(1) 超声波传感器。先来看超声波传感器,其工作原理如图3-2所示。超声波是指频率超过20000Hz的声波,它的方向性好、穿透能力强,易于获得较集中的声能,在水中传播距离远,可用于测距、测速、杀菌消毒等。在医学、军事、工业、农业上有很多的应用。超声波因其频率下限大于人的听觉上限而得名。超声波在媒质中的反射、折射、衍射、散射等传播规律,与可听声波的规律没有本质上的区别。超声波的波长很短,只有几毫米,甚至千分之几毫米,所以超声波在均匀介质中能够定向直线传播,但是衍射效果很差。超声波对液体、固体的穿透效果较好,碰到杂质或分界面会产生显著反射,形成反射回波,对运动的物体会有多普勒效应。

超声波传感器是将超声波信号转换成其他能量信号(通常是电信号)的传感器。超声波传感器主要材料有压电晶体(电致伸缩)及镍铁铝合金(磁致伸缩)两类。电致伸缩的材料有锆钛酸铅(PZT)等。压电晶体组成的超声波传感

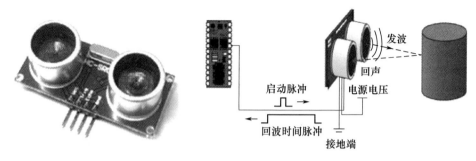

图 3-2 超声波传感器及原理

器是一种可逆传感器,它可以将电能转变成机械振荡而产生超声波,同时,它接收到超声波时,也能转变成电能,所以可以分成发送器或接收器。有的超声波传感器既作发送,也能作接收。

超声波传感器得到模拟量信号后,还需再转换为数字信号。一般超声波传感器模块中都有数模转换模块,可以将超声传感器的模拟量转换为数字量,即到障碍物的距离或者回波的时间。超声波传感器可以将结果信息通过底层通信方式,如串口、$I^2C$ 通信等。有了这些信息后,底层处理器可以根据超声的信息直接控制机器人系统动作,也可以将其数据通过各种通信方式(如串口、WiFi 模块等),上传给上位机进行更复杂的决策处理算法。

在泛在机器人系统中,各种传感器经常使用类似方法,将其数据发送给上位机。计算能力更加强大,网络通信能力更强的上位机可以运行复杂程度更高的传感器融合算法,从而做出系统的最佳决策。

超声波传感器的主要性能指标包括以下几方面。

① 工作频率。工作频率就是压电晶片的共振频率。当加到它两端的交流电压的频率和晶片的共振频率相等时,输出的能量最大,灵敏度也最高。

② 波束角。波束角是指以传感器中轴线的延长线为轴线,由此向外,至能量强度减少一半(-3dB)处,这个角度称为波束角。波束角大则探测范围大,但定向传播距离小,探测距离短,易受干扰;波束角小则探测范围小,但定向传播距离远,探测距离远,不易受到干扰。

③ 工作温度。压电材料对温度较为敏感,所以在一些较极端温度下工作的超声波传感器,需要考虑温度对探测结果的影响。

(2) 毫米波雷达。毫米波传感器和超声波传感器有类似的性质,但是原理却不尽相同。通常将 30~300GHz 的频域(波长为 1~10mm)的电磁波称为毫米波,它位于微波与远红外波相交叠的波长范围,因而兼有两种波谱的特点。毫米波与光波相比,大气窗口(毫米波与亚毫米波在大气中传播时,由于气体分子谐振吸收所致的某些衰减为极小值的频率)传播时的衰减小,受自然光和热辐射源影响小,通常用于汽车测距和避障的感知,其布置位置如图3-3所示。

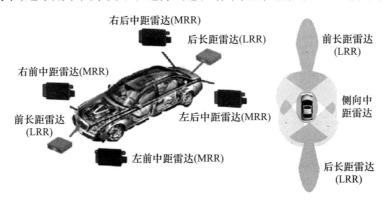

图3-3 车用毫米波雷达与应用

图3-4表示毫米波所在电磁波段位置,毫米波相比于其他微波有以下优势[81]。

① 带宽大。即使在大气中传播时只能使用4个主要窗口(24GHz、60GHz、77GHz、120GHz),但这4个窗口的总带宽也可达135GHz,是微波以下各波段带宽之和的5倍。

② 波束窄。在相同天线尺寸下,毫米波的波束要比微波的波束窄得多。因此,可以分辨相距更近的小目标或者更为清晰地观察目标的细节。

③ 全天候特性。除了一些极端天气可能无法正常工作外,其余天气状况均可以正常工作。

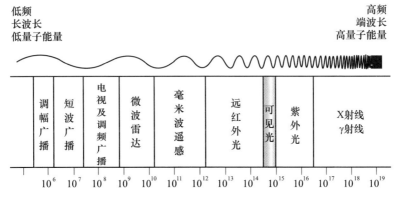

图3-4 毫米波的波长位于微波与远红外波相交叠的区域

与超声波传感器类似,在泛在机器人系统中,毫米波雷达的信息也可以通过网络接口与其他系统进行交互。

毫米波传感器的主要性能指标包括以下几方面。

① 工作频段。目前开放给民用的有4个波段,即24GHz、60GHz、77GHz、120GHz。其中24GHz和77GHz在自动驾驶和自动巡航的汽车上有大量应用。

② 波束角。毫米波的波束角一般都很小(mrad量级),所以角分辨能力和测角精度高,并且不易受到干扰。

③ 测速性能。性能较好的毫米波传感器可以通过多普勒效应,检测前方障碍物的移动速度。

2)封装后传感器模块输出定义

超声波传感器提供到前方障碍物的距离信息。模块输入输出如图3-5所示。

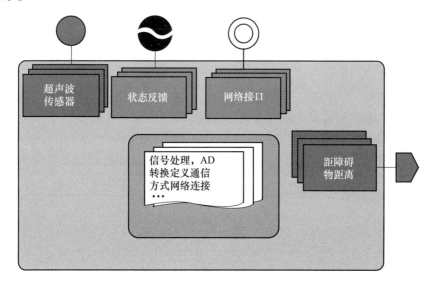

图3-5 超声波传感器模块

输出接口类型表示:std_msgs/Int16

毫米波雷达可以提供到前方障碍物的距离信息和前方障碍物的相对速度,具体如图3-6所示。

输出接口类型表示:std_msgs/Int16(位置),std_msgs/Int16(速度)

### 3.1.2 单目相机

1)原理介绍

(1)针孔相机模型。图3-7所示单目相机就是生活常见的只用一个摄像

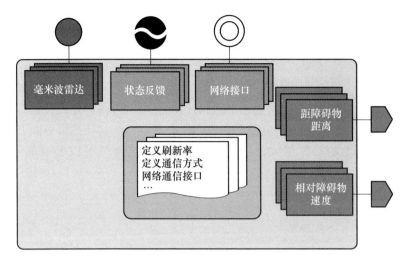

图 3-6 毫米波雷达模块

头进行成像的相机,它将三维世界中的物体投影到二维平面上。这种单目相机的工作原理可以用最简单的针孔相机模型描述。

图 3-7 单目相机

针孔相机的原理很简单,初中的物理课程中的小孔成像实验就是一个应用的实例。在针孔相机模型中,光线从很远的一个点发射过来,通过针孔在成像平面上投影,即图像被聚焦在投影平面上。与物体的图像大小有关的相机参数只有焦距 $f$,如图 3-8 所示。

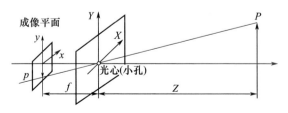

图 3-8 针孔相机模型

$f$是相机的焦距(针孔到成像平面的距离),$Z$是针孔到物体的距离,$P$是物体的长度,$p$是物体在成像平面上的长度,可以通过相似三角形得到,即

$$-p = f\frac{P}{Z} \quad (3-1)$$

再把其数学形式简化,将投影平面和针孔交换位置,将针孔位置看作投影中心。每条从远处物体出发的光线都在投影中心聚集,此时,新投影平面上的图像与旧投影平面上的物体等大,仅图像被翻转过来,这样就可以去掉负号了,如图3-9所示。

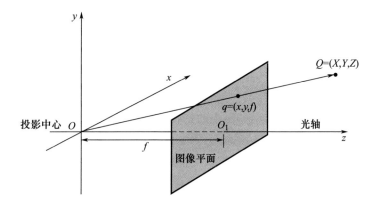

图3-9 把图像平面放于投影中心前,对投影公式简化

点$Q(X,Y,Z)$通过投影中心的光线把图像投影在图像平面上,$q(x,y,z)$是$Q$点在图像平面上的投影位置。我们将光轴与图像平面的交点称为主点,实际上也是真实相机中感光器件和光轴的交点。但是主点的位置因为安装误差并不一定在感光器件的中心位置,这样就出现了两个相机参数$c_x$和$c_y$,即感光器件中心相对于光轴交点在$X$方向和$Y$方向的偏移量。另外,因为单个像素在感光器件上并不一定是正方形的,所以物理焦距与感光器件的单元尺寸$s$在$X$和$Y$方向的乘积不一定相同($s$的单位是像素/mm,物理焦距的单位是mm,所以$f$的单位是像素)。所以这样又出现了另外两个相机参数$f_x$和$f_y$,即相机在$X$方向和$Y$方向的像素焦距。我们可以得到

$$x_{\text{screen}} = f_x\left(\frac{X}{Z}\right) + c_x \quad (3-2)$$

$$y_{\text{screen}} = f_y\left(\frac{Y}{Z}\right) + c_y \quad (3-3)$$

这样就可以得到实际物体尺寸和图像像素尺寸的转换关系,只要求出$f_x$、

$f_y$、$c_x$、$c_y$ 4 个参数即可。

将公式矩阵化,可得

$$q = \begin{bmatrix} x \\ y \\ w \end{bmatrix}, Q = \begin{bmatrix} X \\ Y \\ Z \end{bmatrix}, q = MQ$$

其中

$$M = \begin{bmatrix} f_x & 0 & c_x \\ 0 & f_y & c_y \\ 0 & 0 & 1 \end{bmatrix} \tag{3-4}$$

式中:$M$ 为相机的内参矩阵。

实际上,对于针孔相机,只有很少的光线可以通过针孔。所以真实的相机会使用透镜对光线进行聚焦,然而,聚焦带来了图像畸变的问题。为了校正畸变需要对相机进行标定,从而确定内参矩阵 $M$,这个问题在相机标定部分会继续说明。

在相机坐标系中,可以用旋转和平移描述物体在相机坐标系中的相对位置。在空间中,物体的旋转可以分解为绕 $X$、$Y$、$Z$ 3 个空间指向坐标轴的旋转,所以总的旋转矩阵 $R$ 可以看作 3 个绕轴旋转矩阵 $R_x(\psi)$、$R_y(\phi)$ 和 $R_z(\theta)$ 的乘积,即

$$R = R_x(\psi) R_y(\phi) R_z(\theta) \tag{3-5}$$

平移可以看成以物体为中心的坐标系原点从一点移动到了相机坐标系的另一点,即平移向量 $T$。

所以在世界坐标系中的点 $P_o$ 转换到在相机坐标系中的 $P_c$ 可表示为

$$P_c = RP_o + T \tag{3-6}$$

综合以上各式可以得到空间任意点 $P_o(X_o, Y_o, Z_o)$ 转换到像平面上点齐次坐标 $(u, v, 1)$ 的公式为

$$Z_c \begin{bmatrix} u \\ v \\ 1 \end{bmatrix} = \begin{bmatrix} f_x & 0 & c_x & 0 \\ 0 & f_y & c_y & 0 \\ 0 & 0 & 1 & 0 \end{bmatrix} \begin{bmatrix} R & T \\ 0 & 1 \end{bmatrix} \begin{bmatrix} X_o \\ Y_o \\ Z_o \\ 1 \end{bmatrix} \tag{3-7}$$

式中:$R$ 和 $T$ 分别为 $3 \times 3$ 矩阵和 $3 \times 1$ 矩阵;$f_x$、$f_y$、$c_x$、$c_y$ 为相机内参。为求解这个矩阵,我们需要知道 10 个参数(旋转的 3 个角度参数、平移向量 3 个位移参数和 4 个相机内参),而每个视角可以确定 8 个参数。所以我们至少需要两个视角去求解全部参数。

(2)单目相机标定。标定相机内参参数的方法有很经典的张正友标定法,具体的标定原理可以参见文献[83]。目前,有很多工具可以方便地解决单目相机的标定问题,如 Matlab、ROS 和 OpenCV 都提供了单目相机标定工具包,它们的具体使用方法这里就不再赘述。

2)封装输出定义

由于单目相机组件没有输入信息,只要调用就会输出 RGB 图像,组件结构如图 3-10 所示。

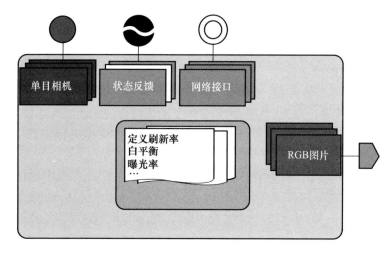

图 3-10 单目相机封装

输出接口类型表示:sensor_msgs/Image(8UC3)

### 3.1.3 双目与深度相机

1)原理介绍

深度相机的种类有很多,按照原理可以分为两大类:双目相机模型和 RGBD 相机模型。

它们的目的都是要获得图像上像素对应的空间点在相机坐标下的空间位置,即最终的深度图或者场景点云。

(1)双目相机模型。图 3-11 所示为双目相机模仿人眼的机构,一般由左眼相机和右眼相机两个相机组成。双目相机的左右两相机都可看作针孔相机,两个相机的光圈中心都位于 $x$ 轴上,两者之间的距离是双目相机的基线。基线是双目相机的重要参数。

现有一个空间点 $P$,在双目相机的左右相机都投影一点,分别为 $P_L$ 和 $P_R$。在理想情况下,因为左右相机只在 $x$ 轴上有一段位移(即基线长度),所以 $P_L$ 和

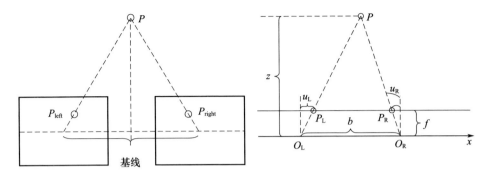

注：$P$ 为空间点，$P_L$ 和 $P_R$ 为 $P$ 在左右相机下的投影；$O_L$、$O_R$ 为左右相机光心，方框为成像平面，$f$ 为焦距。$u_L$ 和 $u_R$ 是 $P_L$ 和 $P_R$ 在像平面的 $x$ 方向坐标

图 3-11 双目相机的成像模型

$P_R$ 也只在 $x$ 轴上有差异。记左侧坐标为 $u_L$，右侧坐标为 $u_R$。那么，又根据 $\triangle PP_LP_R$ 和 $\triangle PO_LO_R$ 的相似关系，可以得到

$$\frac{z-f}{z} = \frac{b - u_L + u_R}{b} \qquad (3-8)$$

整理可得

$$z = \frac{fb}{d}, d = u_L - u_R \qquad (3-9)$$

式中：$d$ 为左右图的横坐标之差，即视差。可以用视差估计出像素对应的空间点到相机之间的距离。视差与距离成反比关系，视差越大，距离越近。然而，因为视差最小为一个像素，所以双目测距的深度存在一个理论上的最大值。当基线越长时，双目相机探测的最大距离越远；反之，则越近。

但是，在双目相机模型中，有一个重要的问题，如何确定空间点 $P$ 在左右相机投影中的对应像素。这里就要涉及对于有纹理图像的特征点匹配、极线搜索和块匹配技术，本书不再对这些知识点进行详细介绍，读者可以参阅文献[84]。

（2）RGBD 相机模型。之前介绍的双目相机是一种被动式计算深度的相机，适用于光照条件好，并且有丰富纹理的环境。RGBD 相机则是一种主动式的相机，它可以主动发出红外光或可见光去探测环境的深度信息，按照原理可以分为两类。

① 通过结构光探测深度信息，如图 3-12 所示 KinectV1 和 Intel Realsense 系列。这种方法通过向被测环境投射一个图案，如光斑图案、编码式条带状图案，来简化特征点匹配的过程。由于特征点匹配步骤被简化，并且有更多的已知条件（特征点分布），可以在一定范围内达到较高的测量精度。因为主动发出红

外光线或可见光,它在黑暗环境下也可以正常使用。但是在室外有强烈阳光的场合,结构光线会被影响,造成错误的深度测量。因为主动式探测的投射光源固定,所以被测物体离相机的距离越远,探测光斑越大,探测精度也就降低。另外,环境中的反光,透明或者深色物体也有可能对结构光线的投影结果产生干扰,在使用时需要考虑这些干扰因素。

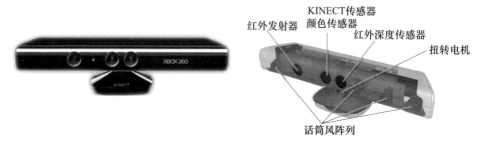

图 3-12 Kinect 1 的传感器布置(包括单目相机,红外散斑发射器和红外深度接收器)

② 通常,通过飞行时间(Time-of-flight,ToF)来探测深度信息传感器为 ToF 相机(图 3-13)。ToF 相机中一般包含一个激光发生器和一个由光敏元件或雪崩二极管组成的感光单元。当激光发生器发射激光后,遇到障碍物反射回来,相机中的感光单元感受到反射光后,计算出激光从发射出去到接收到反射光所需的时间,进而根据飞行时间乘以光速得到障碍物距相机的距离,其原理如图 3-14 所示。ToF 相机一般是通过逐点扫描获取整个图像的像素深度,经过专门处理可以达到很高的帧率。

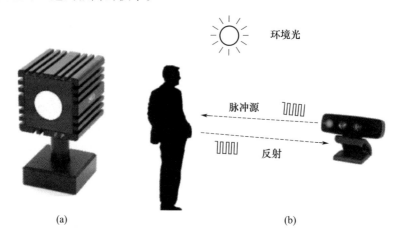

图 3-13 ToF 相机
(a)ToF 相机;(b)工作环境。

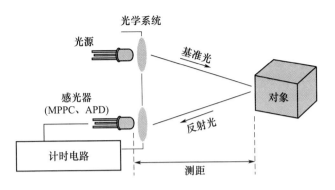

图 3-14 ToF 相机的测距原理

在完成深度测量后,RGBD 相机一般会根据彩色相机和深度相机间的位置关系,自动完成彩色和深度像素点的配对,生成完成配准的彩色图和深度图。使用者可以根据彩色相机和深度相机的内参信息,生成环境的彩色点云。

2)封装输出定义

深度相机组件没有输入信息,调用后会输出 RGB 图像和 Depth 图像,组件结构如图 3-15 所示。

输出接口类型表示:sensor_msgs/Image(8UC3),sensor_msgs/Image(16UC1)

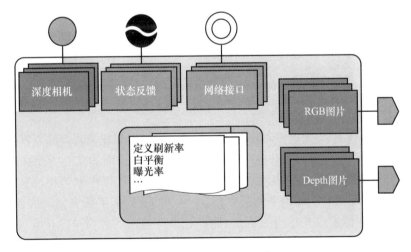

图 3-15 深度相机封装

## 3.1.4 全景相机

1)原理介绍

不同于传统的针孔相机模型,全景相机模型是非线性的。以理光景达的

Ricoh Theta V 产品级全景相机为例(图 3-16),全景相机通常由两个视角超过 180°的鱼眼相机构成。该相机可以通过内部程序实时地将设备上的两个鱼眼相机图像拼接转化为全景图像输出,其输出的图像如图 3-17 所示。从图中可以看出,全景图像在上下两部分将产生严重的畸变。

图 3-16 Ricoh Theta V

图 3-17 全景相机图片

相机坐标系中空间点投影到二维图像的过程可以简化为将空间点投影到单位球面上,然后将此球面展开成全景图像。以投影的球面的球心为坐标系原点建立空间直角坐标系,其坐标系的定义如图 3-18 所示,图中 $P$ 为相机坐标系下的空间点,$\phi$ 为 $OP$ 与 $XOZ$ 平面的夹角,$\theta$ 为 $OP$ 与 $XOY$ 平面夹角。因此,全景图像横轴上的像素点有相同的 $\phi$ 值,而纵轴上的像素点有相同的 $\theta$ 值,设 $p_i$ 为 $P_i$ 在全景图像上的对应点,则

$$\boldsymbol{p}_i = \begin{bmatrix} u \\ v \end{bmatrix} = \begin{bmatrix} \lambda(-\theta + 3\pi/2) \\ \lambda(-\phi + \pi/2) \end{bmatrix} = \pi(\boldsymbol{P}_i) \quad (3-10)$$

$$\boldsymbol{P}_i = \begin{bmatrix} x_i \\ y_i \\ z_i \end{bmatrix} = \begin{bmatrix} r_i\cos\phi\cos\theta \\ -r_i\sin\phi \\ r_i\cos\phi\sin\theta \end{bmatrix} = r_i \bar{\boldsymbol{P}}_i \quad (3-11)$$

式中:$r_i$ 为空间点在相机坐标系中与原点的距离;$\pi(\ )$ 为投影函数。能看出全景图像的畸变系数为 $\cos\phi$。图 3-19 为全景相机图像畸变的示意图,图中椭圆示意该区域图像性变形程度,可以看出,靠近图像顶端或底端时图像变形严重。

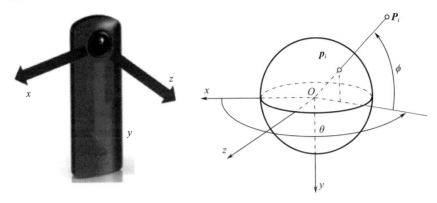

图 3-18　全景相机坐标系定义(线框图)

图 3-19　全景相机图像畸变示意图

2) 封装输出定义

同单目类似,全景相机组件没有输入信息,只要调用就会输出 RGB 图像,组件结构如图 3-10 所示。

输出接口类型表示:sensor_msgs/Image(8UC3)

## 3.1.5　激光雷达

1) 原理介绍

激光雷达是一种利用 ToF 原理探测目标位置的设备,其功能包括测量周边环境的距离信息、目标物体速度。激光雷达同传统雷达一样,都由发射、接收和后置信号处理三部分组成。激光雷达以激光为载波,激光的波长比微波和毫米波短很多,所以具有如下优点。

（1）全天候工作,不受光照条件限制。

（2）激光的发散角小,能量集中,有良好的分辨率和灵敏度。

（3）可以获得幅度、频率和相位等信息,且多普勒频移大,可以探测从低速到高速的目标。

（4）抗干扰能力强,隐蔽性好,对地面多路径效应不敏感。

激光雷达工作时,发射机向空间发射一串重复周期的高频窄脉冲。如果在电磁波传播的路径上有目标存在,那么,激光雷达的接收器就可以收到由目标反射回的回波。计算发射脉冲和接收脉冲之间的时间,就可以计算出物体到激光雷达的距离。

激光雷达可以分为机械旋转式激光雷达和固态激光雷达。由于激光雷达是逐点确定距离,所以需要将激光束旋转扫描周边环境,机械旋转式雷达使用旋转机构达到这个目的。但是较为复杂的旋转机构造成激光雷达的寿命低且维护困难;固态激光雷达的扫描范围小,但是去除了复杂的旋转机构,所以寿命和维护性更好,是激光雷达的未来发展方向。

激光雷达还可以分为单线激光和多线激光。单线激光可以看作一个点激光发射和接收部分,加上一个旋转平台。它只有一路发射和一路接收,结构相对简单,并且扫描速度高,有着较高的角度分辨率。整体的重量和功耗低,成本也较低廉。多线激光相当于可获得多个单线激光的结果,如4线、8线、16线、64线等,可以获取更多的环境信息,但是目前价格更为昂贵,也是未来激光雷达的发展方向。图3-20为机械式旋转激光雷达。

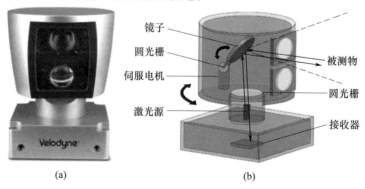

图3-20 机械式旋转激光雷达及工作原理

2) 封装输出定义

组件结构如图 3-21 所示。

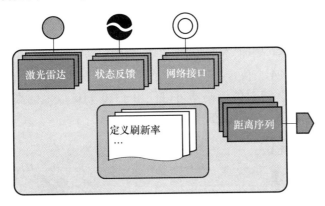

图 3-21　激光雷达封装

输出接口类型表示:sensor_msgs/LaserScan

### 3.1.6　编码器

1) 原理介绍

电机编码器从原理上分,可分为增量型编码器和绝对值型编码器,分别如图 3-22 和图 3-23 所示。

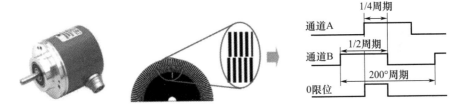

图 3-22　增量编码器及原理

增量型编码器将位移转换为周期性的电信号,再将电信号转换为计数脉冲。通过累加脉冲的数量来测量位移的大小,而单位时间内的位移即可看作速度。把位移转换为周期性电信号又可分为两种方式:一种是使用电刷接触导电区和绝缘区产生电信号的接触式;另外一种是使用光敏元件,感应从光栅盘通断的光线来产生电信号的非接触式。当停电时,编码器不能有任何的移动;当来电工作时,编码器输出脉冲过程中,也不能有干扰而丢失脉冲,否则,计数设备记忆的零点就会偏移,发生检测位置错误。

绝对值型编码器可以对每个位置都提供唯一位置信息。绝对值型编码器提供位置信息的不是脉冲累加,而是检测绝对位置下不同的光路数。如图 3-23 所示,绝对编码器有几条同轴的光路,而不像非接触式增量型编码器只有一条光路。光路随编码盘上的切口大小而变,外侧边缘越小,越往中心越大。切口图案与前后图案相交错,使用接收的光路数编码来确定绝对位置。光路的数量也决定了编码器的分辨率,例如,若有 10 条光路,则编码器的分辨率一般为 $2^{10}$,即每转一圈可区分出 1024 个位置。停电对于绝对值编码器没有影响,上电后依然可以检测到绝对位置。绝对值编码器可以使用于 100kHz 以上的高转速情况,而增量型编码器的输入频率则一般不能超过 100kHz。

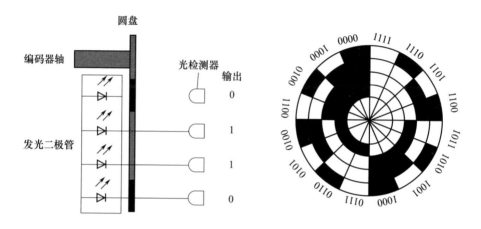

图 3-23 绝对值型编码的检测位置原理(编码盘和通过的光路数)

机械臂上的关节电机一般会同时使用这两种编码器,增量型编码器一般安装在电机的高速端,而绝对值型编码器一般安装在经过了减速器的低速端。增量型编码器用来给电机做底层闭环反馈,如 PID 等,保证电机的响应性能。我们使用的一般是在低速端的绝对值编码器的信息,它会提供精确的关节位置和速度信息。

在泛在机器人系统中,编码器一般先通过各种工业通信协议(如 RS232、RS485、CAN 等)将其数据发送给底层控制器。底层控制器可以通过各种预先定义好的通信方式,将数据传递给上位机进行更复杂的算法处理,以便于泛在机器人系统做出决策。

2)封装输出定义

增量型编码器提供脉冲信号,绝对值型编码器则可以直接提供绝对位置的数码。但是最后我们需要的信息就是两种,位置和速度。所以它们的封装输出的信息是一样的,分别如图 3-24 和图 3-25 所示。

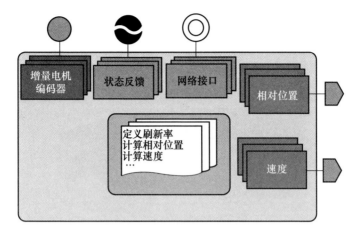

图3-24　增量型编码器封装

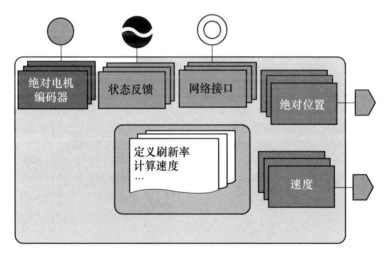

图3-25　绝对型编码器封装

输出接口类型表示:std_msgs/Int16,std_msgs/Int16。

## 3.2　人体互动设备介绍

### 3.2.1　AR眼镜

1）背景介绍

Microsoft HoloLens是微软首个不受线缆限制的全息计算机设备,其外观图如图3-26所示。它采用先进的传感器、高清晰度3D光学头置式全角度透镜显示器以及环绕音效。它允许在增强现实中用户界面可以与用户透过眼神、语音和手势互相交流[85]。其开发代号为"Project Baraboo"。AR 眼镜(HoloLens)由微软在 2015 年 1 月 21 日公布,在此之前已经开发了 5 年之久,其构想的一部分就是 2010 年发布的 Kinect[86]。

图 3 - 26  HoloLens 外观图

2）封装输出定义

HoloLens 封装如图 3 - 27 所示。

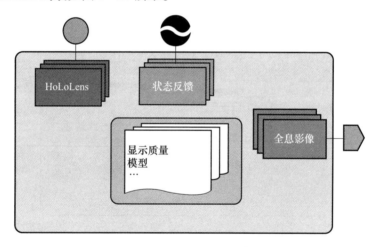

图 3 - 27  HoloLens 封装

3）组成结构

HoloLens 的配置如表 3 - 1 所列,具有惯性测量单元(IMU)(包括加速度计、陀螺仪和磁力计)[87]4 个"环境理解"传感器(每边 2 个)、1 个 120°×120°视角、1 个 240 万像素的摄影摄像机、1 个由 4 个麦克风组成的阵列和 1 个环境光线传感器。

除了包含 CPU 和 GPU 的 Intel Cherry Trail SoC 外,HoloLens 还配备了为微软 HoloLens 专门制造的专用微软全息处理单元(HPU)。SoC 和 HPU 每个都有 1GB LPDDR3 并共享 8MB SRAM,SoC 也控制 64GB eMMC 并运行 Windows 10 操作系统。HPU 使用来自 Tensilica 的 28 个定制 DSP 来处理和集成来自传感器的

数据,以及处理诸如空间映射,手势识别以及语音和语音识别等任务。

HoloLens 包含一个内置可充电电池,平均使用寿命为活动使用 2~3h,或待机时间为 2 周。HoloLens 可以在充电时运行。

HoloLens 具有 IEEE 802.11ac WiFi 和蓝牙 4.1 低能耗(LE)无线连接功能。耳机使用蓝牙 LE 与附带的 Clicker(一种拇指大小的手指操作输入设备)配对,该设备可用于界面滚动和选择。Clicker 具有用于选择的可点击表面以及通过倾斜和平移单元提供滚动功能的方位传感器。Clicker 具有用于固定设备的弹性手指环和用于为其内部电池充电的 USB2.0 micro-B 插座。表 3-1 为 HoloLens 配置表。

表 3-1 HoloLens 配置表

| | | | |
|---|---|---|---|
| 光学部件 | 透视全息透镜(波导)<br>2 个 HD 16:9 光引擎<br>自动瞳距校准<br>全息分辨率:最高 230 万光学点<br>全息密度:>2.5k rad(每弧度光点) | 电源 | 电池使用时间(视具体使用情况可能有所差异):<br>·最长 2~3h 的有效使用时间<br>·最长 2 周待机时间<br>·充电时功能齐全<br>被动式散热系统(无风扇) |
| 传感器 | 1 个 IMU<br>4 个环境感知摄像头<br>1 个深度摄像头<br>1 个 2MP 照片/HD 视频摄像头<br>混合现实捕获<br>4 个麦克风<br>1 个环境光传感器 | 内存 | 64GB 闪存<br>2GB RAM(2GB CPU 和 1GB HPU) |
| 人体感知 | 立体声效<br>视线跟踪<br>手势输入<br>语音支持 | 重量 | 579g |
| 输入/输出/连接 | 内置扬声器<br>3.5mm 音频插孔<br>音量调高/调低按钮<br>亮度调高/调低按钮<br>电源按钮<br>电池状态指示灯<br>WiFi 802.11ac<br>Micro USB 2.0<br>电缆 | 操作系统和应用 | Windows 10<br>Windows 应用商店 |

（续）

| 处理器 | Intel 32 位体系结构<br>定 制 的 Microsoft 全息处理单元<br>（HPU1.0） | 开发所需的准备 | 可以运行 Visual Studio 2015 和 Unity 5.4 的 Windows 10 PC<br>请访问以下地址，了解有关设计和开发 HoloLens 应用的更多信息：<br>https://www.microsoft.com/zh-cn/hololens/developers |
|---|---|---|---|

4）应用前景

（1）设计。工程师在进行建模时，可以如图 3-28 所示实时从各种不同角度查看 3D 模型。抬起头解放手的方式使工作更安全。客户、设计人员、远程团队和现场工程师能在 3D 中进行协作、可视化和创作，将复杂的设计变为现实。

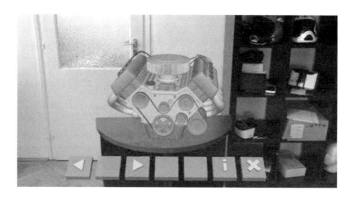

图 3-28　辅助 3D 建模

（2）混合现实游戏。区别于传统的游戏，HoloLens 中的混合现实游戏，允许玩家如图 3-29 所示，与环境进行交互，并且允许玩家从不同角度进行观察。

图 3-29　混合现实游戏

（3）收看视频和查询信息。用户可以如图3-30所示，随时调出菜单进行交互，如同科幻电影般地进行收看视频、浏览网页等操作。

图3-30　收看视频和查询信息

（4）教学。HoloLens将实际物体及环境和3D数据融合到一起，有助于增进学生互动和理解抽象概念。如图3-31所示，学生可以在3D学习中探索学科的新维度并更深入地理解学习内容。

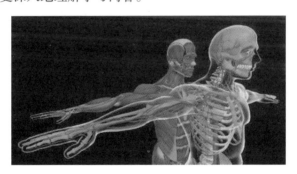

图3-31　教育

5）开发工具

如果要进行HoloLens的开发，首先需要配置如表3-2所列的开发环境，HoloLens的图像显示主要是利用"Unity"进行编辑，完成图形界面之后需要以"Universal Windows Platform"的形式导出，然后利用"Visual Studio 2017"进行编译并发布到HoloLens中运行，如果需要进行一些识别图片、识别模型之类操作，还可以在Unity中使用"vuforia"等插件进行编辑。微软还为开发者提供了一个叫作"HoloLens Emulator"的模拟器，可以将HoloLens的程序在模拟器中运行和测试，需要注意的是，这个模拟器必须在非家庭版的Windows 10上运行。

表 3-2 环境配置要求

| 下载并安装 | 说明 |
| --- | --- |
| Visual Studio 2017 | ・选择"Universal Windows Platform development"<br>・选择"Game Development with Unity"<br>・您可以取消选择 Unity Editor 可选组件,因为您可以后续安装较新版本的 Unity。支持 Visual Studio 2017 的所有版本(包括社区版本)。虽然仍支持 Visual Studio 2015 Update 3,但我们建议使用 Visual Studio 2017 以获得最佳体验 |
| HoloLens Emulator and Holographic Templates (build 10.0.14393.1358) | 模拟器允许您在没有 HoloLens 实物的虚拟机中运行 Windows 全息应用程序。它包括一个运行最新版 Windows 全息操作系统的虚拟 HoloLens 映像。您可以同时安装多个版本的仿真器。该软件包还包括 Visual Studio 的全息 DirectX 项目模板。如果需要,您也可以选择不带模拟器的版本。您的系统必须支持 Hyper-V 才能使仿真器安装成功 |
| Unity 5.6 or Unity 2017.1 | Unity 引擎是一种可以便捷开发全息应用程序的工具。<br>・确保您选择安装了"Windows Store .Net scripting Backend" |
| Vuforia | Vuforia 使您能够创建全息应用程序,可以识别环境中的特定事物并为其附加体验。查看入门指南,了解使用 Vuforia Engine 扩展全息应用程序功能的难易程度。您可以在 developer.vuforia.com 上获得免费开发许可证 |

微软为使用 Untiy 进行 HoloLens 开发的开发者提供了如图 3-32 所示的 4 类 API,分别为"Gaze,gesture,and motion controller input""World-locking,persistence,and sharing""Spatial mapping"和"App tailoring"。

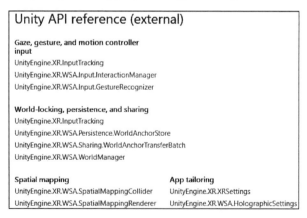

图 3-32 Unity API reference

"Gaze,gesture,and motion controller input"主要包括用户和 HoloLens 交互的一些接口,如获取用户的凝视位置、跟踪手的位置、手势识别等操作。

"World-locking,persistence,and sharing"主要包括一些定位和分享的一些接口,如使得某个游戏对象的位置被锁定在真实世界中、分享你所看到游戏对象给其他使用 HoloLens 的用户等操作。

"Spatial mapping"主要包括地图信息的一些接口,如识别出真实世界中的一些平面、得出 HoloLens 中对象和物理空间中对象的遮挡关系等操作。

"App tailoring"主要包括应用设置的一些接口,如调整 HoloLens 的性能和表现、是否启用遮挡检测等操作。

### 3.2.2 手势识别设备

1) 背景简介

图 3-33 中手势识别设备(Leap Motion)是面向 PC 以及 Mac 的体感控制器制造公司 Leap 于 2013 年 2 月 27 日发布的体感控制器。

图 3-33 Leap Motion 体感控制器

2) 功能介绍

Leap Motion 控制器是一款非常小巧的 USB 外围设备,由于十分小巧,Leap Motion 不仅可以放置在桌面上使用,也可以安装到虚拟现实设备上使用。

Leap Motion 使用 2 个单色红外摄像机和 3 个红外 LED 来采集手掌信息,它可以观察到其上大约 1m 的半球区域。LED 产生无图案的 IR 光,相机每秒产生 200 帧左右的反射数据。这些反射数据之后通过 USB 被发送到主机进行解析,该公司并未公布其解析原理,但主要应该是利用这两个单色红外摄像机获得的 2D 图像数据生成 3D 位置数据。在 2013 年的一项研究中,控制器的整体平均精确度显示为 0.7 毫米。

3) 封装输出定义

Leap Motion 封装如图 3-34 所示。

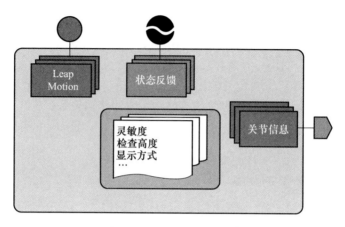

图 3-34 Leap Motion 封装

输出接口类型表示：leapmotion/data

Leap Motion 支持 ROS，可以将信息发布到"/leapmotion/data"这个 topic。

```
//总体信息格式如下所示
rosmsg show leap_motion/leapros
std_msgs/Header header
    uint32 seq
    time stamp
    string frame_id
geometry_msgs/Vector3 direction
    float64 x
    float64 y
    float64 z
geometry_msgs/Vector3 normal
    float64 x
    float64 y
    float64 z
geometry_msgs/Point palmpos
    float64 x
    float64 y
    float64 z
geometry_msgs/Vector3 ypr
    float64 x
    float64 y
    float64 z
```

```
//大拇指信息如下所示
geometry_msgs/Point thumb_metacarpal
    float64 x
    float64 y
    float64 z
geometry_msgs/Point thumb_proximal
    float64 x
    float64 y
    float64 z
geometry_msgs/Point thumb_intermediate
    float64 x
    float64 y
    float64 z
geometry_msgs/Point thumb_distal
    float64 x
    float64 y
    float64 z
geometry_msgs/Point thumb_tip
    float64 x
    float64 y
    float64 z


//食指信息如下所示
geometry_msgs/Point index_etacarpal
    float64 x
    float64 y
    float64 z
geometry_msgs/Point index_proximal
    float64 x
    float64 y
    float64 z
geometry_msgs/Point index_intermediate
    float64 x
    float64 y
    float64 z
geometry_msgs/Point index_distal
```

```
    float64 x
    float64 y
    float64 z
geometry_msgs/Point index_tip
    float64 x
    float64 y
    float64 z
```

//中指信息如下所示
```
geometry_msgs/Point middle_etacarpal
    float64 x
    float64 y
    float64 z
geometry_msgs/Point middle_proximal
    float64 x
    float64 y
    float64 z
geometry_msgs/Point middle_intermediate
    float64 x
    float64 y
    float64 z
geometry_msgs/Point middle_distal
    float64 x
    float64 y
    float64 z
geometry_msgs/Point middle_tip
    float64 x
    float64 y
    float64 z
```

//无名指信息如下所示
```
geometry_msgs/Point ring_etacarpal
    float64 x
    float64 y
    float64 z
```

```
geometry_msgs/Point ring_proximal
    float64 x
    float64 y
    float64 z
geometry_msgs/Point ring_intermediate
    float64 x
    float64 y
    float64 z
geometry_msgs/Point ring_distal
    float64 x
    float64 y
    float64 z
geometry_msgs/Point ring_tip
    float64 x
    float64 y
    float64 z

//小指信息如下所示
geometry_msgs/Point pinky_etacarpal
    float64 x
    float64 y
    float64 z
geometry_msgs/Point pinky_proximal
    float64 x
    float64 y
    float64 z
geometry_msgs/Point pinky_intermediate
    float64 x
    float64 y
    float64 z
geometry_msgs/Point pinky_distal
    float64 x
    float64 y
    float64 z
geometry_msgs/Point pinky_tip
    float64 x
    float64 y
```

```
float64 z
```
智能腕带(Myo)

### 3.2.3 智能腕带

1) 背景简介

Myo 腕带是加拿大 Thalmic Labs 公司于 2013 年初推出的一款控制终端设备,如图 3-35 所示。其基本原理是通过臂带上的感应器捕捉到用户手臂肌肉运动时产生的生物电变化,再分析这些生物电信号 EMG 的变化,判断佩戴者的意图,从而对其他设备进行操作。

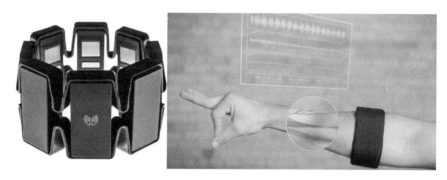

图 3-35 Myo 手环

2) 封装输出定义

Myo 封装如图 3-36 所示。

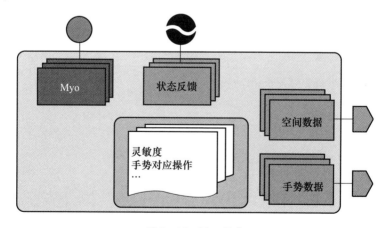

图 3-36 Myo 封装

输出接口类型表示:空间数据和手势数据。

Myo 手环能够向应用程序提供两种类型的数据[89]:空间数据和手势数据。

空间数据可以通知应用程序用户手臂的方向和移动等相关信息。空间数据有两种类型:指向方位和加速度,其中手环的指向方位是以一个四元数的方式提供,而加速度是以三维向量表示。

手势数据是指用户目前正进行的手部动作。这些手部动作可以与用户设定好的操作动作对应,从而对设备进行操控。

应用程序可以通过振动向手环的使用者发出反馈信息,让使用者知道设备的当前状态。

3) 应用场景

(1) 教育展示。用户可以在展示项目时,使用手环可以更加轻松自如的完成展示工作。

(2) AR 辅助操作。用户在进行 AR 体验时,可以辅助佩戴手环,以得到更好的 AR 操作体验。

(3) 无人机控制。用户可以轻松的使用 Myo 手环,对无人机的姿态和位置进行控制。

### 3.2.4 脑电 EEG 记录仪

1) 背景简介

神经系统是一个极为复杂的结构。人的整个身体中的神经总长度超过 10 万千米,它们的每一部分都与你的脊髓和大脑相连。这个"网络"传输着每一个控制人体运动的电脉冲信号。每一个指令都从人的大脑发出,大脑是一个由神经元构成的更加神奇的结构,神经元间通过电激活信号进行通信。理解和解释脑电模式是神经科学家和神经生物学家的最大任务之一,但它也是一个非常具有挑战性的任务。一种记录大脑活动的非侵入式的方法是脑电图(EEG),这项技术通过放置在病人头皮上的电极记录大脑的电压波动。通常会有大约 30 个这样的电极被放置在头皮周围,以记录脑电波的整体波动。总之,大脑活动与 EEG 信号之间的关系非常复杂,除了一些特定的实验室试验之外,人们对其了解甚少。由此,产生了一个巨大的挑战:如何对这些 EEG 扫描结果进行"解码",从而通过非侵入式的脑机接口(BCI)控制机器人假肢或者其他设备。

图 3-37 所示 Emotiv Epoc + 是美国加州旧金山的神经科技公司「Emotiv Systems」开发的一种无线蓝牙脑电 EEG 记录仪,可采集 14 通道脑电信号以及惯性传感器信号,其中 EEG 通道包括国际通用 10-20 系统中的 AF3、F7、FC5、T7、P7、O1、O2、P8、T8、FC6、F4、F8、AF4。采用基于盐水的电极,使用起来比较方便,可用于常用的脑机接口开发,如基于 P300、SSVEP、ERD、ERS 等的脑机接口。

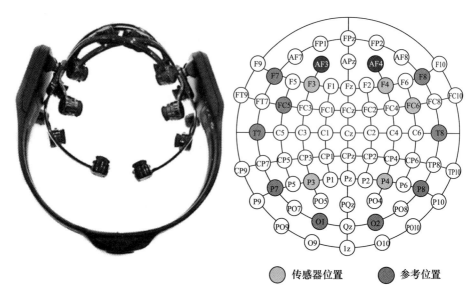

图 3-37 Emotiv Epoc+脑电记录仪和其对应的 14 通道采集位置

2）封装输出信息

Emotiv Epoc+脑电信号封装如图 3-38 所示。

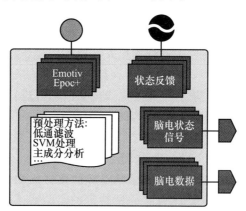

图 3-38 Emotiv Epoc+脑电信号封装

输出接口类型定义：脑电数据（emotiv/raw_data）。

```
//总体信息格式如下所示
rosmsg show emotiv/status_data
std_msgs/Header header
    uint32 seq
    time stamp
```

```
    string frame_id
channelData AF3
channelData F7
channelData F3
channelData FC5
channelData T7
channelData P7
channelData O1
channelData O2
channelData P8
channelData T8
channelData FC6
channelData F4
channelData F8
channelData AF4
```

其中:channelData 为

```
uint16 quality
float32 data
```

Emotiv Epoc+ 能够向应用程序提供两种类型的数据:脑电状态信号和脑电数据。目前还不能通过脑电信号生成能控制机器人的连续控制信号,所以通过离散的状态信号可以发送控制指令给机器人以执行。脑电维持状态的时间可以视为该状态的强度。

脑电数据,即原始的脑电波数据,包含 4 类最主要的波段($\alpha$ 波、$\beta$ 波、$\theta$ 波和 $\delta$ 波)。该类数据在处理后可以用于表情预测、情感分析等。

3) 应用场景

(1) 教育展示。用户在展示项目时,使用 Emotiv Epoc+ 脑电仪可以更加轻松自如地完成展示工作,如图 3-39 所示。

图 3-39　Emotiv Epoc+ 脑电仪佩戴图

(2) 机器人控制。Emotiv Epoc + 脑电仪可以通过对机器人进行离散指令的控制来完成一些简单的机器人运动任务。

### 3.2.5 眼动仪

1) 背景简介

Tobii Pro 眼动仪(图 3 - 40)可以通过红外相机,追踪用户的眼球移动,并推算出用户目光在屏幕上的注意范围。通过这种跟踪用户目光的方法,可以实现很多智能设备的无接触交互,使得人与设备之间的交互更为方便。

图 3 - 40　Toii Pro 眼动仪

2) 封装输出信息

眼动仪封装如图 3 - 41 所示。

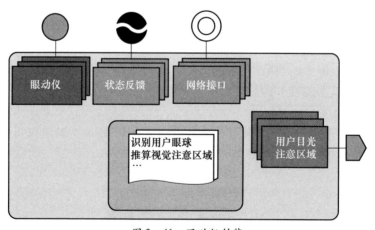

图 3 - 41　眼动仪封装

输出接口类型定义:用户目光注意区域(eyetracker/raw_data)。

眼动仪通过红外相机跟踪用户的眼球移动,并且根据得到的眼球距离和姿态,推算出用户目光在屏幕上的投影区域。最终可以输出用户的目光注意区域,并通过注意区域在屏幕上的区域和眼睛的动作,控制智能设备。

3）应用场景

（1）AR 辅助操作。用户在进行 AR 体验时,可以直接得到用户的目光注意区域,以得到更好的 AR 操作体验(图 3-42)。

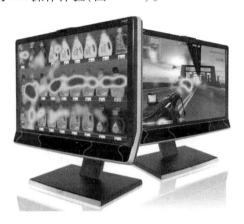

图 3-42　眼动仪测得用户视线在显示屏上的热区

（2）游戏娱乐。用户可以轻松地使用目光控制智能设备,对于很多轻松的娱乐游戏产业意义很大。

# 第 4 章 决 策 模 块

在第 3 章中,我们讨论了泛在机器人系统中的几种传感模块及其模块化封装方式。本章主要讨论了泛在机器人系统中的几种决策模块,包括物体识别、视觉 SLAM、路径规划以及任务规划等。与传感模块不同,决策模块同时具有输入和输出接口,输入是从传感模块获得的原始数据,输出是向泛在机器人执行模块发送的指令数据。根据泛在机器人系统的整体实现目标,可能需要多种不同功能的决策模块组合,本章我们将详细介绍几种常见的决策模块,它们是如何封装的,其算法的基本实现以及一些简单案例。

## 4.1 泛在机器人系统的决策模块

泛在机器人的任务范围广泛,针对的应用场合也丰富多样。为了完成复杂的任务,各种各样的决策模块是泛在机器人中不可缺少的重要部分。决策模块的主要功能是从泛在机器人传感模块中获取环境信息并进行处理,在组成上,它可以看作是整个泛在机器人系统的中间层。决策模块包括泛在机器人系统中外界环境信息的处理即物体识别模块,自身运动状态与环境的关系建立即 SLAM 模块,机器人自身运动轨迹的规划即路径规划模块以及泛在机器人系统中对复杂任务的抽象决策即任务规划模块。

外界环境信息的处理让泛在机器人拥有了对环境信息作出判断和选择的能力。物体识别就是一个典型的例子,在陌生环境中定位需要机器人操作的物体,并且得到物体的种类、大小、空间位置和姿态等信息。这样,泛在机器人就可以根据目标物体采取既定的行动,或者为其他任务得到抽象信息。

自身运动状态与环境的关系建立主要是让机器人搭载特定传感器,在没有环境先验信息的情况下,通过运动建立环境的模型,与此同时,估计自己的运动状态的过程,让机器人拥有在陌生空间中定位自身并且得到周边环境地图的能力。这对于机器人在陌生环境中的自主运动是非常重要的。

机器人自身运动轨迹的规划在泛在机器人系统中主要针对的是移动机器人。在理解了外界环境信息以及获取了自身运动状态信息后,移动机器人需要在真实环境中寻找一条从起始位置到目标位置的路径并执行相应的任务,同时满足一定的约束条件。这可以对泛在机器人系统的执行模块提供一系列重要的指导信息。

复杂任务的抽象决策在泛在机器人系统非常重要,因为真实场景中的机器人任务往往都是非常复杂的,但都是由一系列简单任务组成的,例如,从桌上抓取瓶子这个任务即可由多个简单子任务组成,包括机器人运动到桌子边、视觉传感器定位桌上的瓶子、机器人的机械臂规划到达抓取位置、抓取瓶子操作等。因此,如何通过多个简单子任务的规划完成最后的复杂任务也是泛在机器人决策模块中关键的一项。

## 4.2 物体识别模块

### 4.2.1 物体识别模块简介

物体识别(Object Recognition)是计算机视觉或机器视觉领域中的一项关键技术,解决的是从图像或视频中辨识或定位目标物体的问题。在泛在机器人系统中,机器人一般都需要与当前环境进行信息交互,这时,环境中的一些物体信息是非常重要的。物体识别模块的目标是向泛在机器人执行模块提供目标物体的信息,其输入的原始数据主要是从传感模块得到的 RGB 图像或深度图像。如图 4-1 所示,物体识别模块根据泛在机器人系统的需求存在不同的输出,包括物体的类别信息、物体在图像中的位置信息以及物体在三维空间中的 6Dof 姿态信息等;相应地,对于不同的输入输出,物体识别模块中的算法和封装方式也会有不同,以下我们将详细介绍该模块的封装方式以及不同封装方式下的物体识别算法实现。

(a) (b)

图 4-1 物体识别实例

(a)物体 2D 检测;(b)物体 6Dof 姿态估计。

## 4.2.2 物体识别模块封装

物体识别作为泛在机器人的决策模块同时具有输入与输出接口,根据整体系统的需求,其数据端口主要存在五种封装方式,具体参考图4-2~图4-6,如下所述。

1)输入为RGB图像,输出为物体类别(Class)

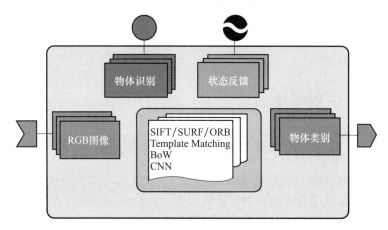

图4-2 封装方式一

输入接口类型定义:sensor_msgs/Image(8UC3)
输出接口类型定义:std_msgs/Int16

2)输入为RGB图像,输出为物体类别(Class)、物体2D包围框(2D Bounding Box)

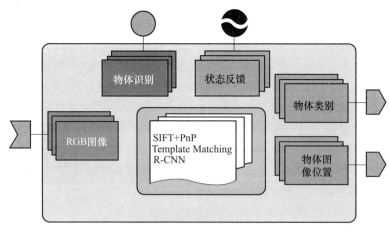

图4-3 封装方式二

输入接口类型定义:sensor_msgs/Image(8UC3)

输出接口类型定义:std_msgs/Int16MultiArray,std_msgs/Int16MultiArray

3)输入为 RGB 图像,输出为物体类别(Class)、物体 6Dof 姿态($x,y,z,rx,ry,rz$)

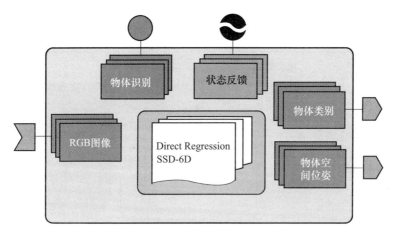

图 4-4 封装方式三

输入接口类型定义:sensor_msgs/Image(8UC3)

输出接口类型定义:std_msgs/Int16MultiArray,geometry_msgs/PoseArray

4)输入为 RGB-D 图像,输出为物体类别(Class)、物体 6Dof 姿态($x,y,z,rx,ry,rz$)

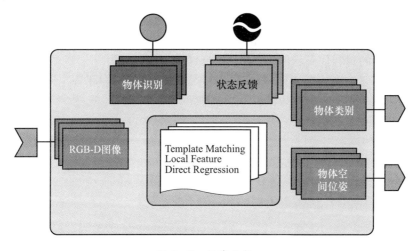

图 4-5 封装方式四

输入接口类型定义:sensor_msgs/Image(8UC3),sensor_msgs/Image(16UC1)
输出接口类型定义:std_msgs/Int16MultiArray,geometry_msgs/PoseArray

5)输入为深度图像或点云(Point Cloud),输出为物体类别(Class)、物体6Dof姿态($x,y,z,rx,ry,rz$)

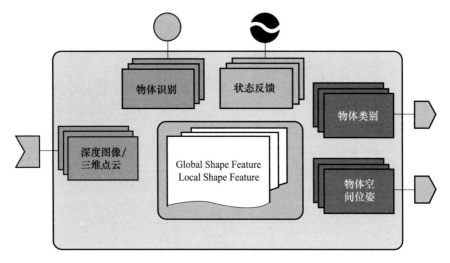

图4-6 封装方式五

输入接口类型定义:sensor_msgs/Image(16UC1)或 sensor_msgs/PointCloud2
输出接口类型定义:std_msgs/Int16MultiArray,geometry_msgs/PoseArray

为了让泛在机器人系统能够方便调用物体识别模块,其服务端口也是必不可少的,其输入为系统调用指令,采用 bool 数据类型;状态反馈端口输入为系统查询指令,输出为物体识别模块的状态,都采用 bool 数据类型。

该模块的封装代码示例(封装方式四)如下所示:

首先需要定义消息文件,这里主要是 srv 文件包括 rgbd.srv、obj_6d.srv 和 obj_state.srv;

rgbd.srv:
```
bool start
- - -
sensor_msgs/Image rgb_image
sensor_msgs/Image depth_image
```
　　obj_6d.srv:
```
bool start
- - -
std_msgs/Int16MultiArray obj_class
```

```
geometry_msgs/PoseArray obj_pose
```
    obj_state.srv：
```
bool query
---
bool state
```
模块的主程序框架如下：
```
#include <iostream>
#include <opencv2/core.hpp>
#include <ros/ros.h>
#include <image_transport/image_transport.h>
#include <cv_bridge/cv_bridge.h>
#include <sensor_msgs/image_encodings.h>
#include <obj_srvs/obj_6d.h>
#include <obj_srvs/obj_state.h>
#include <obj_msgs/rgbd.h>

using namespace std;
using namespace cv;

//从传感器获取的 RGB-D 图像,rgb 表示 RGB 图像,depth 表示深度图像
Mat rgb,depth;

//ROS service 回调函数,系统调用模块
bool obj6d(obj_srvs::obj_6d::Request &req, obj_srvs::obj_6d::Response &res)
{
    if(req.start)
    {
        //输出:物体类别
std_msgs::Int16MultiArray obj_class;
        //输出:物体空间位姿
        geometry_msgs::PoseArray obj_pose;
        /************物体识别模块功能实现部分**********/
        objRecog(rgb,depth,&obj_class,&obj_pose);
        /*******************************************/
        res.obj_class = obj_class;
        res.obj_pose = obj_pose;
```

```
    }
    return true;
}
//ROS service 回调函数,系统查询模块状态
bool objstate(obj_srvs::obj_state::Request &req,
obj_srvs::obj_state::Response &res)
{
    if(req.query)
    {
        /************模块状态函数***************/
        bool state=getstate();
        /*************************************/
        res.state=state;
    }
    return true;
}

int main(int argc,char * * argv)
{
    ros::init(argc,argv,"main");
    ros::NodeHandle nh;
    //定义 ROS client 获取传感器图像
    ros::ServiceClient client =
nh.serviceClient<obj_msgs::rgbd>("get_image");
    //定义 ROS service 等待其他模块调用进行物体识别
    ros::ServiceServer service=nh.advertiseService("obj_6d",obj6d);
    //定义状态反馈接口
    ros::ServiceServer service_state=nh.advertiseService("obj_state",ob-
jstate);
    obj_msgs::rgbd srv;
    srv.request.start=true;
    sensor_msgs::Image msg_rgb;
    sensor_msgs::Image msg_depth;
    ros::Rate loop_rate(200);
    while(ros::ok())
    {
        //从传感器模块获取每帧 RGB-D 图像
```

```
        client.call(srv);
        try
        {
            msg_rgb = srv.response.rgb_image;
            msg_depth = srv.response.depth_image;
            //类型转换,将 ROS 的图像类型转换成 OpenCV 的图像类型
            rgb = cv_bridge::toCvCopy(msg_rgb,
sensor_msgs::image_encodings::TYPE_8UC3) - >image;
            depth = cv_bridge::toCvCopy(msg_depth,
sensor_msgs::image_encodings::TYPE_16UC1) - >image;
        }
        catch(cv_bridge::Exception& e)
        {
            ROS_ERROR("cv_bridge exception:% s",e.what());
            return 1;
        }
        ros::spinOnce();
        loop_rate.sleep();
    }
    return 0;
}
```

其中,objRecog 函数是物体识别模块功能的主要实现部分,由于封装方式的不同,函数的参数会有不同,示例代码中的 objRecog 函数的参数包括 RGB 图像(rgb)、深度图像(depth)、物体类别(obj_class)、物体空间位姿(obj_pose)。在下一节中,我们会详细讨论物体识别模块功能的一些实现方法。

### 4.2.3 物体识别模块实现方法

本节我们主要根据前面所讨论的多种输入输出封装方式详细介绍相应的功能实现,方便读者快速搭建物体识别模块,并进行封装和泛在机器人系统调用。

1) 输入为 RGB 图像,输出为物体类别(Class)

当物体识别模块的输入是 RGB 图像,输出是物体类别(Class)信息时,模块实现的功能是对 RGB 图像的分类。关于图像分类的算法实现,主要可分为传统分类与深度学习(Deep Learning)这两类方法,这里我们分别对两类方法进行讨论,旨在让读者了解到图像分类的一些基本算法流程。

(1) 传统分类。图像分类问题从 20 世纪 50 年代就有研究者展开了研究,

最早研究者们主要针对特定模板图像进行识别,采用的方法也主要是一些基于模板匹配(Template Matching)的算法,即首先建立待识别物体的模板图像,构建模板相似度评价函数,计算待识别图像与模板图像的相似度来确定物体类别。一般可以采用归一化互相关函数(Normalized Cross Correlation, NCC)计算相关度,函数定义为

$$\frac{1}{n-1}\sum_{x,y}\frac{(f(x,y)-\bar{f})\cdot(t(x,y)-\bar{t})}{\sigma_f\sigma_t} \quad (4-1)$$

式中:$f$ 为目标图像;$t$ 为模板图像;$\bar{f}$、$\bar{t}$ 分别为目标图像与模板图像的均值;$\sigma_f$、$\sigma_t$ 分别为目标图像与模板图像的标准差。基于相似度评价的模板匹配虽然简单易懂,但在实际应用中会面临许多困难,主要表现在当存在光照、视角、图像尺度变化时,难以得到正确的匹配结果。

为了应对这种情况,研究者们便倾向于从图像中提取较为鲁棒的特征来进行分类,这些特征可以分为全局特征和局部特征。典型的全局特征包括颜色直方图特征或基于一系列模型图像的主成分分析(Principal Component Analysis, PCA)而获得的特征图。局部特征则一般是与其邻域有明显不同的图像小块的特征,目前大部分局部特征都具有旋转、尺度乃至仿射变换不变性。全局特征的主要问题在于难以应对物体部分遮挡或复杂背景的情况,而很多局部特征在这两种情况下往往都具有较高的鲁棒性。这里,我们主要讨论常用的局部特征法在图像分类方面的应用。

局部特征或局部不变特征一般包含特征点检测与特征描述子生成两方面,特征点检测是寻找图像中区别于其邻域的特征点或特征区域,特征描述子则通过对特征点附近邻域的分析生成一个一定维度的向量,表征该区域的特征。目前常用的特征点提取算法有很多,其中最具代表性的是 Lowe 提出的尺度不变特征变换(SIFT)算法[90]。SIFT 算法的基本思想是,通过检测图像尺度空间中的极值点形成稳定的特征点,通过分析该点邻域的灰度分布,为特征点建立特征描述子,从而将点的对应问题转化为特征向量的匹配问题。具体来说,SIFT 算法包括 3 个步骤。

① 检测尺度空间中的极值点作为特征点。图像的尺度空间可以定义为图像与一系列变尺度高斯核的卷积,并可以通过相邻尺度空间图像的差来计算高斯差分尺度空间。得到高斯差分尺度空间后,通过比较图像点与其周围 26 个邻近点的灰度值,可获得高斯差分尺度空间中的极值点。之后,计算该极值点的对比度,去除对比度小于阈值的点和不稳定边缘点。

② 为每个特征点指定方向参数。为了使算子具备旋转不变性,需要利用特

征点邻域像素的梯度方向分布为每个特征点计算方向参数。在以特征点为中心的邻域内采样,并统计邻域像素的梯度方向,从而获得梯度直方图,直方图的主峰对应的方向即为该点的主方向。此外,若存在其他大于主峰值 80% 能量的峰值时,则将其对应的方向判定为辅方向。一个特征点可能会被指定多个方向(包括一个主方向和一个以上的辅方向),从而生成多个不同方向的特征点,以增强特征点匹配的鲁棒。

③ 为特征点生成特征描述子。为确保旋转不变性,先将局部坐标系对齐到特征点的主方向,以特征点为中心取 $16 \times 16$ 的窗口,在每 $4 \times 4$ 的小块上计算 8 个方向的梯度方向直方图,并累加起来,从而获得长度为 128 的 SIFT 特征向量。为了提高特征向量对光照变化的鲁棒性,进一步将特征向量的长度归一化,形成最终的特征描述子。

实际应用中,我们可以通过计算特征点特征向量间的欧式距离确定两张图像中特征点间的对应关系,图 4-7 为两张图像 SIFT 特征点的匹配情况,相匹配的点以直线连接。通过特征点的匹配数量,即可对图像中的物体进行识别,确定类别。

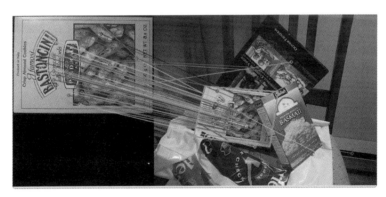

图 4-7 SIFT 特征点匹配

在 SIFT 算法之后,也有许多非常实用的特征点提取算法,包括 SURF[91]、ORB[92] 等,它们的特征匹配方式都是类似的。当然,如果只依靠计算特征点的匹配程度进行图像分类,则无法具有较强的泛化性,而且在模板图像数量多的情况下在线识别的计算量非常大。

另一种典型的基于局部特征的物体识别方法是词袋法(Bags of Words,BoW)[93],其过程主要包含构建词汇密码本(Codebook)与在线物体识别两个步骤。为了构建词汇密码本,从图像库中提取特征点与特征描述子,利用 $k$ 均值聚类将所有特征描述子聚为 $k$ 类,从而形成 $k$ 个关键词(Key Word)。对于从图像

$I$ 中提取的每个特征描述子,按照其与各聚类中心的距离归类为相应的关键词,从而可以用一个向量 $V$ 描述一副图像,$V$ 中各元素为各关键词出现的次数,与特征向量计算欧式距离的方式不同,这里主要是利用机器学习算法构建分类器,如朴素贝叶斯(Naïve Bayes)分类器或支持向量机(Support Vector Machine,SVM),并利用分类器实现物体的识别。作为传统方法中最主流的一类算法,在给定大量的训练库与视觉特征,可以是 SIFT 等局部不变特征,基于 BoW 框架的方法表现出了优秀的识别能力。然而,随着机器人对物体识别的要求不断提高,其对识别算法的泛化性又有了更高的要求,这时一般图像分类的传统方法则很难具有较高的实用性,下一节,我们会讨论目前逐渐成为物体识别领域主流的深度学习方法。

(2)深度学习。近几年来,深度学习的方法逐渐成为物体识别领域的主流。上一节已经介绍了,传统的词袋模型框架基本为底层特征抽取、特征编码、分类器设计3个过程,而基于深度学习的图像分类方法,可以通过有监督或无监督的方式学习层次化的特征描述,从而取代了手工设计或选择图像特征的工作。深度学习模型中的卷积神经网络(CNN)近年来在图像领域取得了惊人的成绩,CNN 直接利用图像像素信息作为输入,最大程度上保留了输入图像的所有信息,通过卷积操作进行特征的提取和高层抽象,模型输出直接是图像识别的结果。这种基于"输入 – 输出"直接端到端的学习方法取得了非常好的效果,得到了广泛的应用。

目前,已经有很多深度学习模型能够实现非常高的分类准确率,包括 VGG[94]、GoogLeNet[95]、ResNet[96] 等。这里我们主要介绍一下 VGG 模型[94],该模型是牛津大学 VGG(Visual Geometry Group)组在 2014 年 ILSVRC 提出的,相比以往模型进一步加宽和加深了网络结构。它的核心是 5 组卷积操作,每两组之间做 Max – Pooling 空间降维,同一组内采用多次连续的 $3 \times 3$ 卷积,卷积核的数目由较浅组的 64 增多到最深组的 512,同一组内的卷积核数量是一样的。卷积之后接两层全连接层,之后是分类层。由于每组内卷积层的不同,有 11、13、16、19 层几种模型,VGG 模型结构相对简洁,提出之后也有很多文章基于此模型进行研究。

深度学习实际上是和传统机器学习一脉相承的,本质上还是使用神经网络的方法来构建机器学习模型。为了实现图像分类的目标,主要有 3 个步骤:首先需要进行图像标注构建训练集;其次建立神经网络结构,配置训练参数;最后开始训练直到训练周期结束。目前,已经有很多优秀的深度学习框架方便我们实现图像分类,包括 Caffe、TensorFlow、PyTorch、MXNet 等。由于本节旨在让读者了解泛在机器人系统中物体识别模块的封装和其简要实现方法,图像分类或深度学习领域还有很多相关知识，读者可以自行去学习了解。

2) 输入为 RGB 图像，输出为物体类别(Class)、物体 2D 包围框(2D Bounding Box)

本类封装与上一类的不同之处是输出除了物体类别(Class)信息，还有物体 2D 包围框(2D Bounding Box)。采用该封装的物体识别模块，其功能本质上是在 RGB 图像检测待识别物体的像素位置，也可称为物体检测(Object Detection)。关于物体检测的实现方法，主要也可以分成传统检测与深度学习两类。

(1) 传统检测。最早研究者们解决物体检测问题的一个典型思路就是搜索图像上所有可能的位置，然后对这些所有可能的位置进行分类，看看它是不是包含这个物体。因此，这个问题可以分解成两个步骤：第一步是去找目标的位置；第二步就是去做一个置信度分类。例如，模板匹配(Template Matching)方法首先通过一个扫描窗口，从图像左上角开始，从左到右，从上到下，一直扫到右下角，然后我们改变图像的大小，保持扫描窗口大小不变，继续重复同样的扫描。对于图像上的每个位置和大小，我们都可以通过处理得到一个置信度得分，其中置信度得分的计算可以采用模板相关系数法，其扫描过程也可称为滑窗搜索(Sliding Window)。最后得分越大说明当前位置和模板越匹配，我们可以通过这种方式得到物体的像素位置。

到了 2000 年后，研究者们设计了各种各样的局部特征描述子，像 SIFT、SURF、ORB 等，比图像边缘和角点等简单的特征更加鲁棒。与此同时，机器学习方法的发展也为模式识别提供了各种强大的分类器，包括 SVM、Random Forest 等。因此，将图像局部特征描述子与分类器结合的方法在一段时期内成为物体检测的主流。

(2) 深度学习。在上一类封装中，我们已经讨论了深度学习在图像分类中的应用，深度学习其实就是神经网络，是一种特征学习的方法，其解决物体检测问题存在两个基本思路。

其一，我们可以直接把传统基于人工设计特征加上分类器的步骤用卷积神经网络替代，这一理念出自 R-CNN[97]。首先需要产生物体可能位置的候选区域，然后把这个区域交给 CNN 进行分类和检测框回归，如图 4-8 所示。这种方法把检测问题分解为候选区域搜索和分类两个子任务，可以分别去优化求解，简化了检测任务的学习难度，但是速度太慢并极大地限制了其实用性。后来研究者们对 R-CNN 进行了一系列改进，提出了 Faster R-CNN[98]并引入了 RPN (Region Proposal Network)的结构。这个 RPN 结构就是一个 CNN 用来预测图像上哪些地方可能有物体，并回归出物体的位置，而且 RPN 和分类网络共享图像特征,进一步避免了重复计算,可以实现端到端的训练,检测时间缩短为了 0.2s 左右,使得实用性大大提高。

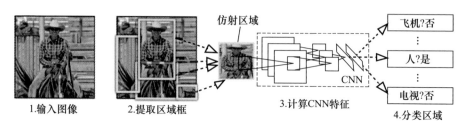

图 4-8  R-CNN 基本流程

其二,之前的思路都是把物体检测问题分成了两个步骤,即先产生候选区域,再进行分类和回归,第二种思路是实现让神经网络能够一步到位,直接定位物体,目前的一些代表性的工作有 YOLO[99]、SSD[100] 等。其中 SSD 可以看作一个强化版的 RPN 结构,输出层的每个像素都代表了一个检测框。与 RPN 一个输出层不同,SSD 会有好几个输出层,比较浅的输出层分辨率比较高,用来检测小物体,比较深的层检测大的物体。最后再把所有层的检测结果合在一起作为最终的输出。

3）输入为 RGB 图像,输出为物体类别(Class)、物体 6Dof 姿态($x, y, z, rx, ry, rz$)

在泛在机器人系统中,机器人往往需要与周围环境进行交互,如操作物体等,因此,需要得到物体在三维空间中的 6Dof 姿态,这里的 6Dof 姿态包括了 3Dof 的平移变换与 3Dof 的旋转变换。与前两类封装不同,这类封装增加了物体 6Dof 姿态的输出,其功能实现主要涉及物体 6Dof 姿态估计(6D Object Pose Estimation)问题。目前,尽管卷积神经网络等深度学习的技术在物体分类与物体检测问题上已经有很高的准确率,但对于通过 RGB 图像恢复物体 6Dof 姿态的问题仍然没有很好的解决方案。这里我们主要介绍 2017 年出现的 SSD-6D 算法,它是一种基于深度学习的方法实现。

SSD-6D 算法本质上是在 SSD 算法的一种扩展,初始的 SSD 算法主要是解决物体检测的问题,能够输出物体类别以及回归 2D 检测框。如图 4-9 所示,而 SSD-6D 算法在此网络结构基础上增加了两个预测输出,包括视角点(V)与面内旋转(R),其中"4"表示的是物体 2D 检测框的 4 个角点位置,"C"表示的是物体类别。该算法和一般基于深度学习的方法一样可以分成两个阶段,即训练阶段和测试阶段。

在训练阶段,首先需要在仿真环境中基于待识别的物体生成多个不同相机视角下的物体图像,即物体不同姿态下的图像。这里的姿态可以分解成两个参量进行描述,分别是视角点位置(Viewpoint)以及该视角点位置上的面内旋转量(In-plane Rotation)。其次在生成的多个物体图像上叠加不同背景形成合成图像增强训练数据集。训练网络结构的误差函数包含了四类误差,分别是物体类别误差、视角点误差、面内旋转误差以及物体 2D 检测框的回归误差。

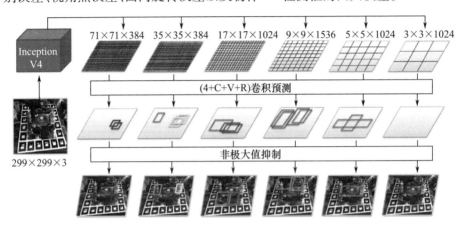

图 4-9  SSD-6D 算法网络结构图

在测试阶段,SSD-6D 算法输入 RGB 图像,网络结构会输出图像中目标物体的 2D 检测框,类别,视角点位置值以及面内旋转量。我们通过视角点位置值和面内旋转量即可得到图像 2D 检测框内目标物体的 3Dof 旋转变换。这里由于物体真实的尺度是先验知识,我们可以根据图像中 2D 检测框的像素大小结合相机内参换算得到目标物体距离相机的大致距离,即 $z$ 值,而平移变换中的 $x$、$y$ 值可以通过检测框在图像中的像素位置结合相机内参得到,因此,最终目标物体的 6Dof 姿态即可获得。实验发现,这样得到的物体 6Dof 姿态与真实值仍然有较大的误差,因此,SSD-6D 算法在最后引入了位姿优化(Pose Refinement)的部分,建立物体模型边界点的重投影误差函数并进行迭代优化求解,得到最终准确的 6Dof 姿态。

4) 输入为 RGB-D 图像,输出为物体类别(Class)、物体 6Dof 姿态($x,y,z,rx,ry,rz$)

近年来,视觉传感器也有了较大的发展,出现了 RGB-D 传感器,本类封装主要面向使用 RGB-D 传感器的泛在机器人系统。其输入为 RGB-D 图像,在一定程度上降低了解决物体 6Dof 姿态估计的难度,RGB-D 图像同时包含了场景物体的颜色与 3D 形状信息。目前,已经有很多种基于 RGB-D 图像实现物体 6Dof 姿态估计的方法,这里我们主要介绍其中的两类方法。

其一为模板匹配方法,传统的模板匹配方法主要还是通过滑窗搜索方法提取一系列场景图像块,并采用图像相关系数法比较场景图像块与物体模板的相似度,和物体检测方法类似。但对于物体 6Dof 姿态估计问题,我们首先需要建立物体在不同姿态、不同光照环境以及不同背景下的图像模板,由于其较低的泛化能力,模板数量需要足够多,影响实时性,而在早些年被局部特征点方法取代。2012 年,Hinterstoisser[102]提出了 LINEMOD 算法,该算法采用的虽然是模板匹配框架,但模板的组成则与传统模板不同。如图 4-10 所示,该模板由目标物体颜色边界特征与表面法向特征组成,不依赖物体表面的纹理信息,其中颜色边界特征在 RGB 图像中提取而表面法向特征则从深度图像中提取。为实现物体在各种姿态下都可以识别,该算法需要建立多个视角与尺度下的物体模板,因此,模板数量较大。考虑到实时性,该算法还采用了不同的匹配方式,首先对模板的特征进行了二进制编码,在模板搜索方面采用了并行运算的方式。由于多个模板只能表示离散的多种姿态,因此通过模板匹配直接得到的物体 6Dof 位姿是不准确的,该算法在最后结合迭代最近点(Iterative Closest Point)算法以模板匹配得到的位姿为初始值迭代计算得到精确值。这类方法在背景杂乱的场景中也有较好的效果,但是无法应对物体部分存在前景遮挡的情况,因为遮挡物的存在,模板匹配计算的相似度会受到严重影响。

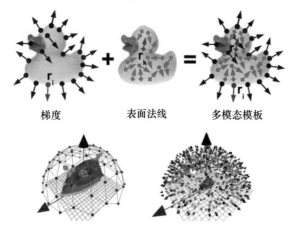

梯度　　　　表面法线　　　多模态模板

图 4-10　LINEMOD 算法模板创建示意图

其二为局部特征描述方法,在 RGB-D 传感器还未出现时,研究者们利用一些局部特征描述子匹配,求解 PnP 问题的方式计算目标物体的 6Dof 位姿,如 Collet 提出的方法,在获得了图像 Depth 信息后,物体尺度的问题可以得到很好地解决。但上述方法要求可以从目标物体的图像中提取辨识度较高的局部描述子,如 SIFT、SURF、ORB 等,而现实生活中有很多表面纹理信息不强的物体,即弱纹理物体,一般传统的局部描述子不具有较高辨识度,无法建立从场景到模型的稳定匹配关系。近几年,基于局部特征描述的方法有了新的进展,很多方法可以不依赖纹理特征。2014 年,Brachmann[104] 提出一种基于随机森林(Random Forest)的框架,算法可以对输入的 RGB - D 图像每个像素进行预测,预测该像素属于的物体类别信息,以及该像素在物体坐标系中的 3D 坐标。其中,随机森林的分裂函数特征只采用简单的像素值比较,包括 RGB 值的比较与深度值的比较,因此预测过程具有较高的实时性。在获得每个像素位置的预测值后,该算法建立了能够表征估计位姿与图像像素预测值匹配程度的能量函数,采用基于随机采样一致性(RANSAC)的优化方法求解目标物体的 6Dof 姿态。随着深度学习技术的发展,研究者们开始通过神经网络建立局部特征描述代替人工设计的描述子。2016 年,Doumanoglou 提出了通过训练稀疏自编码器(Sparse Auto Encoder)提取目标物体局部图像块特征(Local Patch Feature)的方法,并利用稀疏自编码器输出的特征向量训练霍夫森林(Hough Forest)。如图 4 - 11 所示,该算法的训练集采用的是场景中随机选取的 RGB - D 四通道局部图像块,在训练过程中,目标物体的一系列局部图像块被输入稀疏自编码器,生成相应的特征向量,我们可以将这一过程理解成一种特征降维的操作,之后,这些特征向量被用于训练霍夫森林。其中,局部图像块的标签值由 3 个部分组成,分别是所属物体类别、在物体坐标系下的坐标$(x,y,z)$和相应物体的姿态$(yaw,pitch,roll)$。在识别过程中,该算法首先在场景中均匀采样生成局部图像块,每个局部图像块都被输入稀疏自编码器与霍夫森林组成的框架中,生成对目标物体类别以及 6D 姿态的预测。最后通过聚类计算得到目标物体的 6Dof 姿态。

5)输入为深度图像或点云(Point Cloud),输出为物体类别(Class)、物体 6Dof 姿态$(x,y,z,rx,ry,rz)$

对于面向工业领域的一些泛在机器人系统,很多采用的传感器可能只能获得场景深度数据,因此本类物体识别模块的封装主要针对输入为深度图像或三维点云的情况进行讨论。通过深度图像或三维点云估计场景中物体的 6Dof 姿态需要充分利用 3D 形状特征,根据采用的形状特征不同主要可以分成两类方法。

其一为整体形状特征法,主要是通过提取物体整体点云数据计算特征并进行特征匹配,其中视点特征直方图(Viewpoint Feature Histogram,VFH)是比较经典的一种算法,它本质上是快速点特征直方图(Fast Point Feature Histograms,FPFH)与点特征直方图(Point Feature Histograms,PFH)的扩展。FPFH 或 PFH

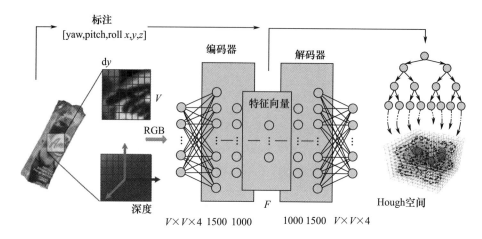

图 4-11 自编码器方法示意图

描述子都是使用一个点周围的多维直方图的平均曲率编码一个点的 $k$ 个最近邻的几何属性,其主要是与点的最近邻和法线有关。VFH 在此基础主要进行了两大改进:首先是利用整个物体点云计算 FPFH 描述,在计算 FPFH 时以物体中心点与物体表面其他所有点之间的点作为计算单元;其次是增加视点方向与每个点估计法线之间额外的统计信息,主要是通过统计视点方向与每个法线之间角度的直方图计算视点相关的特征分量。由于这种方法是基于物体整体点云特征进行计算的,在实际应用中需要结合较好的点云分割算法首先将待识别点云分割出来。

其二为局部形状特征,主要通过提取物体局部点云特征对目标物体 6Dof 姿态进行估计。这种方法可以直接对原始点云进行处理,提取局部特征,再通过特征匹配或者投票的方式得到物体姿态,这里我们主要讨论两种算法。首先是点对特征(Point Pair Feature,PPF),这种特征由 2 个点、4 个特征量组成,分别是点对中两点间的距离、两点的法线方向夹角、每个点的法线方向与两点连线方向的夹角,如图 4-12 所示。在点对特征训练过程中,需要导入目标物体的模型点云,随机生成多个点对特征并建立哈希表;在识别过程中,首先在场景点云中进行点对采样,每组点对计算特征向量并在哈希表中进行搜索,存在匹配关系的点对会对物体 6Dof 姿态假设进行投票。当场景点云搜索完成时,投票值超过一定阈值的姿态确定为物体 6Dof 姿态的初估计值。最后,算法还采用 ICP 算法对物体姿态进行了优化。另外一种算法是 2017 年 Zeng 提出的 3DMatch[108],这是一个通过深度学习技术得到局部形状特征描述子的算法。与之前人工设计的描述子不同,3DMatch 是一个数据驱动的模型,采用无监督学习的方式对数百万个标记的局部空间块进行训练。在训练过程中,局部空间块中的点云首先需要转化为固定网格大小的体素进行表示;在识别过程中,主要的流程是首先通过场景点云采样得到多个局部空间块,其次计算特征向量与模型中的局部空间块建立匹配关系,最后通过求解 PnP 或者 RANSAC 的方法得到场景中的物体 6Dof 姿态。

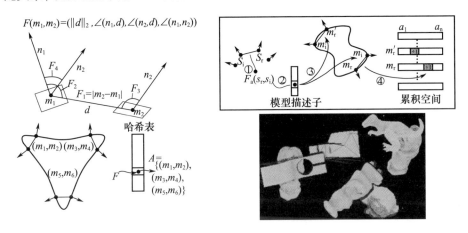

图 4-12 点对特征算法示意图

综上所述,我们针对泛在机器人物体识别决策模块 5 种封装方式的功能实现进行了系统的讨论。事实上,物体识别是一个非常大的研究领域,本书主要针对泛在机器人系统的实现对一些常用的算法进行简单的论述,其中的很多技术细节还需要读者去参考其他相关书籍和论文。

## 4.3 视觉 SLAM 模块

正如前文所述,机器人模块在收到激光、相机等传感器传回来的环境/场景数据后,机器人如何正确理解环境成为机器人决策模块中重要的一环。简单来说,像 4.2 节让机器人理解视野范围内存在的物体类别一样,决策模块中的另一个重要环节就是如何让机器人能够向人一样的思考诸如:"我在哪里? 我是否来过这个地方?""我在向哪个方向运动? 我运动了多少?""我周围的环境是怎么样的? 哪里有障碍物?"等问题。在计算机视觉领域,此类问题有一个正式的学名——SLAM。

### 4.3.1 视觉 SLAM 模块简介

SLAM 是 Simultaneous Localization and Mapping 的缩写,中文翻译为"同时定位与地图构建"。它泛指搭载特定传感器的主体,在没有环境先验信息的情况下,通过运动建立环境的模型,与此同时,估计自己的运动的过程。如果这里的传感器是激光,我们称其为激光 SLAM,如果是相机,则称为视觉 SLAM(vS-LAM)。激光 SLAM 曾在过去很长一段时间内活跃在科研与应用平台,但使用视觉传感器具有模型简单、信息量大、成本低廉、便于安装和功耗低等众多优点,视觉 SLAM 作为后起之秀近年来在各大视觉会议以及自动驾驶、扫地机器人和增强现实领域大放异彩。其中包括美国特斯拉公司推出的 Autopilot 2.0 自动驾驶系统、微软公司发布的 Hololens 头戴增强实现头盔、美国 iRobot 机器人公司的自动扫地机器人、苹果公司推出的 ARKit(Augmented Reality Kit)增强实现系统等。随着这项技术的不断发展,越来越多自主智能化的产品将走进人们的生活。本节将主要介绍基于视觉 SLAM 的机器人决策(定位、导航与环境重建)模块。

回想一下当人走进一个未知环境时,我们通过眼睛接收到的连续图像(视频流)推断我们自身的运动以及周围环境的情况。这似乎是一个非常平凡且直观的问题。但我们看到的环境,在计算机中却有着非常大的不同,不管相机(眼睛)传回来的是五彩斑斓的街景,还是色调单一的厂房,它们都只是由一个一个数字排列而成的矩阵。要理解这些数字是非常困难的,SLAM 问题不同于前文提到的物体识别所用到的深度学习方法——通过大量训练数据让计算机学习到这些数据在更高维度的隐藏特征。SLAM 问题似乎无法通过建立数据集的方式让机器人准确定位自己。因为如果这样,那需要采集的环境(场景)训练样本实在是太多了。因此,SLAM 问题所牵涉的背景知识不同于前文,且十分庞大,如多视图几何、状态估计理论、李群李代数、光束平差法等。要深入了解视觉 SLAM 问题,就需要了解这些数学理论。

但是我们不妨先缓一缓,假设 SLAM 模块已经被聪明的你给封装好了,成为了一个"黑箱子",或者从系统的角度来看,它成为了一个模块。我们要用好这个模块,首先就是要定义模块的输入和输出,我们会将 SLAM 模块的功能又细分为两个:定位建图和导航。4.3.2 节分别就两个功能模块的异同点讨论输入输出接口的定义。4.3.2 节一步一步打开这个"黑箱子",探究在 SLAM 模块中都是如何完成相应的功能。本书中 SLAM 框架参考 ORB_SLAM2[109]。读者会发现,SLAM 模块中又分为多个子模块(Sub – modules),它们根据功能不同被封装在不同的程序中,互相之间通过线程的调度完成全局的功能。这些子模块分别是初始化模块、跟踪模块、地图构建模块、闭环检测模块和重定位模块。到了这里,读者将会对视觉 SLAM 模块框架有一个比较全面的认知。后续还会介绍一些优秀的开源 SLAM 框架。除了 ORB_SLAM2 外,还有很多开源的 SLAM 框架供读者选择。读者能够通过自身应用的需求选择其中一个框架进行实验与二次开发。

### 4.3.2 视觉 SLAM 模块封装

SLAM 模块负责的是拿到当前相机的定位以及周围的场景(地图)信息。在拥有了这些信息后,搭载 SLAM 模块的移动平台便可完成如定位、建立地图和导航的功能。这些功能分别需要不同的信息输入,并且拥有不同的输出,同时,这些输出将会作为其他模块的输入。本节会介绍 SLAM 模块分解为定位建图(图 4 - 13)和导航(图 4 - 14)3 个子模块分别介绍的输入输出接口的定义。

1) 定位建图模块

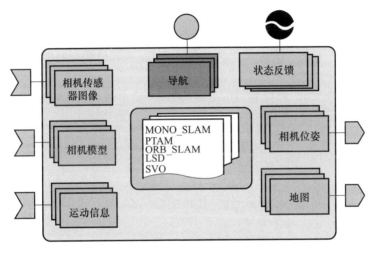

图 4 - 13 定位建图模块

定位建图模块需要从传感器端获取当前相机获得的图像,如果是对于不同的相机模型,图像的接口又分为单目 RGB/灰度、双目 RGB/灰度、RGB - Depth。对于双目和 RGB - D 相机,从传感器端已经可以拿到对应特征点的在相机坐标系下的 3D 坐标位置,但是对于单目相机,仍需要初始化过程。因此,针对不同的相机模型在 SLAM 模块中会调用不同的方法,所以还需要有一个标识符记录像机的模型,以及对应的相机内参数。同时,可能还会有其他的具有位置信息的传感器的输入,如惯性测量单元、激光、AGV 车轮电机的编码器等。因此,还需要提供一个其位置信息的输入接口,它对确定初始化过程中的尺度问题至关重要。

针对 ROS 的消息类型,图像接口的消息类型可以是 sensor_msgs/Image。其中 header 记录了时间戳信息,height 和 width 记录了长和宽,data 记录了具体图像的数据。encoding 则记录了图像消息的编码方式,对于 RGB 图像,它是 RGB8,对于灰度图像它是 MONO8,对于深度图它是 32FC1。在 ROS 中可以采用

cv_bridge 进行 sensor_msgs/Image 与 cv::Mat 格式类型的互换。

输出信息则是每一时刻相机的位姿,这个位姿可以是相对于地图原点(起始点)的,也可以是相对于上一个关键帧。相机的位姿可以描述成为空间中 6 自由度的刚体运动。在数学上相机的位姿可以用齐次变换矩阵来描述。

齐次变换矩阵属于 SE3 特殊欧式群,它的左上角 $3 \times 3$ 的旋转矩阵 $R$ 属于 SO3 特殊正交群,右上角 $t$ 为平移向量。在特殊欧式群、特殊正交群(李群)中的元素有一个李代数与之对应。SO3 上对应的李代数 so3 又称为旋转向量,它是一个 $3 \times 1$ 的向量,表示三维空间中的刚体旋转。SE3 上对应的李代数 se3 是一个 $6 \times 1$ 的向量,表示三维空间中的刚体运动(旋转 + 平移)。

因此,SLAM 定位模块输出的是当前时刻(帧)相对于某一参考时刻(帧)的齐次变换矩阵。同时在 SLAM 模块运行完成后,还会将建立的地图的二进制文件一并保存下来。

值得一提的是,当搭载相机的平台为 AGV 小车时,可以认为系统只有 3 个自由度:$x$、$y$ 方向的平移和绕 $z$ 轴的旋转,系统可以适当简化。

定位模块的输入包含如下几个部分。

(1) 从视觉传感器端获得的 sensor_msgs/Image 消息。

(2) 从其他传感器获得的位置信息。

(3) 相机模型标识符以及对应的内参数。

输出则包含如下几个部分。

(1) 当前相机的位姿信息(相对于起始点)。

(2) 当建图完成后保存一个点云地图。

2) 导航模块

导航模块是在已有地图的基础上,让移动平台根据当前场景完成重定位,再根据目标点与地图中的障碍物的信息规划出移动路径完成导航功能。在导航的过程中移动平台需要不断更新在地图中的当前位置,并按照规划的全局路径行进。导航模块中,在已有传感器的基础上,还需要载入现有地图文件,通过 SLAM 中重定位的功能会给出相机所在地图中的位置。同时,还需要提供目标点的输入接口,这里的目标点与相机位置都是针对地图坐标系的,通常地图坐标系原点为创建地图过程中的起始点。导航模块的输出则是当前相机的在地图中的位置,以及已完成的轨迹。当前相机在地图中的位置由 SLAM 定位部分完成,可以作为 4.3 节路径规划的输入。这里需要注意的是,在导航模块系统用的已有地图,SLAM 不会进行地图的更新,也不会插入关键帧,局部地图也不会工作。已完成的轨迹是由一系列 3D 坐标点连成的曲线,用户可以实时监控轨迹的正确性与可行性,同时也能显示在可视化界面上(图 4 - 14)。

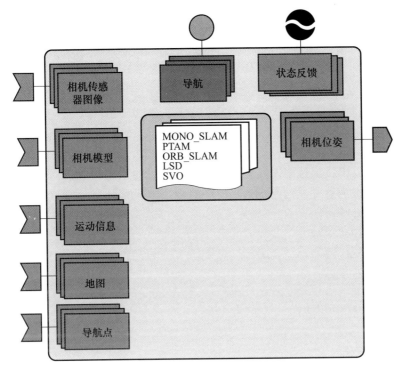

图 4-14 导航模块

导航模块的输入也包含如下几个部分。
(1) 从视觉传感器端获得的 sensor_msgs/Image 消息。
(2) 从其他传感器获得的位置信息。
(3) 相机模型标识符以及对应的内参数。
(4) 离线地图文件。
(5) 目标点位置(相对于离线地图的坐标系)。

输出则包含如下几个部分。
(1) 当前相机的位姿信息(相对于离线地图的坐标系)。
(2) 已完成轨迹信息。

接下来以单目定位建图模块为例介绍该模块的代码封装,首先需要定义消息文件,这里主要是 srv 文件,包括 state.srv、location.srv 以及 init.srv。

state.srv

```
bool query
---
bool updated
```

location.srv
bool query
---
tf/tfMessage transform
init.srv
bool query
---
Bool isSatrt

接下来以单目定位建图模块为例介绍该模块的代码封装,首先定义一个从 ROS 接收图像消息并发送给 SLAM 模块的类。如下所示:

```cpp
#include <iostream>
#include <algorithm>
#include <fstream>
#include <chrono>

#include <ros/ros.h>

#include <cv_bridge/cv_bridge.h>

#include <opencv2/core/core.hpp>

#include"ORB-SLAM2/System.h"
#include "slam_srvs/state"
#include "slam_srvs/locations"
#include "slam_srvs/init"

using namespace std;
class ImageGrabber
{
public:
    ImageGrabber(ORB_SLAM2::System* pSLAM):mpSLAM(pSLAM){

        ros::NodeHandle _nh;
        ros::ServiceServer service_state =
        _nh.advertiseService("get_slam_state",
ImageGrabber::slam_state_cb);
```

```cpp
        ros::ServiceServer service_location =
_nh.advertiseService("get_location",ImageGrabber::slam_location_cb);

        ros::ServiceServer service_init =
            _nh.advertiseService("system_init",ImageGrabber::slam_init_cb);
    }

    // 接收ROS Master端的图片(帧)消息,并进入SLAM系统
    void GrabImage(const sensor_msgs::ImageConstPtr& msg);
    void slam_state_cb(slam_srvs::state::Request& req,
        slam_srvs::state::Response& res);
    void slam_location_cb(slam_srvs::location::Request& req,
        slam_srvs::location::Response& res);
        void slam_location_cb(slam_srvs::location::Request& req,
            slam_srvs::location::Response& res);

    // 返回SLAM系统跟踪当前图片(帧)的转换矩阵
    cv::Mat getTransform();

    cv::Mat _transfrom;    // 记录每次图片消息更新后的转换矩阵
    bool _requestStart = flase // 记录是否开始
    bool _updated;    // 记录是否更新
    ORB_SLAM2::System* mpSLAM;
};

//ROS service回调函数,系统查询状态
bool ImageGrabber::slam_state_cb(slam_srvs::state::Request& req,
slam_srvs::state::Response& res)
{
    if(req.query)
    {
        res.state = _updated;
    }
    return true;
}
    bool ImageGrabber::slam_location_cb(slam_srvs::location::
```

```
                   Request& req,
                                    slam_srvs::location::Response& res)
{
    if(req.query){
        res.transform = Converter::ConvertCVMatTOTFTransform(_transform);
    }
    return true;
}

bool ImageGrabber::slam_init_cb(slam_srvs::init::Request& req,
                    slam_srvs::init::Response& res)
{
    if(req.query){
        res.isStart = true
        this._requestStart = true
        return true;
    }


    void ImageGrabber::GrabImage(const sensor_msgs::ImageConstPtr& msg)
    {
    // Copy the ros image message to cv::Mat.

    updated = false;
    cv_bridge::CvImageConstPtr cv_ptr;
    try
    {
        cv_ptr = cv_bridge::toCvShare(msg);
    }
    catch(cv_bridge::Exception& e)
    {
        ROS_ERROR("cv_bridge exception:% s",e.what());
        return;
    }

    _transform =
mpSLAM->TrackMonocular(cv_ptr->image,cv_ptr->header.stamp.toSec());
    _updated = true;
```

```cpp
}

cv::Mat ImageGrabber::getTransform()
{
    return _transform;
}
```

接下来是 SLAM 定位建图模块主程序的入口：

```cpp
int main(int argc,char** argv)
{
    cv::Mat transform;

    ros::init(argc,argv,"Mono");
    ros::start();

    if(argc!=3)
    {
        cerr<<endl<<"Usage:rosrun ORB_SLAM2 Mono path_to_vocabulary path_to_settings"<<endl;
        ros::shutdown();
        return 1;
    }

    // Create SLAM system. It initializes all system threads and gets ready to process frames.
    ORB_SLAM2::System SLAM(argv[1],argv[2],ORB_SLAM2::System::MONOCULAR,true);

    ImageGrabber igb(&SLAM);

    ros::NodeHandle nodeHandler;

    // 通过订阅 ROS Master 端发布的"/camera/image_raw"消息
    // 当有新消息收到时则调用 igb 对象的 ImageGrabber::GrabImage 函数,将新来的图片(帧)传入 SLAM 系统

    if(igb._requestStart){
```

```
        ros::Subscriber sub = nodeHandler.subscribe("/camera/image_raw",1,
&ImageGrabber::GrabImage,&igb);

    }

    if(igb.updated){     // 如果对当前帧的跟踪已经更新了
        transform = igb.getTransform();    // 则从 igb 中取出转换矩阵
        //…用户可以根据需求对转换矩阵进行操作,如发布给其他模块
    }

    ros::spin();

    // Stop all threads
    SLAM.Shutdown();

    // Save camera trajectory
    SLAM.SaveKeyFrameTrajectoryTUM("KeyFrameTrajectory.txt");    // 保存轨迹信息

    ros::shutdown();

    return 0;
}
```

### 4.3.3 视觉 SLAM 模块实现方法

参考 ORB_SLAM2 的框架,SLAM 模块包括如下子模块:前端模块、初始化模块、跟踪模块、地图构建模块、闭环检测模块和重定位模块。前端模块负责从相机拿到数据,其封装的方法在前文中已经介绍过。其余的每个模块主要的内容会在后文介绍,软件框架如图 4-15 所示。

1) 系统初始化模块

当系统未初始化时,会首先进行初始化任务。初始化的主要目的是通过最近几帧图像生成一定数量的 3D 空间特征点作为初始地图使用。特征点是图像上"有明显区别于周围区域其他特征"的点,这是在计算机视觉领域的一个任务。对于双目相机以及 RGBD 相机,它们能提供一个粗略 3D 空间特征点的估计,可以认为初始化在前端就已经完成。然而,对于单目相机,针孔相机模型在将像素点反投影回相机坐标系下的空间时,还原的只是一条射线,它无法从单张

第 4 章 决策模块

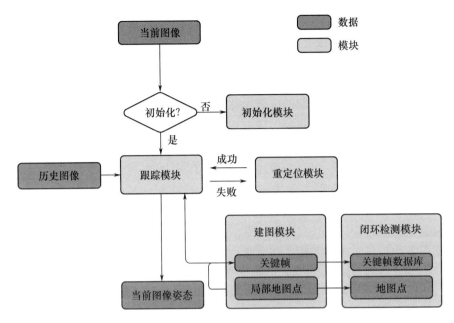

图 4-15 基于 ORB_SLAM2 的软件系统框架

图片中恢复图像中特征点的 3D 位置。因此必须移动相机,才能够估计距离。移动单目相机恢复三维坐标的过程称为初始化,它是通过计算两帧图像的相对位姿,然后三角化得到空间点的三维坐标的过程。

然而,即使我们知道了特征点的空间位置,它们仍然只是一个相对的值。举个直观的例子,例如,我们在看电影时,虽然能够知道场景中哪些物体比另一些大,但是无法确定它们的真实尺寸:那些高楼大厦和宇宙飞船是真实的,还是摆在桌面上的模型?如果把相机运动的宏观尺度和场景大小同时放大同样的倍数,单目相机所看到的像是一样的。结合上面的例子说明:单目 SLAM 在初始化的过程中估计的运动和三维空间点与真实的运动和三维空间点相差一个常数因子,或者说尺度。单目相机无法仅凭图像还原这样一个尺度,所以又称为尺度的不确定性。为了克服尺度不确定性带来的困难,通常需要其他辅助信息帮助恢复尺度。如果视觉 SLAM 系统是搭载于 AGV 上,用户可以通过增加 AGV 小车驱动轮胎的电机编码器的信息还原初始化过程中运动的具体尺度。如果是搭载在无人机上的视觉 SLAM 系统,可以通过无人机上的惯性测量单元做积分还原位移信息得到尺度。如果以上所有辅助信息都缺失,用户仍然想使用 SLAM 模块,可以把初始化所有特征点的 3D 空间点深度的平均值归一为常数 1,然后再在这个尺度基础上继续后续的 SLAM 功能,当然,前提是用户已经明确知晓了后续跟踪、建图过程中尺度的不确定性。

177

在 SLAM 模块从相机端接收到数据后，首先要做的就是提取图像的 ORB 特征，紧接着介绍一下图像上特征点提取的方法。在用视觉做里程的过程中，我们希望特征点在相机运动之后仍然保持稳定，往往局部图像的特征会比单个像素特征更为鲁棒。在用局部图像特征来描述的特征点具有如下性质。

(1) 可重复性。即相同的区域能够在不同的图像中找到。

(2) 可区别性。即不同的区域有不同的表达。

(3) 高效性。同一图像中，特征点数目应该远小于像素的数量。

(4) 本地性。特征仅与一小片图像区域有关。

基于以上性质，有很多优秀的人工设计的特征点被提出，如 SIFT、SURF、ORB 等。特征点由关键点和描述子两部分组成，关键点记录了特征点在图像中的位置，有些还具有朝向、大小等信息。描述子是人为设计的，描述了该关键点周围像素的信息。在诸多特征点方法中，由于 ORB 具有很强的实时性，同时能还原出特征点的方向，在 SLAM 问题中受到广泛青睐。

ORB 全称为 Oriented FAST and Rotated BRIEF，它是在 FAST 检测子和 BRIEF[114] 描述子上改进并结合而来的一种特征点表达。其中 FAST 是一种图像角点，它主要检测图像中局部像素灰度变化明显的地方。然而，传统的 FAST 不具有方向信息，ORB 在 FAST 的基础上添加了尺度和旋转的描述。尺度不变性由构建图像金字塔（即对图像进行不同层次的降采样，获得不同分辨率的图像）后在金字塔每一层上检测 FAST 角点来实现。特征点的方向则由连接特征点以及周围固定区域的形心和质心的向量描述。BRIEF 描述子是一种二进制描述子，其描述向量由许多 0、1 组成，其中的 0、1 描述了关键点附近的两个像素的灰度值大小关系。

在图像上完成了特征点的提取后，特征匹配则需要解决当前新看到的特征点和以前看到的特征点之间的对应关系。有了关键点和描述子信息后，最简单的方法是暴力匹配，即每一个特征点与其他的所有特征点进行匹配，然后取最接近的一个作为匹配点对。对于 BRIEF 这种二进制描述子，可以采用汉明距离作为误差的度量。然而，当特征点数目很大时，暴力匹配往往会降低实时性。这时，通过使用快速最邻近（FLANN）方法能够加快搜索匹配速度。关于 ORB 特征点的提取以及匹配方法已经集成在 OpenCV 中，读者可以通过简单的函数调用完成。

完成了特征点的提取和匹配后，初始化模块需要通过两帧图像之间的匹配关系还原出相机的运动（旋转 $R$ 和平移 $t$）。这是通过对极几何的方式，通过构建本质矩阵并使用 SVD 分解完成的。本质矩阵的分解伴随着多解，为了在多个解中选择正确的解，文献[115]提出，可通过判断特征点在相机坐标系下的深度值来选择正确的一组解,正确的 $R$ 和 $t$ 应生成具有正深度值的空间点。利用本质矩阵分解获得正确的初始化两帧之间的相对位姿后,需要构建初始化地图。初始化地图由初始化的两帧图像上成功匹配的特征点三角化而成。利用本质矩阵分解获得初始化两帧之间相对位姿和三角化生成的地图点存在误差,利用两幅图像的局部光束法平差来进行优化,首先定义全景图像上的重投影误差。重投影误差指的是将像素坐标(观测到的投影位置)与3D点按照当前的位姿进行投影得到的位置进行比较得到的像素坐标误差。因此,初始化两帧图像的光束法平差可以写为

$$\{R_i, t_i, P_j\} = \arg\min_{R_i, t_i, P_j} \sum_{i,j} \| e_{ij}(p_i, R_j, t_j, P_i) \|^2 \qquad (4-2)$$

可以使用 Levenberg – Marquardt 算法优化式(4 – 1)得到精度较高的初始化地图点和初始化相机位姿。

2) 跟踪模块

跟踪模块是通过匹配当前图像特征点、历史图像特征点和地图点计算当前相机的高精度位姿,并将满足关键帧准则的图像帧设置为关键帧传送入建图模块。

跟踪模块首先要实现的是视觉里程计,视觉里程计的任务就是估算相邻图像间的相机运动,以及局部地图的样子。最简单的视觉里程计就是两张图像之间的运动关系,通过两张图像之间的特征点选取以及生成的正确匹配,我们可以通过匹配点估计相机的运动。由于相机的原理不同,情况也略有所不同。

(1) 当相机为单目时,我们只知道2D的像素坐标,因此问题是根据两组2D点估计相机的运动,该问题通过对极几何能够得以解决,这也是初始化过程所依据的原理。

(2) 当相机为双目、RGBD 时,问题则是根据两组3D点估计相机的运动,该问题通常用 ICP 解决。

(3) 当通过前面视觉历程计得到的3D点,以及它们在新的一帧相机图像中的投影位置估计相机运动,则是 PNP 问题。

然而,只通过两帧之间恢复运动的视觉里程计,相当于假设其中的马尔可夫性,即第 $k$ 时刻的状态只和 $k-1$ 时刻的状态有关。这样视觉里程计实际上是以拓展的卡尔曼滤波为代表的滤波器方法。然而,这种方法随着时间的不断推进,将会不断放大累计误差。因此,人们更倾向于考虑 $k$ 时刻状态和之前所有状态有关,此时,得到的则是以非线性优化为主题的框架,其中常见的一种方法就是把相机点的位姿和3D空间点的位置都作为优化变量,以重投影误差为代价函数进行非线性优化,这种方法又称为光束平差法。然而,对于每一帧新接收的图

像,都与前面所有的相机位姿以及还原的 3D 特征点进行光束平差似乎代价太大,因此,SLAM 系统中更倾向的做法是在跟踪模块不断的维护一个局部地图,然后在后端建图模块与回环检测模块再进行更为庞大的地图维护与更新。

当新的图像传输到跟踪模块时,首先进行图像的预处理。预处理包括了图像 ORB 特征点的计算和图像 BoW 词袋向量的计算。跟踪模块中通过两种方式获得当前相机的位姿的初始值:匀速模型式跟踪;基于关键帧跟踪。通常,默认优先使用匀速模型式跟踪的方式。在获得当前相机位姿的初始值之后,将进行局部地图式跟踪的方式获得最终高精度的当前相机位姿。

匀速模型式跟踪是假设相机从 $t-1$ 上到 $t$ 时刻的运动与 $t-2$ 时刻到 $t-1$ 时刻的运动相同,因此可以获得当前相机位姿关于匀速模型的估计值 $\bar{T}_t$。匀速运动模型并不总是成立,例如,当上一帧图像模糊时,上一帧图像成功匹配上的地图点数量不足而导致此刻相机图像匹配失败的情形。此时,应选用基于关键帧跟踪的方式。

基于关键帧跟踪方式将选用系统最近生成的一个关键帧 $Kf$ 与当前图像 $F_t$ 进行匹配,关键帧上匹配成功的地图点数量能得到保证。

在建图模块中始终维护着局部地图,局部地图代表与当前帧可能观测到的一系列地图点,这些地图点是通过最近生成的一些关键帧三角化并优化而得的,因此局部地图上的点具有较高的精度。设匀速模型式跟踪或基于关键帧跟踪获得当前相机位姿为 $T_t$,局部地图上的点为 $P_L^i$。与匀速模型式跟踪相同,将局部地图上的点 $P_L^i$ 通过当前位姿投影到图像上寻找匹配,获得的匹配点为 $p_L^i$,则重投影误差为 $e(P_L^i, T_t, P_L^i)$,通过最小化重投影误差将获得更加精确的当前相机位姿。

在对当前相机位姿计算优化之后,需要判断当前帧是否可以作为关键帧。系统生成关键帧的主要目的是在尽可能保留有效信息的情况下,减小参与优化的数据量,另一方面生成的关键帧将用以生成新的地图点。采用以下准则判断当前帧是否作为关键帧,若当前帧同时满足以下准则时,则当前帧将被视为关键帧。

(1) 已经超过 1s 未有新的关键帧生成或者地图构建模块此时空闲。
(2) 当前图像匹配上的地图点数量超过 80 个。
(3) 当前图像与最近生成的关键帧之间匹配成功的特征点数量小于总数量的 80%。

3) 建图模块

建图模块在独立的线程中进行,接收来自跟踪模块生成的关键帧。在建图模块主要完成以下几个任务:地图点生成;地图点融合和删除;删除冗余关键帧;局部光束法平差。

(1) 地图点生成。为了保证跟踪模块的正常进行,建图模块需要使用新产生的关键帧生成新的地图点。地图点只在建图模块中生成,这意味着地图点都来自于关键帧上的特征点。设当前关键帧为 $Kf$,与当前关键帧共视关系最高的 20 个关键帧为 $Kf_{ci}$,其中共视关系代表两个关键帧之间能跟踪到相同的地图点,因此,两个关键帧共同观测到地图点的数量就代表两帧之间的共视关系的强弱。地图点的生成通过与 $Kf_{ci}$ 匹配的特征点三角化而成。

(2) 地图点融合和删除。生成的地图点可能与已有的地图点重复,导致这种现象的原因在于利用三角化生成地图点的过程中不可避免地存在点空间位置的不确定区域。需要对新生成的地图点与已有的地图点进行匹配,若此地图点的空间位置与描述子与已有的地图点相似,则认定这样的两个地图点为同一地图点,需要将其进行融合。因融合需要对地图点建立概率模型增加了计算的复杂度,因此,实际系统中仅判断两个地图点的质量高低,质量高的地图点将被保留,而另一个地图点将被删除。地图点质量的高低判断指标就是其在两个关键帧中的视差角和重投影误差。

判断地图点质量高低的另一个指标为观测到此地图点的关键帧数量,当地图点 $P_i$ 被 3 个以上关键帧观测到时,则认为地图点 $P_i$ 的质量高。若系统运行的过程中,观测到地图点 $P_i$ 的关键帧数量始终低于 3 时,则认为地图点 $P_i$ 的质量低需要被删除。

(3) 删除冗余关键帧。在系统正常运行中,关键帧生成数量越多则越能保证系统稳定性的提升。因此,在跟踪模块中关键帧生成的准则比较宽松,但关键帧生成的过于频繁密集将导致关键帧数据冗余,将极大影响建图与后端优化的效率。因此,在建图模块中对冗余的关键帧进行删除。假设 $Kf$ 为某一关键帧,若 $Kf$ 匹配和生成的 90% 地图点都能被其他关键帧观测到,则认为 $Kf$ 为冗余的关键帧并将其删除。

(4) 局部光束法平差。在新的关键帧和地图点生成后需要使用局部光束法平差(Local Bundle Adjustment,Local BA)优化关键帧位姿和地图点空间位置。局部光束法平差首先在局部地图中构建图结构,然后进行光束法平差优化。局部地图指的是由当前关键帧 $Kf$、当前关键帧的共视关键帧 $Kf_{ci}$ 及这些关键帧上观测到的地图点 $P_i$ 构成的地图,如图 4–16 所示。为了稳定优化的结果,需要将可以与 $Kf_{ci}$ 共视,但不与 $Kf$ 共视的关键帧 $Kf_{Fi}$ 加入到图结构中,但其不参与优化过程,即优化过程中 $Kf_{Fi}$ 的姿态始终不变。

在地图构建过程完成后,当前关键帧将被送往闭环检测模块,用以判断闭环

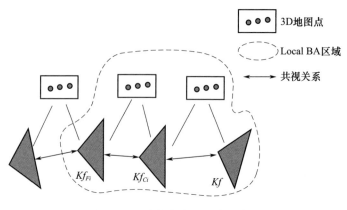

图 4-16 局部光束法平差示意图

是否存在。

4）闭环检测模块

闭环检测的主要目是使系统具备能检测到回到曾经观测过得场景的能力。通过闭环检测新的约束将被建立到图结构中，以此来消除累计误差。正如前文所说，随视觉 SLAM 系统的运行，跟踪模块估计的相机轨迹将在七自由度的空间中漂移（包括尺度）。闭环检测将在关键帧数据库中寻找与当前关键帧存在闭环可能性的关键帧，并通过 Sim3 优化校正误差，其具体流程如图 4-17 所示。

当闭环检测模块接收到新的关键帧时，闭环检测模块首先在关键帧数据库中寻找闭环候选帧。通过离线训练的 ORB 特征词典可以计算两帧图像之间的相似性，即得到两图像帧之间相似性评分，当评分大于阈值时，认为可能出现闭环。

另外，为了加速寻找可能闭环帧的效率，可通过词典的方向索引功能。反向索引可以检测到与当前关键帧存在公共视觉特征图像来加速搜索效率。只有与当前关键帧存在公共视觉特征的图像才进行相识度评分判断。通过相识度评分的关键帧仍然存在错误的识别情况，为了避免错误闭环的生成，闭环候选帧还需要通过连续性检测。只有通过连续性检测的闭环候选帧才认为是相对正确的闭环候选帧。在连续性检测时先将闭环候选帧进行分组，其中具有共视关系的关键帧将被分为同一组，连续性检测时会计算总评分最高的组作为检测，若连续 3 个关键帧的闭环候选出现在同一组内时则认为组内最高分关键帧为闭环边。

在成功识别出闭环后，需要计算出当前关键帧与闭环帧之间的 Sim3 变换[116]，Sim3 相对于 SE3 多了一个尺度因子 $s$，之后则需要进行闭环矫正，或者称为闭环的融合。闭环矫正首先做的是将与当前关键帧共视的关键帧 $Kf_{cc}$ 调整到通过 Sim3 矫正的位置上，再对当前相机和其共视关键帧上的地图点进行矫正。

矫正相机位姿是为了在进行位姿图优化时有一个更好的初始值,位姿图(Pose Graph)是只有相机位姿构成的图结构,其能通过位姿之间的约束关系快速进行闭环矫正。位姿图是由地图的最小生成关键帧组构成,位姿图中的节点为关键帧的位姿,位姿图中的边是由关键帧之间的相对位姿构成的。

因为位姿图为了方便计算,舍去了地图点的约束。地图点和相机之间的投影关系是强的位姿约束,这样的约束将提高相机位姿优化精度。因此,在位姿图优化后,需要进行全局的光束法平差(Global Bundle Adjustment)。全局优化的是全部的关键帧与地图点。因地图中所有信息都参与优化,数据量与计算量十分可观。

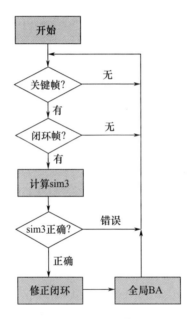

图 4-17 闭环检测模块流程图

5) 重定位模块

与闭环检测类似,重定位功能将判断当前帧与历史关键帧之间的相似性,若成功找到正确的重定位帧,再计算当前相机位姿并恢复视觉跟踪。与闭环检测不同的是,重定位并不在一个单独的线程中进行,只有当视觉跟踪失败时才会使用重定位的功能。

当相机因剧烈运动而导致图像模糊,或者视线被短暂遮挡时跟踪模块将失败。当图像恢复正常时跟踪模块无法在没有当前位姿先验的情况下恢复运行,这时,需要调用重定位功能。重定位过程如图 4-18 所示。

SLAM 问题的研究是从机器人领域发展起来的,Smith 和 Cheeseman 在 1986

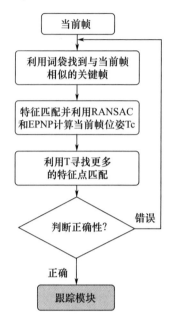

图4-18 重定位功能流程图

年的研究中首次提出了SLAM问题。早期的SLAM问题主要研究的是轮式机器人在平面运动的情形,主要采用结合移动设备激光雷达的数据与机器人的控制信号估计移动机器人的运动状态。虽然这与如今的视觉SLAM领域中估计相机在6D空间中的姿态问题相去甚远,但是SLAM问题的核心始终没有改变:构建环境的高精度地图;从多个不可靠的数据中获得机器人的状态等。近十年视觉传感器已经成为SLAM问题研究中的重点,因为视觉传感器可以提供丰富的环境信息。视觉SLAM中有大量使用双目相机或者使用相机结合其他传感器(如惯性测量单元或GPS)数据进行地图构建与相机轨迹估计的研究。从2001年起,大量涌现出使用单目相机进行视觉SLAM任务的研究工作。

Mono - SLAM 是当代视觉 SLAM 中的一个里程碑式的研究工作,其由A. Davison于2003年完成。Mono - SLAM 使用图像的特征表示环境中的路标,通过帧与帧之间的匹配迭代更新特征点的深度值概率来恢复它们的3D空间坐标,从而初始化稀疏的特征点地图,并且在扩展卡尔曼滤波器(Extented Kalman Filter, EKF)的框架下更新全局的状态向量。A. Davison 的 Mono - SLAM 在一定程度上奠定了基于贝叶斯滤波器的视觉 SLAM 框架。同时Mono - SLAM 采用的扩展卡尔曼滤波器的框架非常适合进行多传感器信息的融合(图4-19)。

在Mono - SLAM推出之后,M. Pupilli 与 A. Calway[118]提出的视觉SLAM算

图 4-19 Mono-SLAM

法用粒子滤波器取代卡尔曼滤波器完成了相机位姿跟踪和实时地图构建的任务。粒子滤波器可以处理非线性与非高斯模型问题,与传统的扩展卡尔曼滤波器(Extented Kalman Filter,EKF)相比,可以提高系统的鲁棒性。在 M. Pupilli 与 A. Calway 提出的方法中,粒子滤波器可以不断地递归逼近 3-D 运动的后验概率模型,在解决非线性高斯问题中表现出色。值得一提的另一项重要工作是由 D. Nister 等人提出的视觉测距法[119],他们提出的方法如今在基于特征的视觉里程和 SFM(Struct From Motion)中仍被视为经典算法,并且是视觉 SLAM 的前端中被频繁使用。传统的基于 EKF 的 SLAM 方法存在一定的局限性。

(1) EKF 方法只更新当前状态变量,而不会改变过去状态的量,在不断预测更新的迭代中将会把过去估计的误差不断传播下去,这就使得系统的累计误差无法消除。

(2) EKF 算法会始终维护一个状态变量及其及协方差矩阵,这就导致随着地图的增长 EKF 计算的复杂度将不断提升。

2007 年,两位关于增强实现的研究员 Georg Klein 和 David Murray 为小型 AR 场景提出了并行跟踪与建图的方法 PTAM(Parallel Tracking and Mapping),很好地解决了 EKF 所带来的问题。PTAM 是一种基于图像特征的 SLAM 方法,可以同时跟踪并且构建几百个特征点以提高系统的鲁棒性。同时,它创造性地将相机的位姿估计和建图分离到两个线程中计算,并依靠高效的基于关键帧的光束法平差来优化相机位姿和地图点,在既保证了实时性的同时,也避免了拓展卡尔曼滤波器所带来计算复杂度。这使得 PTAM 从精度与效率上明显优于 Mono-SLAM。尽管 PTAM 是专门为小场景的 AR 应用设计的,但其设计思路被视为当今视觉 SLAM 的经典方法(图 4-20)。

虽然 PTAM 能有效地解决小场景中的相机定位与建图任务,但是针对大场景的地图构建问题仍有待解决。大场景的地图构建与定位主要需要完成两个任务:高精度视觉里程与地图构建;闭环检测。其中高精度的视觉里程与地图构

图 4-20　PTAM

建,也就是 SLAM 前端是良好闭环检测的前提。基于图结构的 SLAM 系统展现出面向大场景的优势,因此其可以很容易通过删除冗余数据的方式提高建图的效率。现代的 SLAM 技术研究更像系统性的研发,在理论与框架上都有十分出色的技术在不断地提出,例如改进图像特征点提取与描述子计算的 ORB 特征点,可以保证在 CPU 上进行实时图像的特征识别,又如 RTAB 那样对系统内存动态管理的 SLAM 算法。R. Mur - Artal 等人提出 ORB - SLAM (图 4 - 21)与 J. Engel 提出的 LSD - SLAM 分别代表了当今 SLAM 领域发展的两大方向。

图 4-21　ORB_SLAM2

ORB - SLAM 由 R. Mur - Artal 等人在 2015 提出,这一个比较传统的基于图像特征点的视觉 SLAM 系统。系统结构与 PTAM 类似,系统将相机姿态跟踪与建图功能分离,分别放在两个单独的线程中进行。另外,系统还增加的闭环检测功能,使其相较于 PTAM 是一个更加完成的 SLAM 系统。此外,ORB-SLAM 中初始化中同时使用两种模型进行初始化,分别是基于单应性情形与基于本质矩阵情形,系统会自动切换两种模式。此外,系统从特征匹配、地图构建和闭环检测都统一使用 ORB 特征点,提高了图像跟踪和特征匹配在尺度和方向变化下的鲁棒性。ORB-SLAM 还创新地使用共视关系图、姿态图等多种图结构进行局部与全局的优化,使得其在定位精度与稳定性上都明显优于 PTAM。

图 4-22 所示 LSD-SLAM 则与基于图像特征点的 SLAM(PTAM、ORB-SLAM 等)不同,其属于直接方法的一种。所谓的直接方法就是直接基于图像像素进行状态估计,而不是依靠图像的特征点。像素点的深度估计与其他 SLAM 系统一样,使用一系列图像进行逆深度参数化实现。后端优化与 ORB-SLAM 相同,使用图优化的方式进行。从构建的地图角度上来说,LSD-SLAM 构建的是称为半稠密的地图。不同于 PTAM 与 ORB-SLAM 构建的稀疏特征地图,LSD-SLAM 只对图像中灰度值梯度明显的像素点进行深度估计,这使得 LSD-SLAM 可以在 CPU 进行实时运行。LSD-SLAM 相较于基于特征的 SLAM 方法的另一大优势是:即使面对如墙壁这样基于特征的 SLAM 方法无法工作的环境,它也能够实现很好的场景重建。但是 LSD-SLAM 也有其局限性:其深度估计的概率模型比较复杂,同时图像匹配方法是非凸的,这就导致如果图像内容变化明显时 LSD-SLAM 的精度将大打折扣。相对地,基于特征的 SLAM 方法在相机移动距离大、图像信息变化明显的场景下仍可以很好地进行相机的姿态估计。

图 4-22 LSD-SLAM

除此之外,读者还能够在如 openslam.org 网站上找到很多其他 SLAM 相关的研究与开源框架。

至此,机器人已经掌握了环境信息与定位信息,下一节将介绍如何根据定位信息与环境信息完成机器人的路径规划。

## 4.4 路径规划模块

### 4.4.1 路径规划模块简介

上一节我们介绍了机器人定位模块,解决了机器人"在哪里"和"去哪里"的问题,那么,对于自主导航的移动机器人来说,还需要知道"怎么去"。路径规划模块主要解决机器人"怎么去"的问题。泛在机器人系统中,路径规划模块的任务是为机器人执行模块寻找一条从起始位置到目标位置的路径,同时满足一定的约束条件。路径规划模块从SLAM模块获取地图和定位信息,从调用该模块的模块获取目标点信息,然后输出全局路径信息。路径规划模块核心是路径规划算法,4.4.3节介绍了几种常见的路径规划算法。路径规划算法通常有两个评价指标。

(1) 完备性。利用该算法在有限时间内能解决所有有解问题。
(2) 最优性。利用该算法能找到最优路径(路径最短、能量最少等)。

### 4.4.2 路径规划模块封装

路径规划模块如图4-23所示。

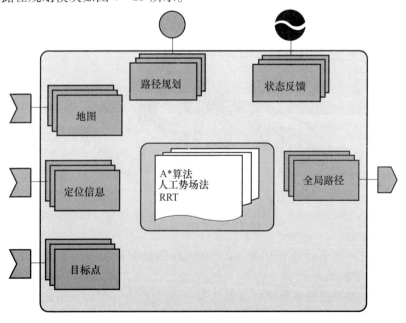

图4-23 路径规划模块

输入接口类型定义:地图的接口类型为 nav_msgs::OccupancyGrid、定位信息接口类型为 tf::tfMessage、目标点的接口类型为 nav_msgs::Goalpath。

输出接口类型定义:全局路径的接口类型为 nav_msgs::Path。

另外,为了让泛在机器人系统能够方便地调用移动机器人模块,其服务端口也是必不可少的,其输入为系统调用指令,采用 bool 数据类型。

该模块的封装代码示例如下所示。

首先需要定义消息文件,这里主要是 srv 文件,包括 state.srv、map.srv、location.srv、goal.srv 以及 global_path.srv。

state.srv

```
bool query
---
bool state
```

map.srv

```
bool start
---
nav_msgs/OccupancyGrid map
```

location.srv

```
bool start
---
tf/tfMessage transform
```

goal.srv

```
bool start
---
geometry_msgs/PoseStamped goal
```

global_path.srv

```
bool start
---
nav_msgs/Path global_path
```

模块的主程序框架如下:

```
#include <iostream>
#include <ros/ros.h>
#include <nav_msgs/OccupancyGrid.h>
#include <tf/tfMessage.h>
#include <geometry_msgs/PoseStamped.h>
#include <nav_msgs/Path.h>
#include <nav_srvs/state.h>
```

```cpp
#include <nav_srvs/map.h>
#include <nav_srvs/location.h>
#include <nav_srvs/global_path.h>
#include <nav_srvs/goal.h>
using namespace std;

//从其他模块获得地图、定位信息、目标点信息
nav_msgs::OccupancyGrid Map;
tf::tfMessage Location;
geometry_msgs/PoseStamped Goal;

//ROS service 回调函数
bool path_planning_cb(nav_srvs::global_path::Request& req, nav_srvs::global_path::Response& res)
{
    if(req.start)
    {
        /*****移动机器人模块功能实现部分*****/
        path_planning(Map,Location,Goal);
        /********************************/
    }
    return true;
}
//ROS service 回调函数,系统查询状态
bool path_planning_state_cb(nav_srvs::state::Request& req,nav_srvs::state::Response& res)
{
    if(req.query)
    {
        /*****模块状态函数*****/
        bool state=getstate();
        /********************************/
        res.state=state;
    }
    return true;
}
```

```cpp
int main(int argc,char* * argv)
{
    ros::init(argc,argv,"main");
    ros::NodeHandle nh;
    //定义 ROS client 获取地图信息
    ros::ServiceClient client_map = nh.serviceCient<nav_srvs::map>("get_map");
    //定义 ROS client 获取定位信息
    ros::ServiceClient client_location = nh.serviceCient<nav_srvs::location>("get_location");
    //定义 ROS client 获取目标点信息
    ros::ServiceClient client_goal = nh.serviceCient<nav_srvs::goal>("get_goal");
    //定义 ROS server 等待其他模块调用
    ros::ServiceServer service = nh.advertiseService("get_global_path",path_planning_cb);
    //定义状态反馈接口
    ros::ServiceServer service_state = nh.advertiseService("path_plannnig_state",path_planning_state_cb);

    nav_srvs::map srv_map;
    srv_map.request.start = true;

    nav_srvs::location srv_loaction;
    srv_loaction.request.start = true;

    nav_srvs::location srv_goal;
    srv_goal.request.start = true;

    ros::Rate loop_rate(200);
    while(ros::ok())
    {
        //获取地图信息
        if(client_map.call(srv_map))
        {
            Map = srv_map.response.map;
        }
```

```
            //获取定位信息
            if(client_location.call(srv_loaction))
            {
                Location = srv_loaction.response.transform;
            }
            //获取目标点信息
            if(client_goal.call(srv_goal))
            {
                Goal = srv_goal.response.goal;
            }

            ros::spinOnce();
            loop_rate.sleep();
        }
        return 0;

}
```

### 4.4.3 路径规划算法

1) Walk To 算法

Walk To 算法是最简单的算法(图 4 - 24),顾名思义就是让机器人直接从当前位置朝着目标点走,直至到达目标点。

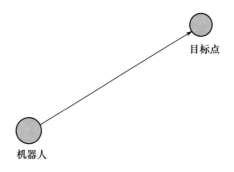

图 4 - 24  Walk To 算法

如图 4 - 24 所示,机器人采用 Walk To 算法向目标点移动,这种算法也是一些 RPG 游戏采用的算法,用户通过鼠标点击给定任务的方向,显然,这种算法如果能求出解,那么,一定是最优解(最优性),因为两点之间线段最短。但是事实上这种算法并不完备,大多数情况并不可解,很容易想到在当前位置到目标点的连线上存在障碍物情况,如图 4-25 所示,此时,由于当前位置与目标位置的连线之间存在障碍物,那么,障碍物部分路径不可行,因此规划失败。

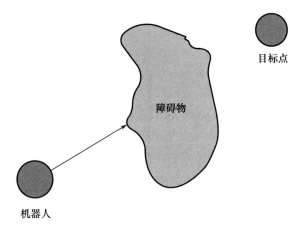

图 4-25 Walk To 算法失败

Walk To 算法伪代码如下:
```
while(! IsGoal)          //未到达目标点
{
    if(NoObstacle)   //没有碰到障碍物
    {
        Move();      //朝着目标点移动
    }
    else
    {
        Stop();      //机器人停止
    }
}
```

2) Bug 算法

上述 Walk To 算法在二维空间中是不完备的,现在对 Walk To 算法进行改进,使其能够越过障碍物,所以得到了 Bug 算法。如图 4-26 所示,机器人首先仍然是采用 Walk To 算法的方式,沿着当前位置到目标位置的连线移动,但是不同的是,当遇到障碍物的时候,Bug 算法会引导机器人绕着障碍物顺时针(或逆时针)运动,直到回到连线上。虽然 Bug 算法保证了二维空间的完备性,但是却保证不了最优性。如图 4-27 所示,Bug 算法在遇到障碍物时选择顺时针环绕障碍物,但是实际上最优的路径应该是逆时针环绕障碍物。

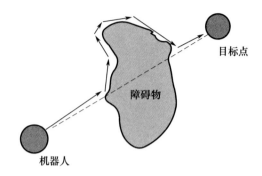

图 4-26　Bug 算法

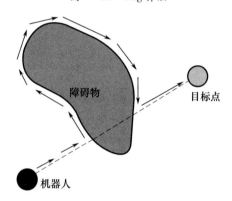

图 4-27　Bug 算法的非最优性

Bug 算法的伪代码如下：

```
line M = getline();        //获取起始点到目标点位置之间的连线 M
while(! IsGoal)            //未到达目标点
{
    if(NoObstacle)         //未遇到障碍物
    {
        Move(M);           //沿着连线 M 移动
    }
    else
    {
        MoveSurroundingObstacle(M);   //绕着障碍物移动直到回到连线 M;
    }
}
```

3) 蚁群算法

（1）算法概述。蚁群算法是受到对真实蚂蚁群觅食行为研究的启发而提出的[123]。生物学研究表明:一群相互协作的蚂蚁能够找到食物和巢穴之间的最短路径,而单只蚂蚁则不能。生物学家经过大量细致观察研究发现,蚂蚁个体之间的行为是相互作用相互影响的。蚂蚁在运动过程中,能够在它所经过的路径上留下一种称为信息素的物质,而此物质恰恰是蚂蚁个体之间信息传递交流的载体。蚂蚁在运动时能够感知这种物质,并且习惯于追踪此物质爬行,当然爬行过程中还会释放信息素。一条路上的信息素踪迹越浓,其他蚂蚁将以越高的概率跟随爬行此路径,从而该路径上的信息素踪迹会被加强,因此,由大量蚂蚁组成的蚁群的集体行为便表现出一种信息正反馈现象。某一路径上走过的蚂蚁越多,则后来者选择该路径的可能性就越大。蚂蚁个体之间就是通过这种间接的通信机制实现协同搜索最短路径的目标的。如图4-28所示,图(a)是初始状态,蚂蚁起始点为 $A$,目标点是 $E$,中途有障碍物,要绕过才能到达,$BC$ 和 $BH$ 是绕过障碍物的两条路径,各条路径的距离 $d$ 如图(a)所示。图(b)是 $t=0$ 时刻蚂蚁状态,各个边上有相等的信息素浓度,假设为15;图(c)是 $t=1$ 时刻蚂蚁经过后的状态,各个边上信息素浓度发生变化,因为大量蚂蚁的选择概率不一样,而选择概率是和路径长度相关的,所以越短路径的浓度会越来越大,经过此短路径达到目的地的蚂蚁也会比其他路径多。这样大量的蚂蚁实践之后就找到了最短路径。所以这个过程本质可以概括为以下几点。

① 路径概率选择机制。信息素踪迹越浓的路径被选中的概率越大。
② 信息素更新机制。路径越短,路径上的信息素踪迹增长得越快。
③ 协同工作机制。蚂蚁个体通过信息素进行信息交流。

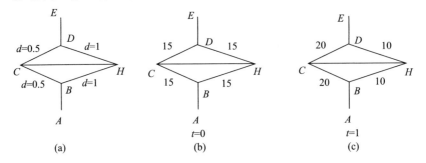

图4-28 蚁群算法原理示例

从蚂蚁觅食的原理可见,单个个体的行为非常简单,蚂蚁只知道跟踪信息素爬行并释放信息素,但组合后的群体智能又非常高,蚁群能在复杂的地理分布的情况下,轻松找到蚁穴与食物源之间的最短路径。蚁群优化算法正是受到这种生态学现象的启发后加以模仿并改进而来,觅食的蚂蚁由人工蚁替代,蚂蚁释放的信息素变成了人工信息素,蚂蚁爬行和信息素的蒸发不再是连续不断的,而是在离散的时空中进行。

（2）蚁群算法描述。在蚁群算法中，假设 $m$ 只蚂蚁在图的相邻节点间移动，从而协作异步地得到问题的解，每只蚂蚁的一步转移概率由图中的每条边上的两类参数决定：信息素值也称信息素痕迹；可见度，即先验值。信息素的更新方式有两种：挥发，也就是所有路径上的信息素以一定的比率进行减少，模拟自然蚁群的信息素随时间挥发的过程；增强，给有蚂蚁走过的边增加信息素。蚂蚁向下一个目标的运动是通过一个随机原则实现的，也就是运用当前所在节点存储的信息，计算出下一步可达节点的概率，并按此概率实现一步移动，如此往复，越来越接近最优解。蚂蚁在寻找过程中，或者找到一个解后，会评估该解或解的一部分的优化程度，并把评价信息保存在相关链接的信息素中。在蚁群算法中，核心步骤是路径构建和信息素更新，下面展开说明。

① 路径构建。在规划图中，每个节点都随机选择一个节点作为其出发节点，并维护一个路径记忆向量，用来存放该蚂蚁依次经过的节点。蚂蚁在构建路径的每一步中，按照一个随机比例规则选取下一个要到达的节点。随机概率按照下述公式进行计算。

$$P_{ij}^k(t) = \begin{cases} \dfrac{[\tau_{ij}(t)]^\alpha [\eta_{ij}(t)]^\beta}{\sum_{k \in \text{allowed}_k} [\tau_{ik}(t)]^\alpha [\eta_{ik}(t)]^\beta} &, j \in \text{allowed}_k \\ 0 &, \text{其他} \end{cases} \quad (4-3)$$

式中：$i$、$j$ 表示起点和终点；$\eta_{ij} = 1/d_{ij}$ 表示能见度，是两节点 $i$、$j$ 之间距离的倒数；$\tau_{ij}(t)$ 表示时间 $t$ 时有 $i$ 到 $j$ 的信息素的强度；$\text{allowed}_k$ 表示尚未访问过的节点集合；$\alpha$、$\beta$ 为常数，分别是信息素和能见度的加权值。路径构建过程为每一个蚂蚁构建一条路径，该路径遍历所有节点最后回到原处，而且在过程中不能重复经过任意节点。

② 信息素更新。算法在初始期间有一个固定的浓度值，在每一次迭代完成之后，也就是所有出去的蚂蚁回来后，会对所走过的路线进行计算，然后更新相应的边的信息素浓度。显然，这个数值和蚂蚁所走的长度有关，经过多次迭代，近距离的线路的浓度会很高，从而得到近似最优解。

初始化信息素浓度 $C(0)$ 对算法性能有很大影响，如果太小，算法容易早熟，蚂蚁会很快集中到一条局部最优路径上来，因为太小的 $C$ 值，使得每次挥发和增强的值都差不多，那么，在随机情况下，一些小概率的事件发生就会增加非最优路径的信息素浓度；如果 $C$ 太大，信息素对搜索方向的指导性作用减低，影响算法性能。一般情况下，我们可以使用贪婪算法获取一个路径值 $C_{nn}$，然后根据蚂蚁个数来计算 $C(0) = m/C_{nn}$，$m$ 为蚂蚁个数。

每一轮迭代过后,问题空间中的所有路径上的信息素都会发生蒸发,然后所有的蚂蚁根据自己构建的路径长度,在它们本轮经过的边上释放信息素,公式为

$$\tau_{ij}(t) = (1-\rho)\tau_{ij} + \sum_{k=1}^{m} \Delta\tau_{ij}^{k}$$

$$\Delta\tau_{ij}^{k} = \begin{cases} C_k^{-1}, & \text{如果第 } k \text{ 只蚂蚁从路径 } i \text{ 穿到路径 } j \\ 0, & \text{其他} \end{cases} \quad (4-4)$$

式中:$m$ 为蚂蚁个数;$0<\rho<1$ 为信息素的蒸发率;$\Delta\tau_{ij}^{k}$ 为第 $k$ 只蚂蚁在路径 $i$ 到 $j$ 所留下来的信息素;$C_k$ 为第 $k$ 只蚂蚁走完整条路径后得到的总路径长度。

③ 算法停止。迭代停止的条件可以选择合适的迭代次数停止,输出最优路径,也可以查看是否满足指定最优条件,找到满足的解即可停止。由于蚁群算法本身是一种优化算法,所以随着迭代次数的增加,会逐渐趋向于最优路径,但是在实际应用中,由于算法收敛速度较慢,因此应用不太广泛。

(3) 蚁群算法伪代码。

```
while(! IsGoal)                //未到达目标点
{
    GenerateSolutions();       //路径构建
    Actions();                 //执行路径
    PheromoneUpdate();         //信息素更新
}
```

4) 人工势场法

人工势场法是由 Khatib[125] 提出的一种虚拟力法。它的基本思想是将机器人在周围环境中的运动设计成一种抽象的人造引力场中的运动,目标点对移动机器人产生"引力",障碍物对移动机器人产生"斥力",最后通过求合力来控制移动机器人的运动。

(1) 引力场。引力场是由目标点产生的,目标点对物体产生引力,引导物体朝向其运动。常用的引力场函数为[126]

$$U_{\text{att}}(q) = \frac{1}{2}\varepsilon\rho^2(q,q_{\text{goal}})$$

$$\rho(q,q_{\text{goal}}) = q_{\text{goal}} - q \quad (4-5)$$

式中:$U_{\text{att}}(q)$ 表示当前位置 $q$ 的引力场函数值;$\varepsilon$ 是尺度因子;$\rho(q,q_{\text{goal}})$ 表示当前位置到目标位置的距离。通过引力场可以求出引力的值,引力就是引力场对距离的导数,即

$$F_{\text{att}}(q) = -\nabla U_{\text{att}}(q) = \varepsilon(q_{\text{goal}} - q) \quad (4-6)$$

(2) 斥力场。斥力场是由障碍物产生的,障碍物对物体产生斥力,排斥物体原理障碍物。常用的斥力场函数为

$$U_{\text{rep}}(q) = \begin{cases} \dfrac{1}{2}\eta \left(\dfrac{1}{\rho(q,q_{\text{obs}})} - \dfrac{1}{\rho_0}\right)^2, & \rho(q,q_{\text{obs}}) \leq \rho_0 \\ 0, & \rho(q,q_{\text{obs}}) > \rho_0 \end{cases} \quad (4-7)$$

式中：$U_{\text{rep}}(q)$ 表示斥力场函数值；$\eta$ 是尺度因子；$\rho(q,q_{\text{obs}})$ 是物体到障碍物的距离；$\rho_0$ 表示障碍物影响半径。即距离障碍物超过 $\rho_0$ 时，则不受障碍物斥力场影响（同引力场）。斥力场的梯度就是斥力的大小，即

$$F_{\text{rep}}(q) = -\nabla U_{\text{rep}}(q) = \begin{cases} \eta \left(\dfrac{1}{\rho(q,q_{\text{obs}})} - \dfrac{1}{\rho_0}\right) \cdot \dfrac{1}{\rho^2(q,q_{\text{obs}})} \nabla \rho(q,q_{\text{obs}}), & \rho(q,q_{\text{obs}}) \leq \rho_0 \\ 0, & \rho(q,q_{\text{obs}}) > \rho_0 \end{cases}$$
$$(4-8)$$

总的场就是斥力场和引力场的叠加，即

$$U(q) = U_{\text{att}}(q) + U_{\text{rep}}(q) \quad (4-9)$$

总的力也是对应分力的叠加，即

$$F = -\nabla U(q) = F_{\text{att}}(q) + F_{\text{rep}}(q) \quad (4-10)$$

（3）人工势场的示例。如图4-29所示，方框之内表示机器人的工作空间，4个面积较大的黑色区域是障碍物，右下角一个黑色的点表示目标点。在上述条件下，根据我们之前的式（4-6），可以得到如图4-30所示的引力场，可以看出，越靠近目标点的颜色越深，表示引力越小，越远离目标点的颜色越浅，表明引力越大。根据式（4-8），可以得到如图4-31的斥力场，可以看出，越靠近障碍物的颜色越浅，表明斥力越大（也就是引力越小），越远离障碍物的颜色越深，表明斥力越小（也就是引力越大）。由式（4-10）叠加之后，可以得到如图4-32所示的总势场，目标点在势场中处于最低点，形成全局最小值，障碍物在势场中形成局部最大值，这样就类似于重物从上顶滑落至山下一样，机器人可以从人工势场的任意一个位置沿着梯度方向到达目标点（图4-33）。

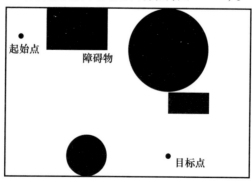

图4-29　障碍物和目标点

图 4-30 引力场

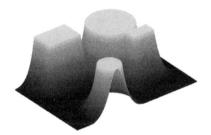

图 4-31 斥力场

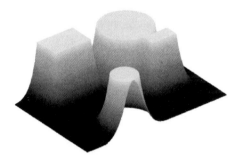

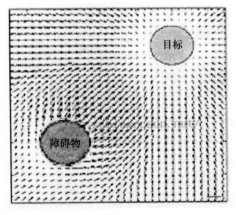

图 4-32 总势场

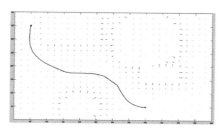

图 4-33 人工势场法规划路径

(4) 存在的问题。

① 当物体离目标点比较远时,引力将变得特别大,相对较小的斥力在甚至可以忽略的情况下,物体路径上可能会碰到障碍物。

② 当目标点附近有障碍物时,斥力将非常大,引力相对较小,物体很难到达目标点。

③ 在某个点,引力和斥力刚好大小相等,方向相反,则物体容易陷入局部最优解或震荡。

(5) 对人工势场法的改进。

① 对于可能会碰到障碍物的问题,可以通过修正引力函数来解决,避免由于离目标点太远导致引力过大。修正引力场函数为

$$U_{\text{att}}(q) = \begin{cases} \dfrac{1}{2}\varepsilon \rho^2(q, q_{\text{goal}}), & \rho(q, q_{\text{goal}}) \leq d^*_{\text{goal}} \\ d^*_{\text{goal}}\varepsilon \rho(q, q_{\text{goal}}) - \dfrac{1}{2}\varepsilon (d^*_{\text{goal}})^2, & \rho(q, q_{\text{goal}}) > d^*_{\text{goal}} \end{cases} \quad (4-11)$$

和式(4-5)相比,式(4-11)增加了范围限定。$d^*_{\text{goal}}$ 给定一个阈值限定目标和物体之间的距离,对应的梯度也就变成

$$F_{\text{att}}(q) = -\nabla U_{\text{att}}(q) = \begin{cases} \varepsilon (q_{\text{goal}} - q), & \rho(q, q_{\text{goal}}) \leq d^*_{\text{goal}} \\ d^*_{\text{goal}}\varepsilon, & \rho(q, q_{\text{goal}}) > d^*_{\text{goal}} \end{cases} \quad (4-12)$$

② 目标点附近有障碍物导致目标不可达的问题,引入一种新的斥力函数,即

$$U_{\text{rep}}(q) = \begin{cases} \dfrac{1}{2}\eta \left(\dfrac{1}{\rho(q, q_{\text{obs}})} - \dfrac{1}{\rho_0}\right)^2 \rho^n(q, q_{\text{goal}}), & \rho(q, q_{\text{obs}}) \leq \rho_0 \\ 0, & \rho(q, q_{\text{obs}}) > \rho_0 \end{cases} \quad (4-13)$$

这里在原有的斥力场的基础上,加上了目标和物体距离的影响,物体靠近目标时,虽然斥力场要增大,但是距离在减小。所以在一定程度上可以起到对斥力场的拖拽作用。相应的斥力变成

$$F_{\text{rep}}(q) = -\nabla U_{\text{rep}}(q) = \begin{cases} F_{\text{rep1}} + F_{\text{rep2}}, & \rho(q, q_{\text{obs}}) \leq \rho_0 \\ 0, & \rho(q, q_{\text{obs}}) > \rho_0 \end{cases} \quad (4-14)$$

其中

$$F_{\text{rep1}} = \eta \left( \frac{1}{\rho(q, q_{\text{obs}})} - \frac{1}{\rho_0} \right) \frac{\rho^n(q, q_{\text{goal}})}{\rho^2(q, q_{\text{obs}})}$$

$$F_{\text{rep2}} = \frac{n}{2} \eta \left( \frac{1}{\rho(q, q_{\text{obs}})} - \frac{1}{\rho_0} \right)^2 \rho^{n-1}(q, q_{\text{goal}})$$

③ 局部最优问题是人工势场法的大问题,这里可以通过增加一个随机扰动,让物体跳出局部最优值。

人工势场法的伪代码如下:

```
PotentialField U = GeneartePotentialField(q);        //构建人工势场,q 表示起始点
while(! IsGoal)      //未到达目标点
{
    double Force = -Gradient(U,point);               //求当前位置的梯度
    if(F = =0)                                       //陷入局部极小值
    {
        RandomMove();                                //随机扰动
    }
    else
    {
        Move(F);                                     //沿着 F 的方向移动
    }
}
```

5) Dijkstra 算法

(1) 算法概述。Dijkstra 算法是由荷兰计算机科学家 Edsger W. Dijkstra 于 1956 年提出的[128],是从一个顶点到其余各顶点的最短路径算法,解决的是有向图中最短路径问题。Dijkstra 算法主要特点是以起始点为中心向外层层扩展,直到扩展到终点为止。Dijkstra 算法是路径规划中常用的算法,但是 Dijkstra 算法本质是一个图搜索算法,所以在使用 Dijkstra 算法时,我们首先要将路径规划问题转换为图问题,如何转换的问题在下一节有详细的讲解,这里我们,认为已经将路径规划问题转化为图问题。

Dijkstra 算法是一个图搜索算法,在带权有向图 $G = (V, E)$ 中,$V$ 表示 $G$ 中所有顶点的集合,图中的每一条边都是两个顶点所形成的有序元素对。$(u, v)$ 表示从顶点 $u$ 到 $v$ 有路径相连。$E$ 表示 $G$ 中所有边的集合,而边的权重则由权重

函数 $w: E \rightarrow [0, \infty]$ 定义。因此,$w(u,v)$ 就是从顶点 $u$ 到顶点 $v$ 的非负权重 (Weight)。边的权重可以想象成两个顶点之间的距离。任意两点间路径的权重,就是该路径上所有边的权重总和。已知 $V$ 中有顶点 $s$ 及 $t$,Dijkstra 算法可以找到 $s$ 到 $t$ 的最低权重路径。也可以在图中找到从一个顶点 $s$ 到任何其他顶点的最短路径。

(2) 算法描述。Dijkstra 算法为每个顶点 $v$ 保留目前为止所找到的从 $s$ 到 $v$ 的最短路径。初始时,起点 $s$ 的路径权重被赋为 0(即 $d[s]=0$)。对于顶点 $s$,若存在能直接到达的边 $(s,m)$,则令 $d[m]=w(s,m)$,同时把所有 $s$ 不能直接到达的顶点的路径长度设为无穷大,即表示我们不知道任何通向这些顶点的路径(对于集合 $V$ 中的任意顶点 $v$,若 $v$ 不是 $s$ 或 $m$,$d[v] = \infty$)。当算法结束时,$d[v]$ 中存储的便是从 $s$ 到 $v$ 的最短路径,如果路径不存在,$d[v]$ 存储的是无穷大。

边的拓展是 Dijkstra 算法的基础操作:如果存在一条从 $u$ 到 $v$ 的边,那么,从 $s$ 到 $u$ 的最短路径可以通过将边 $(u,v)$ 添加到尾部来拓展一条从 $s$ 到 $v$ 的路径。这条路径的长度是 $d[u]+w(u,v)$。如果这个值比目前已知的 $d[v]$ 的值要小,我们可以用新值来替代当前 $d[v]$ 中的值。拓展边的操作一直运行到所有的 $d[v]$ 都代表从 $s$ 到 $v$ 的最短路径的长度值。

算法维护两个顶点集合 $S$ 和 $Q$。集合 $S$ 保留所有已知最小 $d[v]$ 值的顶点 $v$,而集合 $Q$ 则保留其他所有顶点。集合 $S$ 初始状态为空,然后每一步都有一个顶点从 $Q$ 移动到 $S$。这个被选择的顶点是 $Q$ 中拥有最小的 $d[u]$ 值的顶点。当一个顶点 $u$ 从 $Q$ 中转移到了 $S$ 中,算法对 $u$ 的每条外接边 $(u,v)$ 进行拓展。

(3) 算法伪代码。

```
//输入规划图 G,权重 w,起始点 s,目标点 t
for each vertex v in V[G]
{
    d[v] = infinity;            //将各点已知最短距离设为无穷大
    previous[v] = undefined;    //各点已知最短路径上的前驱都未知
}
d[s] = 0;                       //将起点到起点的距离初始化为 0
S = empty set;
Q = set of all vertices;
while(Q is not an empty set)
{
    u = Extract_Min(Q);         //选取 Q 中到起点距离最短的点
    if(u = = t)                 //若 Q 中距离最短的点为目标点,则找到
```

最短路径

```
        return;
    S.append(u);                        //将u加入集合S
    for each edge outgoing from u as(u,v)
    {
        if(d[v] > d[u]+w(u,v))          //拓展边(u,v)
        {
            d[v] = d[u]+w(u,v);         //更新路径长度到更小的值
            previous[v] = u;            //记录前驱节点
        }
    }
}
path = empty sequence;
u = t;
while(defined u)
{
    Insert u to the beginning of path
    u = previous[u];
}
```

（4）算法示例。如图 4-34 所示的带权有向图,求从顶点 $V_1$ 到其他各个顶点的最短路径。

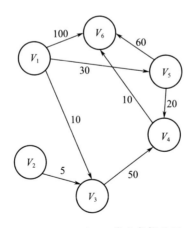

图 4-34　Dijkstra 算法求解示例

第一步：初始化各顶点到 $V_1$ 点的最短距离,存储在数组 Distance 中,Distance[$V_1$] = 0,从 $V_1$ 出发能够一步到达的点距离值为权值,不能一步到达的点的距离值为无穷大,因此可以得到 Distance = [0, ∞, ∞, ∞, ∞, ∞];初始化

Parent 数组记录每个节点的前驱,Parent = [∞,∞,∞,∞,∞,∞];初始化关闭集合 Closelist 记录已找到最短路径的点,Closelist = ∅;初始化开放集合 Openlist 记录其他所有的点,Openlist = {$V_1,V_2,V_3,V_4,V_5,V_6$}。

第二步:从 Openlist 集合中选取 Distance 值最小的节点 $V_1$,从 Openlist 集合中删除 $V_1$,并把 $V_1$ 加入 Closelist 集合。从 $V_1$ 出发可以到达 $V_3$、$V_5$、$V_6$,因为 Distance[$V_3$] > Distance[$V_1$] + W[$V_1,V_3$],所以更新 $V_3$ 点的距离耗费以及前驱,即 Distance[$V_3$] = 10,Parent[$V_3$] = $V_1$;同理,更新 Distance[$V_5$] = 30,Parent[$V_5$] = $V_1$;更新 Distance[$V_6$] = 100,Parent[$V_6$] = $V_1$。此时,距离数组 Distance = [0,∞,10,∞,30,100],前驱数组 Parent = [∞,∞,$V_1$,∞,$V_1$,$V_1$],关闭集合 Closelist = {$V_1$},开放集合 Openlist = {$V_2,V_3,V_4,V_5,V_6$}。

第三步:从开放集合 Openlist 中选取 Distance 值最小的节点 $V_3$,从 Openlist 集合中删除 $V_3$,并把 $V_3$ 加入 Closelist 集合。从 $V_3$ 出发可以到达 $V_4$,Distance[$V_4$] > Distance[$V_3$] + W[$V_3,V_4$],因此更新 Distance[$V_4$] = 60,Parent[$V_4$] = $V_3$。此时,距离数组 Distance = [0,∞,10,60,30,100],前驱数组 Parent = [∞,∞,$V_1$,$V_3$,$V_1$,$V_1$],关闭集合 Closelist = {$V_1,V_3$},开放集合 Openlist = {$V_2,V_4,V_5,V_6$}。

第四步:从 Openlist 集合中选取 Distance 值最小的节点 $V_5$,从 Openlist 集合中删除 $V_5$,并把 $V_5$ 加入 Closelist 集合。从 $V_5$ 出发可以到 $V_4$、$V_6$。Distance[$V_4$] > Distance[$V_5$] + W[$V_5,V_4$],更新 $V_4$ 点的距离耗费以及前驱,即 Distance[$V_4$] = 50,Parent[$V_4$] = $V_5$;同理,更新 Distance[$V_6$] = 90,Parent[$V_6$] = $V_5$;此时,距离数组 Distance = [0,∞,10,50,30,90],前驱数组 Parent = [∞,∞,$V_1$,$V_5$,$V_1$,$V_5$],关闭集合 Closelist = {$V_1,V_3,V_5$},开放集合 Openlist = {$V_2,V_4,V_6$}。

第五步:从 Openlist 集合中选取 Distance 值最小的节点 $V_4$,从 Openlist 集合中删除 $V_4$,并把 $V_4$ 加入 Closelist 集合。从 $V_4$ 出发可以到 $V_6$,Distance[$V_6$] > Distance[$V_4$] + W[$V_4,V_6$],更新 Distance[$V_6$] = 60,Parent[$V_6$] = $V_4$;此时,距离数组 Distance = [0,∞,10,50,30,60],前驱数组 Parent = [∞,∞,$V_1$,$V_5$,$V_1$,$V_4$],关闭集合 Closelist = {$V_1,V_3,V_4,V_5$},开放集合 Openlist = {$V_2,V_6$}。

第六步:从 Openlist 集合中选取 Distance 值最小的节点 $V_6$,从 Openlist 集合中删除 $V_6$,并把 $V_6$ 加入 Closelist 集合。由于从 $V_6$ 不能到达任何一个节点,因此不更新。此时,距离数组 Distance = [0,∞,10,50,30,60],前驱数组 Parent = [∞,∞,$V_1$,$V_5$,$V_1$,$V_4$],关闭集合 Closelist = {$V_1,V_3,V_4,V_5,V_6$},开放集合 Openlist = {$V_2$}。

第七步:从 Openlist 集合中选取 Distance 值最小的节点 $V_2$,从 Openlist 集合中删除 $V_2$,并把 $V_2$ 加入 Closelist 集合。由于没有 $V_2$ 任何入度,因此,不更新任何 Distance 数组和 Parent 数组。最终距离数组 Distance = [0,∞,10,50,30,60],

前驱数组 Parent = $[\infty, \infty, V_1, V_5, V_1, V_4]$。算法结束。

最后由 Distance 距离数组和 Parent 前驱数组可以得到从 $V_1$ 到各节点的路径以及路径长度,如表 4-1 所列。

表 4-1 Dijkstra 算法求解结果

| 起点 | 终点 | 最短路径 | 长度 |
|---|---|---|---|
| $V_1$ | $V_2$ | 无 | $\infty$ |
| | $V_3$ | $\{V_1, V_3\}$ | 10 |
| | $V_4$ | $\{V_1, V_5, V_4\}$ | 50 |
| | $V_5$ | $\{V_1, V_5\}$ | 30 |
| | $V_6$ | $\{V_1, V_5, V_4, V_6\}$ | 60 |

5) $A^*$ 算法

(1) $A^*$ 算法概述。前面我们讲解了 Dijkstra 算法,了解到 Dijkstra 算法的主要特点是以起始点为中心向外层层扩展,直到扩展到终点为止。因此,在某些情况下,Dijkstra 算法在搜索过程中会搜索许多远离目标点的节点,增加了搜索路径的时间,如图 4-35 所示,Dijkstra 算法在搜索路径过程中搜索了大量的远离目标点方向的节点,大大地增加了搜索时间,因此,$A^*$ 算法是对 Dijkstra 算法的一个改进,在搜索过程中加入了目标点的距离信息,使得 $A^*$ 在搜索过程中可以减少搜索远离目标点方向的节点,使得搜索方向朝向目标点。

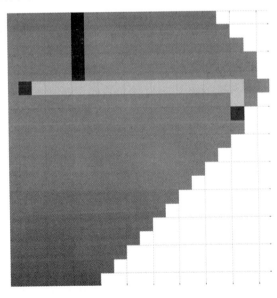

图 4-35 Dijkstra 算法搜索

（2）算法描述。$A^*$ 是对 Dijkstra 算法的改进，搜索过程与 Dijkstra 算法相同，因此算法描述不展开叙述，与 Dijkstra 算法相同，这里我们讨论 Dijkstra 算法与 $A^*$ 算法之间的区别。Dijkstra 算法中耗费函数 $d$ 记录的是从起点到当前点的路径长度，在 $A^*$ 算法中在耗费函数中加入到目标点的距离，即 $d=f+h$，$f$ 表示从起点到当前点的路径长度，$h$ 表示当前点到目标点的距离。$h$ 有很多种表示，但是通常有两种，即曼哈顿距离和欧氏距离。由于加入了目标点的启发，因此，$A^*$ 算法搜索是会舍去很多远离目标点的节点，相对于 Dijkstra 算法大大加快了搜索速度。如图 4-36 所示，执行相同的任务，$A^*$ 算法搜索的节点（灰色区域）远远少于 Dijkstra 算法，同时也能看出搜索方向是朝向目标点的。

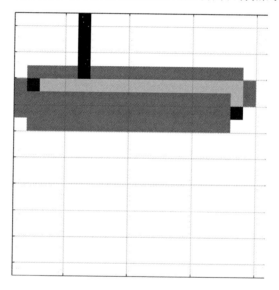

图 4-36　$A^*$ 算法搜索

（3）$A^*$ 算法伪代码。

```
//输入规划图 G,权重 w,起始点 s,目标点 t
for each vertex v in V[G]
{
    f[v] = infinity;              //将各点 f 值设为无穷大
    h[v] = distance(v,t);         //求各点到目标点的距离 h
    d[v] = infinity;              //将各点 d 值设为无穷大
    previous[v] = undefined;      //各点已知最短路径上的前驱都未知
}
f[s] = 0;                         //将起点到起点的距离初始化为 0
d[s] = f[s] + h[s];
```

```
S = empty set
Q = set of all vertices
while(Q is not an empty set)
{
    u = Extract_Min(Q);           //选取 Q 中 d 值最小的点
    if(u = = t)                   //若 Q 中 d 值最小的点为目标点,则找到最短
路径
        return;
    S.append(u);                  //将 u 加入集合 S
    for each edge outgoing from u as(u,v)
    {
        if(d[v] > d[u] + w(u,v))  //拓展边(u,v)
        {
            f[v] = f[u] + w(u,v); //更新 f 到更小的值
            d[v] = f[v] + h[v];   //更新 d 值
            previous[v] = u;      //记录前驱节点
        }
    }
}


path = empty sequence;
u = t;
while(defined u)
{
    Insert u to the beginning of path
    u = previous[u];
}
```

6) 快速扩展随机树算法

(1) 算法概述。快速搜索随机树(Rapidly – Exploring Random Trees,RRT),是一种常见的用于机器人路径规划的方法,它本质上是一种随机生成的数据结构—树,这种思想自从 LaValle 提出以后已经得到了极大的发展,到现在依然有改进的 RRT 不断地被提出来。RRT 主要是为了解决非凸、高维空间的路径规划,如机械臂的规划。

(2) 算法描述。RRT 从起点开始构建树,在搜索空间中随机采点,每获得一个采样点,尝试与最近的树中的节点相连,如果可以连接,将该点加入树的结构中。由于是在搜索空间均匀采样,因此,扩展一个节点的概率与它自身的

Voronoi 区域的大小成正比,又因为最大的 Voronoi 区域是为搜索区域,因此,树的生长会更加趋向于未探索区域。如图 4-37 所示,新产生节点与树之间的连接距离受生长因子的限制,如果新产生的节点距离树中节点的最近距离仍然大于生长因子,沿着新节点到树中最近点的连线移动大小为生长因子的长度,另外取一个节点加入树中。反复重复上述过程,直至将目标点加入树中。

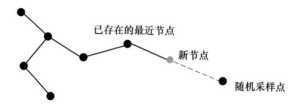

图 4-37 RRT 加入节点

(3) 算法伪代码。

```
//输入初始采样点 q_init,采样点个数 K,树中节点最短距离 q_delta
G.init(q_init);                              //初始化树
for k = 1:K
{
    q_rand = RAND_CONF();                    //随机采样一个无碰撞点
    q_near = NEAREST_VERTEX(q_rand,G);       //找出采样点在树中最近的点
    q_new = NEW_CONF(q_near,q_rand,Δq);      //确定新的节点
    G.add_vertex(q_new);                     //将新的节点加入树
    G.add_edge(q_near,q_new);                //添加边
}
return G;
```

### 4.4.4 规划图

4.4.3 节介绍了用图搜索的方法来解决路径规划的问题,其中以 Dijkstra 算法和 A* 算法最为常见,是移动机器人路径规划中常用的算法,我们如何把一个路径规划问题转换为图问题呢?那么,就需要我们本节的知识,主要介绍常用的可视图法、空间离散法以及基于采样的随机路图法。

1) 可视图法

如图 4-38 所示,在可视图法中,障碍物都由封闭的多面体表示,我们首先要提取所有多面体的顶点,构成可视图的节点,节点两两连接起来,然后检查连线是否与障碍物冲突,把产生冲突的连线去掉,留下来的连线构成可视图的边,边的权重由节点之间的欧氏距离表示,再把起始点和目标点与所有节点相连,同样去掉与障碍物冲突的连线,留下来的连线的权重由连线连接两点之间的欧几里得距离表示。经过上述过程可以得到可视图,如图 4-39 所示。然后在得到的可视图中进行图搜索,可以得到最短路径,如图 4-40 所示。

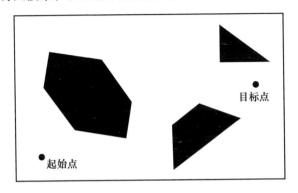

图 4-38　可视图中障碍物表示

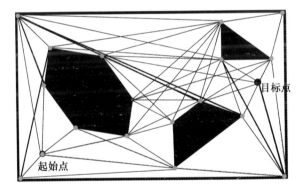

图 4-39　可视图

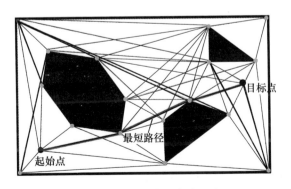

图 4-40　可视图中搜索最短路径

可视图法的伪代码如下：

```
//输入障碍物多边形 S
V = empty;
E = empty;
G = initial(V,E);
for all vertices v∈V
{
    W = VISIBLEVERTICES(v,S);   //找到从 v 点能看到的所有顶点几何 W
    for every vertex w∈W
    {
        add the arc(v,w) to E. //添加边到集合 E 中
    }
}
return G;
```

2）空间离散法

空间离散法又称为栅格法，是指用一系列大小相同的栅格表示环境信息，每个栅格代表着是否存在障碍物。每个空闲栅格是规划图中的节点，按照四连通或八连通的方法可以得到一个图。空间离散法易于建模和处理，但是缺点在于在大型的环境中，如果选取较小尺寸的栅格保证环境精度，则系统需要储存大量的栅格，这就会大大增加计算复杂度。同样，如果选取较大的栅格减小栅格的数量，那么，导致环境精度下降，甚至在一些狭小位置，本来存在路径结果却被视为障碍物区域。

如图 4-41 所示，左边表示环境信息，灰色区域为障碍物，左下角圆点为起始点，右上角圆点是目标点，现在需要规划一条从起始点到目标点的最短路径。首先将左边环境信息转化为右边的栅格信息，然后使用图搜索算法进行图搜索，最终可以获得起始点到目标点的最短路径。

3）随机路图法

随机路图法（Probabilistic Road Maps，PRM）[135]是一种基于采样的构建环境地图的方法，通过在环境中采样一些不与障碍物碰撞的点，然后将各点连接起来，并且除去与障碍物碰撞的连线，最后得到一个随机路图。PRM 主要是针对非凸、高维空间的路径规划，如机械臂。

如图 4-42 所示，假设已经有创建好的部分路图，现在需要继续创建完整的路图，然后在环境中指定起始点和目标点进行路径规划。那么，首先需要搜索空间中随机采样一个点（不与障碍物碰撞），如图 4-43 所示，其次需要把该采样点与已创建路途中的 $k$ 个最近点相连，然后去掉与障碍物相交的连线，得到如

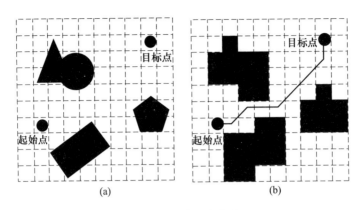

图 4-41 空间离散法

图 4-44 所示的新的路图。可以指定上述过程的重复次数,重复次数越多越能建立完整的路图,但是会消耗很多时间,通常根据工作环境选取合适的次数,得到合理的路图,然后就可以使用图搜索算法进行最短路径的搜索。

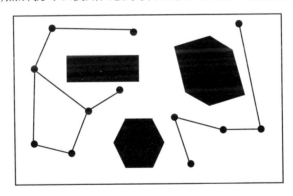

图 4-42 PRM 创建的部分路图

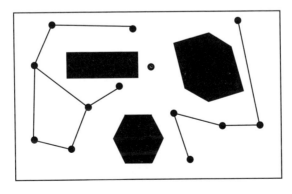

图 4-43 PRM 随机采样点

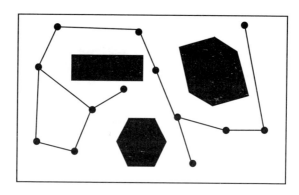

图 4-44 PRM 新创建的路图

利用图 4-44 创建的路图进行路径规划,现在环境中指定起始点和目标点,然后分别使用创建随机路图的步骤将起始点和目标点加入路图中,得到如图 4-45 所示的路图。最后在这个路图中使用图搜索算法进行最短路径的搜索,得到如图 4-46 所示的结果。

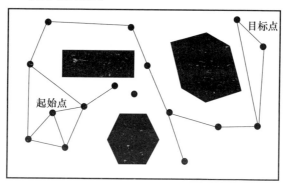

图 4-45 包含起始点和目标点的路图

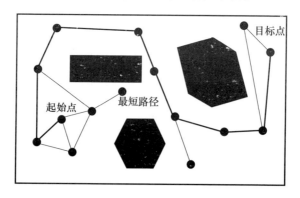

图 4-46 PRM 路图中搜索最短路径

## 4.5 任务规划模块

### 4.5.1 任务规划模块简介

将泛在机器人高度相异的设备封装成组件并整合到系统中是系统构建的关键部分,也是任务规划的基础。本节讨论首先对中间件技术、组件定义和接口设计进行讨论,并以系统中几个泛在机器人技术组件为例,阐述组件设计与任务规划的关系。然后,针对基于泛在机器人的任务规划进行讨论。本节基于泛在机器人的任务规划模块如图 4-47 所示。

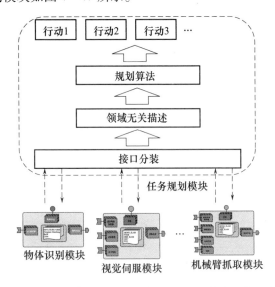

图 4-47 基于泛在机器人的任务规划模块(虚线框部分内部)

对于上面小节的各个部分(如物体识别、路径规划、机械臂抓取等),我们都会用领域无关的描述对其进行接口分装(即虚线框中的接口分装部分),从而使得任务规划问题得以在抽象层面的符号层进行建模和计算而无须关心机器人组件相关的硬件配置、软件算法等实施细节,然后进入到规划算法的部分(即虚线框中的规划算法部分),最后求出相对于该任务的一组合理的解作为输出,输出的解再通过接口转化为各个组件的执行指令。

### 4.5.2 任务规划模块封装

首先需要定义消息文件,srv 文件包括之前各个模块已经定义好的 srv,也包括下面新定义的 srv。

模块的主程序框架如下:

```cpp
#include <iostream>
#include <ros/ros.h>
#include <image_transport/image_transport.h>
#include <obj_srvs/obj_6d.h>//物体识别和位姿估计模块
#include <obj_msgs/rgbd.h>
#include <std_msgs/Int16MultiArray.h>
#include <geometry_msgs/PoseArray.h>
#include <task/robot_task.h>//机械臂抓取模块
#include <nav_srvs/state.h>//导航定位模块
#include <nav_srvs/mobile.h>//导航定位模块
using namespace std;
using namespace cv;
struct state_information{
//此处需要哪些状态信息可以自己定义,这里只定义了3个
  std_msgs::Int16MultiArray obj_class;//物体类别
  geometry_msgs::PoseArray obj_pose;//物体姿态
sensor_msgs::JointState joint_pose;//机器人关节位置
  nav_srvs::state mobile_robot;//移动机器人状态
};
state_information get_all_the_states()
{
    state_information  state_info
    ros::NodeHandle nh_sub;
    //定义ROS client用于进行物体识别模块的状态调用
    ros::ServiceClient clientobject=nh_sub.serviceCient<obj_srvs::obj_6d>("obj_6d");
    //定义ROS client用于进行移动机器人模块的状态调用
    ros::ServiceClient clientmobilerobot=nh_sub.serviceCient<av_srvs::mobile>("mobile_robot");
    obj_srvs::obj6d srv_obj;
    av_srvs::mobile srv_robot;
    //调用物体识别的模块
    srv_obj.request.start=true;
    clientobject.call(srv_obj);
    state_info.obj_class=srv_obj.response.obj_class;//返回识别类型
       state_info.obj_pose=srv_obj.response.obj_pose;//返回识别姿态
```

```cpp
    //调用移动机器人的模块
    srv_robot.request.start = true;
    clientmobilerobot.call(srv_robot);
    state_info.mobile_robot = srv_robot.response.finished;//返回移动机器人是否完成
    return state_info
}

execute_plan(actionlist)
{
    ros::NodeHandle nh_sub;
    //机械臂执行
    ros::ServiceClient clientmanipulation = nh_sub.serviceCient<task::robot_task>("robot_task");
    //移动机器人执行
    ros::ServiceClient client_agvstate = nh_sub.serviceCient<nav_srvs::state>("agv_state");
        //此处将actionlist转化为service命令分别进行执行
        //针对不同语言(PDDL、STRIPS等),其定义方式也有区别
}
int main(int argc, char** argv)
{
    ros::init(argc, argv, "main");
    state_information stateinfo;
    state_information targetstate;
    // targetstate为目标的状态,需要用户自己定义
    ros::Rate loop_rate(200);
    while(ros::ok())
    {
        stateinfo = get_all_the_states();

        //任务规划算法核心
            actionlist = taskplanning(stateinfo, targetstate) //对于任务规划,其输入为各个组件的状态,输出为行为序列
        //任务规划算法核心
        execute_plan(actionlist)
    }
```

```
return 0;}
```

### 4.5.3 任务规划模块实现方法

本节主要描述4.4.1节 taskplanning 和 execute_plan 的内容。

通过上面几节的组件化的系统构建,任务规划问题得以在抽象层面的符号层进行建模和计算,而无须关心机器人组件相关的硬件配置、软件算法等实施细节。任务规划在泛在机器人系统中起关键作用,决定着系统的智能化程度。其主要目标是根据用户抽象的指令,如"整理房间""拿一杯咖啡给我"以及当前环境中各个机器人组件的状态,规划出一系列机器人组件能够直接执行的子任务,如"机器人组件运动到冰箱处""机械臂组件抓取可乐"等。

相比于路径规划、运动规划,任务规划的最重要特点之一是与领域无关[136]。它基于抽象的、通用的动作模型,利用不同的领域知识,就能完成不同领域的规划。如图4-48所示,一个通用的任务规划器分析预先定义好的领域知识,实时获取用户提出的规划问题和当前系统的状态,自动分解成一系列的子任务,也就是各个组件能够执行的动作。在泛在机器人系统中,规划器生成的规划通过控制器发送给系统中的组件。同时,控制器观察系统中组件的状态,整合成系统状态提供给任务规划模块。

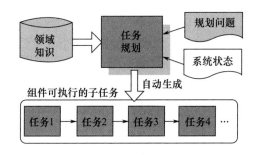

图4-48 任务规划概念框图

任务规划方法一般采用状态转移系统模型,又称为离散事件系统。一个状态转移系统是一个四元组 $\Sigma = (S, A, E, \gamma)$,其中:

(1) $S = \{s_1, s_2, \cdots\}$ 是有限的状态集合,表示系统可能出现的状态;

(2) $A = \{a_1, a_2, \cdots\}$ 是有限的动作集合,表示系统中能使用的动作;

(3) $E = \{e_1, e_2, \cdots\}$ 是有限的事件集合,表示系统可能发生的外部事件;

(4) $\gamma: S \times A \times E \mapsto 2^S$ 是一个状态转移函数,$s' \in \gamma(s, u)$。

状态转移系统可以用有向图表示,每个 $s \in \gamma$ 都是其中的节点,如果 $s' \in \gamma(s, u)$,其中 $u = (a, e), a \in A, e \in E$,则在图中存在一条从 $s$ 到 $s'$ 的弧标记为 $u$。

每条这样的弧表示一个状态转移。规划器的目标是寻找能作用于状态的相关动作,以使得系统从某些开始状态到达一些目标状态。

这个宽泛的概念模型难以直接求解,通常需要作一些假设使问题简化。不同的假设带来了不同的任务模型,也决定了求解的难度。即模型越简化,求解越容易但越与实际不符;模型越精确,越能解决实际问题但求解越困难。第 2 章已对两种模型,即经典任务规划模型和 MDP(Markov Decision Process)模型进行概述和讨论,故此处不再赘述。以下分别对经典任务规划、MDP 任务规划模型和精简 MPD 模型进行实例建模分析。

1)经典任务规划模型

本部分内容,我们将用两种语言(STRIPS 和 PDDL)进行说明。

(1) STRIPS 规划问题。一个 STRIPS 案例由以下部分组成。

① 初始状态。

② 目标状态的要求(即规划器所需要达到的情形)。

③ 一系列行动。对每个行动,其包括预条件(即在某个 action 行动之前必须满足的条件)和后条件(即在某个 action 行动之后产生的条件)。

从数学上来看,一个 STRIPS 案例是一个四元组 $<P,O,I,G>$,且每个成员包含了以下含义。

① $P$ 是一系列预条件的集合(也就是命题变量)。

② $O$ 是一系列运算的集合(也就是行动 actions),每个 $O$ 本身也是一个四元组,每个元组元素也有着一系列的条件。这 4 个集合按照顺序分别确定了哪些行动是可以执行的,哪些行动是不能执行的,哪些行动是通过 action 产生影响而变得可以执行等。

③ $I$ 是初始状态,这些条件初始情况下都是真(其他情况下都是假)。

④ $G$ 是目标状态的规格;这个是由一对 $<N,M>$ 提供,其用于确定哪些条件是真的,哪些条件是假的。

这样规划出来的序列是一系列由初始状态到目标状态的行动序列。正常来说,一个状态要满足如下条件:一个状态是由一系列为 true 的条件表达出来的,且状态间的转移概率是由转移函数建模的,它是一个将行动执行的结果映射到新的状态的函数。因为状态是由一系列条件组成的,相对于 STRIPS 实例的转移函数 $<P,O,I,G>$ 也是一个函数形式,即

$$\text{succ}: 2^P \times O \rightarrow 2^P$$

$2^P$ 是 $P$ 的所有子集,并且因此是所有可能状态的集合。一个状态 $C \subseteq P$ 转移函数 succ 可以被定义成如下(此处使用简化的假设:即行动可以总是被执行但如果他们的预条件没有被满足的话则不会有后续影响),即

$$\mathrm{succ}(C,<\alpha,\beta,\gamma,\delta>) = \begin{cases} C\backslash\delta\cup\gamma, & \alpha\subseteq C,\beta\cap C=\emptyset \\ C, & 其他 \end{cases}$$

函数 succ 也可以用递归方程的形式表达为如下行动序列：

$\mathrm{succ}(C,[\,])=C$

$\mathrm{succ}(C,[a_1,a_2,\cdots,a_n])=\mathrm{succ}(\mathrm{succ}(C,a_1),[a_2,\cdots,a_n])$

一个 STRIPS 实例的规划是由一系列行动组成,以使得最后的状态满足目标的条件。通常来说,当 $F=\mathrm{succ}(I,[a_1,a_2,\cdots,a_n])$ 满足下列两个条件时,$[a_1,a_2,\cdots,a_n]$ 是一个 $G=<N,M>$ 规划：$N\subseteq F; M\cap F=\emptyset$。

此处举一个案例以说明该语言。

① 状态表征。世界的状态是由一系列事实(Fact)的集合表示出来的,如图 4-49 所示。

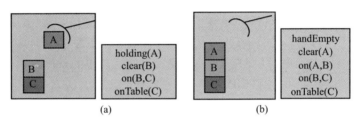

图 4-49　STRIPS 状态案例

(a)状态 1；(b)状态 2。

图(a)中的语言表示的状态含义为：机器人拿着物体 A,B 上方没有物体,B 在 C 上方,C 在桌子上。图(b)中的语言表示的状态含义为：机器人没有拿任何物体,物体 A 上方没有物体,A 在物体 B 上,B 在物体 C 上,C 在桌子上。

② 目标表征。目标也可以由一系列事实的集合表征,例如,$\{\mathrm{on}(A,B)\}$ 是上述环境中的目标。一个目标状态是包含所有目标事实的任意状态。

③ 行动表征。一个 STRIPS 行动由如下定义表示。

· PRE：一系列预条件的事实。

· ADD：一系列由事实带来的增加的影响。

· DEL：一系列由事实带来的减少的影响。

如 **PutDown(A,B)** 可以表达如下：

**PutDown(A,B)**：

　　**PRE**：$\{\mathrm{holding}(A),\mathrm{clear}(B)\}$

　　**ADD**：$\{\mathrm{on}(A,B),\mathrm{handEmpty},\mathrm{clear}(A)\}$

　　**DEL**：$\{\mathrm{holding}(A),\mathrm{clear}(B)\}$

其示意图如图 4-50 所示。

图 4-50  STRIPS 行动案例

它的预条件是机器人握着物体 A(holding(A)),并且 B 上没有物体(clear(B));所带来的增加的影响即物体 A 会在物体 B 上(on(A,B)),且机器人手抓中没有物体(handEmpty),且物体 A 上没有物体(clear(A));最后它所带来的减少的影响此处和预条件一样,即机器人握着物体 A(holding(A)),并且 B 上没有物体(clear(B))。

当一个 STRIPS 行动的预条件可以满足时,则该行动是可以进行的。在状态 $S$ 下采取某个行动会得到一个新的状态,其表达式为 $S \cup ADD - DEL$(也就是增加了 **ADD** 影响,减少了 **DEL** 影响)。

STRIPS 的目标:找一个找到一个到达目标状态的动作序列,或报告该目标是不可实现的。例如,在上述的例子中,我们的问题的初始状态如下:

我们的目标状态是 on(A,B)

我们已知的行动为

**PutDown(A,B)**:

　　**PRE**:{holding(A),clear(B)}

　　**ADD**:{on(A,B),handEmpty,clear(A)}

　　**DEL**:　{holding(A),clear(B)}

**PutDown(B,A)**:

　　**PRE**:{holding(B),clear(A)}

　　**ADD**:{on(B,A),handEmpty,clear(B)}

　　**DEL**:　{holding(B),clear(A)}

则一个解为:

PutDown(A,B)

此时,taskplanning() 函数返回的值便是{PutDown(A,B)},然后 execute_plan() 会对机械臂模块进行调用,使得机械臂成功实现将物体 B 放在 A 上,然后再松开手抓。

(2) PDDL 规划问题。以上便是对 STRIPS 建模方式的简要介绍,下来对

PDDL语言进行介绍。一般一个PDDL任务规划被分为以下5个部分。

① 目标(Objects):在规划空间中感兴趣的目标。

② 谓词(Predicates):目标的感兴趣的属性(可以为正或负)。

③ 初始状态(Initial State):规划在规划空间中开始时的状态。

④ 目标要求(Goal Specification):希望的要求状态。

⑤ 行动/描述子(Actions/Operators):用于改变规划状态的方式。

规划任务被分为两个部分。

① 主域描述部分,包括类型、谓词以及行动。

② 问题描述部分,包括目标、初始状态和目标要求。

主域描述部分描述形式如下:

(define(domain <domain name>)

<PDDL code for predicates>

<PDDL code for first action>

[...]

<PDDL code for last action>)

<domain name> 即是用于定义规划领域的字符串,如:gripper。

问题描述部分描述形式如下:

(define(problem <problem name>)

(:domain <domain name>)

<PDDL code for objects>

<PDDL code for initial state>

<PDDL code for goal specification>)

<problem name>是用于定义规划任务的字符串,如gripper-four-balls。

<domain name> 必须是其相对应的主域描述。

我们以抓取任务为例,如图4-51所示。

在本例中,机器人可以在两个房间中来回移动,并且可以在用任意一个手臂获取房间中的任意的球。在初始状态时,所有球和机器人都在第一个房间,我们的目标是机器人能够将所有球搬运到第二个房间中。在本案例中,相关定义如下。

① 目标(Objects):2个房间、4个球以及2个机器人的手臂。

我们的目标(Objects)是:

Rooms:rooma,roomb

Balls:ball1,ball2,ball3,ball4

Robot arms:left,right

用PDDL则将其描述为:

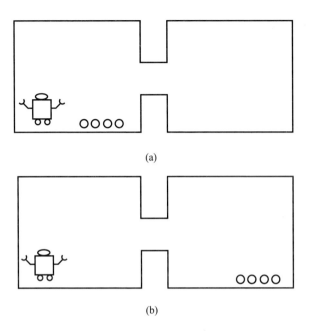

图4-51 机器人抓取案例

(a)初始状态(4个小球和机器人都在第一个房间);(b)目标状态(4个小球都在第二个间)。

(:objects rooma roomb

ball1 ball2 ball3 ball4

left right)

② 谓词(Predicates):例如:未知数 x 是一个房间吗? 未知数 x 是一个球吗? 球 x 在房间 y 里面吗?

我们设定以下谓词:

ROOM(x)——如果 x 为一个房间,则返回真(true);

BALL(x)——如果 x 为一个球,则返回真(true);

GRIPPER(x)——如果 x 为一个手抓,则返回真(true);

at-robby(x)——如果 x 为一个房间且机器人在房间内,则返回真(true);

at-ball(x,y)——如果 x 为一个球,y 为一个房间,且球在房间内,则返回真(true);

free(x)——如果 x 为一个手抓且并没有拿球,则返回真(true);

carry(x,y)——如果 x 为一个手抓,y 为一个球,且手抓能抓着球,则返回真(true)。

用 PDDL 则将其描述为:

(:predicates(ROOM ? x)(BALL ? x)(GRIPPER ? x)

(at-robby ? x)(at-ball ? x ? y)

(free ? x)(carry ? x ? y))

③ 初始状态(Initial state):所有球和机器人都在第一个房间,并且所有机器人的手臂都为空。

ROOM(rooma) 和 ROOM(roomb) 为 true。

BALL(ball1),…,BALL(ball4) 为 true。

GRIPPER(left),GRIPPER(right),free(left) 和 free(right)为 true。

at-robby(rooma),at-ball(ball1,rooma),…,at-ball(ball4,rooma) 为 true。

其他都为 false。

用 PDDL 则将其描述为:

(:init(ROOM rooma)(ROOM roomb)

(BALL ball1)(BALL ball2)(BALL ball3)(BALL ball4)

(GRIPPER left)(GRIPPER right)(free left)(free right)

(at-robby rooma)

(at-ball ball1 rooma)(at-ball ball2 rooma)

(at-ball ball3 rooma)(at-ball ball4 rooma))

④ 目标要求(Goal specification):所有球都在第二个房间。

at-ball(ball1,roomb),…,at-ball(ball4,roomb)必须为 true,其他状态不关注。

用 PDDL 则将其描述为:

(:goal(and(at-ball ball1 roomb)

(at-ball ball2 roomb)

(at-ball ball3 roomb)

(at-ball ball4 roomb)))

⑤ 行动/描述子(Actions/Operators):机器人可以在两个房间中移动,并且任何一个手臂可以拿起或放下球。

其定义如下:

移动动作:

描述:机器人可以从 x 移动到 y。

先验条件:ROOM(x),ROOM(y) 和 at-robby(x) 为 true。

影响:at-robby(y)变成 true. at-robby(x)变成 false。

其他不需要变化。

用 PDDL 则将其描述为:

(:action move:parameters(? x? y)

:precondition(and(ROOM? x)(ROOM? y))

(at-robby ? x))

:effect(and(at-robby ? y)

(not(at-robby ? x))))

抓取动作:

描述:机器人可以用 z 将 x 抓到 y 中。

先验条件:BALL(x),ROOM(y),GRIPPER(z),at-ball(x,y),

at-robby(y)and free(z)为 true。

影响:carry(z,x) 变成 true. at-ball(x,y)和 free(z)变成 false。其他部分不需要变动。

用 PDDL 则将其描述为:

(:action pick-up:parameters(? x ? y ? z)

:precondition(and(BALL ? x)(ROOM ? y)(GRIPPER ? z)

(at-ball ? x ? y)(at-robby ? y)(free ? z))

:effect(and(carry ? z ? x)

(not(at-ball ? x ? y))(not(free ? z))))

放手动作:

描述:机器人可以用 z 将 x 从 y 上放开。

先验条件与影响与抓取动作类似,这里不再赘述。

用 PDDL 则将其描述为:

(:action drop:parameters(? x ? y ? z)

:precondition(and(BALL ? x)(ROOM ? y)(GRIPPER ? z)

(carry ? z ? x)(at-robby ? y))

:effect(and(at-ball ? x ? y)(free ? z)

(not(carry ? z ? x))))

⑥ 代价(Cost):每个行动都会付出一定的代价,这个代价是相对于特点目标而定。例如,每个移动动作都会付出两个房间距离的代价。

⑦ 度量(Metric):我们希望规划器能最小化 plan 的总代价。

用 PDDL 描述为:

(:metric minimize(total-cost))

解决该问题的方法如 FF 规划器、Fast Downward 规划器等,该内容第 2 章中已有描述,此处不再赘述。这里列出其中一个解:

0:(PICK BALL4 ROOMA RIGHT)

0:(PICK BALL1 ROOMA LEFT)
1:(MOVE ROOMA ROOMB)
2:(DROP BALL4 ROOMB RIGHT)
2:(DROP BALL1 ROOMB LEFT)
3:(MOVE ROOMB ROOMA)
4:(PICK BALL3 ROOMA LEFT)
4:(PICK BALL2 ROOMA RIGHT)
5:(MOVE ROOMA ROOMB)
6:(DROP BALL3 ROOMB LEFT)
6:(DROP BALL2 ROOMB RIGHT)

此时,taskplanning()函数返回的值便是{{(PICK BALL4 ROOMA RIGHT),(PICK BALL1 ROOMA LEFT)},{(MOVE ROOMA ROOMB)},{(DROP BALL4 ROOMB RIGHT),(DROP BALL1 ROOMB LEFT)},{(MOVE ROOMB ROOMA)},{(PICK BALL3 ROOMA LEFT),(PICK BALL2 ROOMA RIGHT)},{(MOVE ROOMA ROOMB)},{(DROP BALL3 ROOMB LEFT),(DROP BALL2 ROOMB RIGHT)}},然后 execute_plan()也会执行相应的内容。但值得注意的是,在实际使用这些指令时,需要将某条命令细分为多个子任务,然后,通过 service 进行命令的下发。这些内容可以在使用之前实现定义好,如(PICK BALL3 ROOMA LEFT)这条命令需要分成以下几个子任务。

① move to ball3,即机器人先移动到 ball3 的可以抓取的位置(该位置可以实现定义好,也可以通过构型空间进行搜索)。

② move arm_left to ball3,将机器人移动到 ball3 部分。

③ grasp ball3,张开手抓对 ball3 进行抓取。

2) MDP 任务规划模型

此处以 RDDL 描述为例。假设用一个紧凑和正确的语法指定所有有用的规划问题是不合理的。RDDL 并不是用于替代 PDDL 等语言,而是对 PDDL 等语言的一种延拓。如果 PDDL 能够成功地对问题进行很好的描述,RDDL 则没有使用的必要。此处以 MDP 为例,该例中 $p$、$r$、$p'$ 为二值状态,其主域转移条件概率如表 4-2 所列。

表 4-2 主域转移条件概率表案例

| $p$ | $r$ | $p'$ | $P(p'|p,q)$ |
| --- | --- | --- | --- |
| true | true | true | 0.9 |
| true | true | false | 0.1 |

(续)

| $p$ | $r$ | $p'$ | $P(p'\|p,q)$ |
|---|---|---|---|
| true | false | true | 0.3 |
| true | false | false | 0.7 |
| false | true | true | 0.3 |
| false | true | false | 0.7 |
| false | false | true | 0.3 |
| false | false | false | 0.7 |

因为 PDDL 无法描述转移概率,所以此处采用 RDDL,其描述如下：

1: domain prop_dbn {
2: requirements = { reward − deterministic } ;
3: pvariables {
4: p : { state − fluent, bool, default = false } ;
5: q : { state − fluent, bool, default = false } ;
6: r : { state − fluent, bool, default = false } ;
7: a : { action − fluent, bool, default = false } ;
8: } ;
9: cpfs {
10: p' = if( p ^ r ) then Bernoulli(.9) else Bernoulli(.3) ;
11: q' = if( q ^ r ) then Bernoulli(.9)
12: else if( a ) then Bernoulli(.3) else Bernoulli(.8) ;
13: r' = if( ~q ) then KronDelta( r ) else KronDelta( r < = > q ) ;
14: } ;
15: reward = p + q − r ;
16: }
17: instance inst_dbn {
18: domain = prop_dbn ;
19: init − state {
20: p = true ;
21: q = false ;
22: r ;
23: } ;
24: max − nondef − actions = 1 ;
25: horizon = 20 ;

26:discount = 0.9;

27:};

其中所有主域需要一个识别名(在第1行给出),即 prop_dbn。主域应该在第3行列出它的变量要求。17 行~27 行定义了该主域的一个实例。一个实例会定义一个主语问题的目标,如初始状态、行动约束以及目标状态等。此处 max-nondef-actions 用于规定主域中多少行动可以允许使用一个非默认值。此处 horizon h 和 discount $\gamma$ 用于确定下列值函数,此处,$R(s_t,\pi(s_t))$ 是在状态 $s_t$ 下的奖励 reward,即

$$V_\pi(s_0) = \sum_{t=0}^{h} \gamma^t R(s_t,\pi(s_t)) \qquad (4-14)$$

然而,很多情况下,MDP 问题是部分可观的,即如图 4-52 所示。

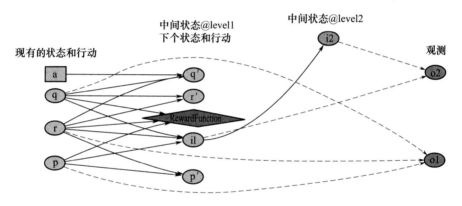

图 4-52　POMDP 及其影响图

图中的各个状态并不是可以直接进行观测,而是有一定观测概率。同时,该 POMDP 也存在中间变量,此处的 RDDL 语言可以表达如下:

1:domain prop_dbn2{

2:requirements = {

3:reward - deterministic,// Reward is a deterministic function

4:integer - valued,// Uses integer variables

5:continuous,// Uses continuous variables

6:multivalued,// Uses enumerated variables

7:intermediate - nodes,// Uses intermediate nodes

8:partially - observed // Uses observation nodes

9:};

10:

```
11://User-defined types
12:types{
13:enum_level:{@low,@medium,@high};// An enumerated type
14:};
15:pvariables{
16:p:{state  -fluent,bool,default=false};
17:q:{state  -fluent,bool,default=false};
18:r:{state  -fluent,bool,default=false};
19:i1:{interm  -fluent,int,level=1};
20:i2:{interm  -fluent,enum_level,level=2};
21:o1:{observ  -fluent,bool};
22 o2:{observ  -fluent,real};
23:a:{action  -fluent,bool,default=false};
24:};
25:cpfs{
26:// Some standard Bernoulli conditional probability tables
27:p' = if(p ^ r) then Bernoulli(.9) else Bernoulli(.3);
28:q' = if(q ^ r) then Bernoulli(.9)
29:else if(a) then Bernoulli(.3) else Bernoulli(.8);
30:// KronDelta is a delta function for a discrete argument
31:r' = if( ~q) then KronDelta(r) else KronDelta(r < = > q);
32:// Just set i1 to a count of true state variables
33:i1 = KronDelta(p + q + r);
34:// Choose a level with given probabilities that sum to 1
35:i2 = Discrete(enum_level,
36:@low:if(i1 > =2) then 0.5 else 0.2,
37:@medium:if(i1 > =2) then 0.2 else 0.5,
38:@high:0.3
39:);
40:// Note:Bernoulli parameter must be in [0,1]
41:o1 = Bernoulli( (p + q + r)/3.0 );
42:// Conditional linear stochastic equation
43:o2 = switch(i2) {
44:case @low:i1 + 1.0 + Normal(0.0,i1 * i1),
```

45: case @medium: i1 + 2.0 + Normal(0.0, i1 * i1/2.0),
46: case @high: i1 + 3.0 + Normal(0.0, i1 * i1/4.0)};
47: };
48: // A boolean functions as a 0/1 integer when a numerical value is needed
49: reward = p + q − r + 5 * (i2 = = @high);
50: }
51: instance inst_dbn{
52: domain = prop_dbn2;
53: init − state{p;r;};
54: max − nondef − actions = 1;
55: horizon = 20;
56: discount = 0.9;
57: }

在第2行~第9行，因为这个主域除了使用二值变量也使用了整形、连续且多值（枚举）的变量，我们增加了更多的要求。主域使用能有助于决定下一个状态的中间变量，但这些变量却不是状态的一部分。同时，主域也是部分可观的，这意味着，在模拟器中，服务器需要同时确定状态（State）和观测的值（Observations）但是其实际上只能将观测提供给客户端部分。

第12行~第14行定义了枚举类变量的可能的值。

第15行~第24行呈现了中间变量和观测变量中额外的变量。更进一步而言，这里是不能使用具体参数的，而是需要指定类型，如整形、枚举等。中间变量必须列出分层的级别。这些变量是严格的满足分层机制，以便某级中间变量只能对严格的较低级别的中间变量或状态变量进行条件化。值得注意的是，此处中间变量和观测变量是不能设置默认值的。

第26行~第31行，与上面 MDP 部分内容相同。

第33行展示了一个简单的 int 类型，中间值由简单的 p + q + r 决定（也即{0,1,2,2}中的值）。对于实际的随机分布，可以使用具有适当速率参数的泊松代替该 KrDelphi。

第35行~第39行说明了一个很有用的可以从一组离散分布采样多值参数的方法（即伯努利分布的 $k$ 元扩展）。这里第一个参数规定了正在被采样的变量（以便模拟器可以去完成类型检查）。其次，对比每个可能的值，其对应概率的可能的值也被列在上面。同时要注意这些值必须加起来和为1（否则，RDDL 模拟器会认为该分布没有定义正确）。

第41行展示了一个标准伯努利采样分布，该分布中我们简要地说明了任何表达式的参数或随机变量它自身也可以是表达式。一个伯努利参数必须属于[0,1]。

第43行~第47行展示了RDDL可以较为简单地被用于编码(随机)差分方程,这里得指出,分布的参数也可以是某个表达式。

第49行说明了中间变量可以是一个奖励,并且逻辑等号也可以用于任何变量。

上述两类问题都可以通过强化学习进行求解,此处不再赘述。

# 第5章 执行模块

执行模块是泛在机器人模块(传感、决策和执行)中的最后一个模块,执行模块是泛在机器人系统的执行部分,它的主要功能是接收决策模块的指令,根据执行元件的特点,将决策信息转换为执行元件的控制指令,实现机器人系统的预期功能,同时改变机器人系统所处环境的状态,从而影响传感模块的输入。根据机器人领域常用的执行元件,下面将从移动机器人模块、机械臂模块以及增强显示模块进行讲解。移动机器人模块和机械臂模块负责执行决策模块的运动指令,其中移动机器人模块侧重平台移动,机械臂模块侧重抓取,而增强现实模块负责执行决策模块的显示指令。

## 5.1 泛在机器人系统的执行模块

泛在机器人系统中执行模块不同于传统机器人的执行模块,传统机器人的执行单元属于单一机器人,并且与决策模块、传感单元集中在同一个机器人本体上,只能完成特定任务,被特定的控制指令驱动,不同机器人之间的执行单元不能共用,执行单元的可扩展性和可移植性很差。泛在机器人系统中的执行模块包含了各种相异的机器人执行组件,这些组件只要实现的功能一致,就可以将其封装为统一的机器人执行模块。例如,移动机器人模块包含双轮差速型、全向移动型以及阿克曼型,而机械臂模块包含不同构型以及不同厂家生产的各类机械臂。其次,泛在机器人系统中的执行模块可以与决策单元及传感单元分离。利用无线通信技术与远程具有强大计算能力和存储能力的决策模块通信,可以使机器人获得更好的执行动作,完成更为复杂的功能和任务,同时在决策模块的协调下,分布在世界各地、具有不同能力的执行模块可以开展合作。Google 无人驾驶车就是一个典型的例子。Google 无人车是一个移动机器人模块,决策模块采用了云计算技术进行图像识别,环境模型辅助系统导航。不同的无人车之间互相分享信息,那么,将来可以实现大城市大规模有序高效的运行,每个车辆向云端实时传输自己的位置和环境信息,然后云端对不同车辆的任务进行分配和规划。

## 5.2 移动机器人模块

### 5.2.1 移动机器人模块简介

机器人以其具有灵活性、提高生产率、改进产品质量、改善劳动条件等优点而得到广泛应用。为了获得更大的独立性,人们对机器人的灵活性及智能提出更高的要求,要求机器人能够在一定范围内安全运动,完成特定的任务,增强机器人对环境的适应能力。因此,近年来,移动机器人特别是自主式移动机器人成为机器人研究领域的中心之一。移动机器人模块是属于泛在机器人技术中执行模块的一种,目标是接收路径规划模块的路径点信息并将其转化为驱动轮的转速。泛在机器人系统中移动机器人模块仅仅是一个执行模块,不具备传感和决策功能,这也是区别于传统移动机器人的地方(集成传感、决策以及执行模块于一体),模块本身只是一个运动平台,并不获取环境信息以及动作的决策,只在系统需要移动机器人作业时进行调用该模块。例如,在第6章的机器人酒吧实验中,移动机器人的定位(传感)模块就实现了与机器人模块分离,采用了环境相机、激光以及深度相机多种传感模块进行融合定位,其中机器人充当一个运送饮料的执行机构,在订单需要配送的时候进行调用。如图5-1所示的 Kiva System,多个机器人在同一个仓库环境中进行货架搬运的工作,机器人之间为了避免碰撞,需要进行路径的集中式规划,各个机器人本体只包含传感模块以及执行模块,它们的决策模块是云端的服务器,这也是一种类似于泛在机器人系统的思想,只不过是模块封装的形式不是统一标准接口,只能用于特定的系统。

图 5-1 Kiva System

在一个泛在机器人系统中,移动机器人模块可以是多种多样的,那么,为了能在系统中可以无差别地决策以及调用,要求移动机器人模块具备统一的输入输出接口,对移动机器人的封装方式,本章会给出标准的接口,这样对于泛在机器人系统中的机器人模块,我们可以通过一种方式进行任意的调用。

移动机器人模块主要包含以下三部分内容。

(1) 局部规划器将全局路径点转化为移动机器人基坐标下的速度。

(2) 将移动机器人基坐标下的速度转化为各驱动轮的转速。

(3) 移动机器人硬件平台的设计与控制。

### 5.2.2 移动机器人模块封装

移动机器人模块封装如图 5-2 所示。

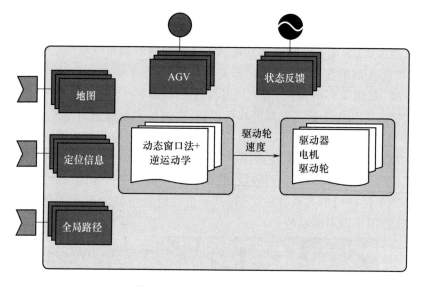

图 5-2 移动机器人模块封装

输入接口类型定义:地图的接口类型为 nav_msgs::OccupancyGrid、定位信息接口类型为 tf::tfMessage、全局路径接口类型为 nav_msgs::Path。

另外,为了让泛在机器人系统能够方便地调用移动机器人模块,其服务端口也是必不可少的,其输入为系统调用指令,采用 bool 数据类型。

该模块的封装代码示例如下所示:

首先需要定义消息文件,这里主要是 srv 文件,包括 map.srv、location.srv、global_path.srv 以及 mobile.srv。

```
    map.srv
bool start
- - -
nav_msgs/OccupancyGrid map
    location.srv
bool start
- - -
tf/tfMessage transform
    global_path.srv
bool start
- - -
nav_msgs/Path global_path
    mobile.srv
bool start
- - -
bool finished
```

模块的主程序框架如下：

```cpp
#include <iostream>
#include <ros/ros.h>
#include <nav_msgs/OccupancyGrid.h>
#include <tf/tfMessage.h>
#include <nav_msgs/Path.h>
#include <nav_srvs/state.h>
#include <nav_srvs/map.h>
#include <nav_srvs/location.h>
#include <nav_srvs/global_path.h>
#include <nav_srvs/mobile.h>
using namespace std;

//从其他模块获得地图、定位信息，以及全局路径
nav_msgs::OccupancyGrid Map;
tf::tfMessage Location;
nav_msgs::Path Global_path;

//ROS service 回调函数
bool agv_cb(nav_srvs::mobile::Request& req, nav_srvs::mobile::Response& res)
```

```
{
    if(req.start)
    {
        /* * * * *移动机器人模块功能实现部分* * * * */
        agv_move(map,Location,Global_path);
        /* * * * * * * * * * * * * * * * * * * * * * * * * *
* * * * * */
    }
    return true;
}
//ROS service 回调函数,系统查询状态
bool    agv_state_cb(nav_srvs::state::Request& req, nav_srvs::state::
Response& res)
{
    if(req.query)
    {
        /* * * * *模块状态函数* * * * */
        bool state = getstate();
        /* * * * * * * * * * * * * * * * * * * * * * * * * *
* * * * * */
        res.state = state;
    }
    return true;
}


int main(int argc,char * * argv)
{
    ros::init(argc,argv,"main");
    ros::NodeHandle nh;
    //定义 ROS client 获取地图信息
    ros::ServiceClient client_map = nh.serviceCient < nav_srvs::map > ("get
_map");
    //定义 ROS client 获取定位信息
    ros::ServiceClient client_location = nh.serviceCient < nav_srvs::loca-
tion > ("get_location");
    //定义 RORoS client 获取全局路径
    ros::ServiceClient client_gloabl_path = nh.serviceCient < nav_srvs::
```

```cpp
global_path > ("get_global_path");
    //定义 ROS service 等待其他模块调用
ros::ServiceServer service = nh.advertiseService("mobile_robot",agv_cb);
//定义状态反馈接口
    ros::ServiceServer service_state = nh.advertiseService("agv_state",
agv_state_cb);

    nav_srvs::map srv_map;
    srv_map.request.start = true;

    nav_srvs::location srv_loaction;
    srv_loaction.request.start = true;

    nav_srvs::global_path srv_global_path;
    srv_global_path.request.start = true;

    ros::Rate loop_rate(200);
    while(ros::ok())
    {
        //获取地图信息
        if(client_map.call(srv_map))
        {
            Map = srv_map.response.map;
        }
        //获取定位信息
        if(client_location.call(srv_loaction))
        {
            Location = srv_loaction.response.transform;
        }
        //获取全局路径信息
        if(client_global_path.call(srv_global_path))
        {
            Global_path = srv_global_path.response.global_path;
        }
        ros::spinOnce();
        loop_rate.sleep();
    }
```

```
return 0;
}
```

### 5.2.3 移动机器人模块实现方法

1) 局部规划器

下面介绍如何解决第一个问题,即如何将全局路径信息转化为速度指令,也就是局部规划器,我们介绍3种局部规划器:第一种是简单的PID控制,只通过全局路径点信息获得速度信息;第二种是路径展成法,需要接收实时的环境信息,通过对速度空间采样,然后用采样速度模拟出一条轨迹,用评价函数对轨迹打分,分数最高的轨迹对应的速度即为想要的速度;第三种是动态窗口法,原理与路径展成法完全一样,区别是速度空间采样时,动态窗口法采样空间是一个模拟周期内的速度,而路径展成法采样空间是多个模拟周期内的速度。

(1) PID控制。实际情况下,机器人不可能在接收到命令后直接停止或者按给定速度运行,需要加减速实现。目前,常用的加速度曲线是直线(梯形)加速度和"S"形加速度。梯形加速度曲线具有实现简单的特点,本书采用直线加速度进行局部规划,该算法示意如图5-3所示。

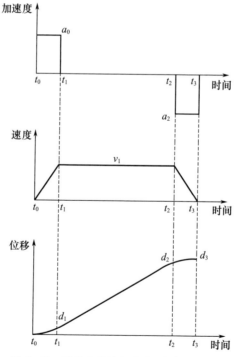

图5-3 梯形曲线的加速度、速度及位移

该算法将移动机器人的运动过程分为3段:第一段为恒加速阶段,加速度恒定为 $a_0$,结束时间为 $t_1$;第二段为匀速阶段,加速度为0,结束时间为 $t_2$;第三段为恒减速阶段,加速度恒定为 $a_2$,结束时间为 $t_3$,加速度满足关系 $a_2 = a_0$。规划的速度为

$$v_t = \begin{cases} a_0(t-t_0) &, t_0 \leq t < t_1 \\ v_1 &, t_1 \leq t < t_2 \\ v_2 + a_2(t-t_2) &, t_2 \leq t < t_3 \end{cases}$$

$$\begin{cases} v_1 = a_0(t_1 - t_0) \\ v_2 = v_1 \\ v_3 = 0 \end{cases} \quad (5-1)$$

可以得到移动机器人在各个时刻的位移为

$$d_t = \begin{cases} \dfrac{1}{2}a_0(t-t_0)^2 &, t_0 \leq t < t_1 \\ \dfrac{1}{2}a_0(t_1-t_0)(2t-t_1-t_0) &, t_1 \leq t < t_2 \\ \dfrac{1}{2}a_0[-t^2 + 2(t_1-t_0+t_2)t + (t_0^2 - t_1^2 + t_2^2)] &, t_2 \leq t < t_3 \end{cases} \quad (5-2)$$

设定好移动机器人的加速度 $a_0$ 后,根据全局规划器发来的坐标点,选取合适的平均速度求得理想时间,可以得到移动机器人在各个时刻应该到达的位置。由于移动机器人不可能完全按照预定轨迹行走,因此,需要实时获取移动机器人的位置信息,利用 PID 进行闭环控制,得到速度信息。PID 控制器的离散形式为

$$u(k) = K_p e(k) + \frac{K_p T_s}{T_I}\sum_{i=0}^{k} e(i) + K_p T_D \frac{e(k) - e(k-1)}{T_s} \quad (5-3)$$

式中:$K_p$ 为比例系数;$T_I$ 为积分时间参数;$T_D$ 为微分时间常数;$T_s$ 为采样周期;$e(k)$ 为第 $k$ 时刻的位移误差;$u(k)$ 为第 $k$ 时刻的控制器输出量。

局部规划器将计算得到的控制速度发送给运动控制模块,即可实现对移动机器人的闭环控制,使得移动机器人可以保证在规定的时间到达相应的点。

(2) 路径展成法(图 5-4)和动态窗口法。

路径展成法和动态窗口法的步骤如下:

① 在机器人速度空间离散的采样 $(dx, dy, d\theta)$。

② 根据采样的离散点做前向模拟,基于机器人当前状态,预测采样点的速度运动在一定时间内的轨迹。

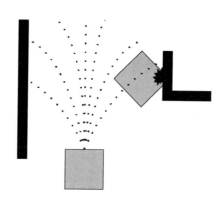

图 5-4 路径展成法

③ 评估前向模拟的每条轨迹。评估标准包括接近障碍、接近目标、接近全局路径和速度,以及丢弃不合理的轨迹(如可能碰到障碍物的轨迹)。

④ 采用得分最高的轨迹,得到相应的移动机器人基坐标的速度。

2)运动学建模

移动机器人驱动方式如图 5-5 所示,其中包括双轮差速式、全维轮式、麦克纳姆轮式、单舵轮式以及双舵轮式,每种移动机器人具有不同的运动学模型,下面对常见的双轮差速式移动机器人和麦克纳姆轮式移动机器人做详细介绍。

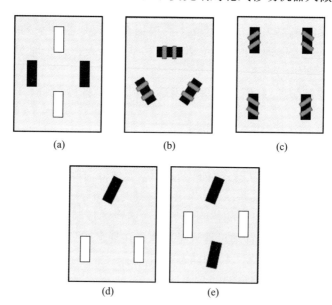

图 5-5 不同种类的移动机器人
(a)双轮差速;(b)全维轮;(c)麦克纳姆轮;(d)单舵轮;(e)双舵轮。

（1）坐标系。移动机器人中各单个轮子对机器人的运动作贡献，同时又对机器人运动施加约束。根据机器人底盘的几何特性，多个轮子是通过一定的机械结构连在一起的，它们的约束联合起来形成对机器人底盘运动的约束。因此，我们需要用相对清晰和一致的参考坐标系表达各个轮子的力和约束。在移动机器人学中，由于它独立和移动的本质，需要在全局和局部参考坐标系之间有一个清楚的映射。我们从定义这些参考坐标系开始，阐述单独轮子和整个机器人的运动学之间的关系。

为了确定机器人在平面中的位置，如图 5-6 所示，建立了平面全局参考坐标系和机器人局部参考坐标系之间的关系。将平面上任意一点选为原点 $O$，相互正交的 $x$ 轴和 $y$ 轴建立全局参考坐标系。为了确定机器人的位置，选择机器人底盘上一个点 $C$ 作为它的位置参考点。通常 $C$ 点与机器人的重心重合。

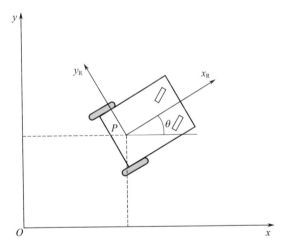

图 5-6  机器人的坐标框架

基于 $\{x_R, y_R\}$ 定义了机器人底盘上相对于 $C$ 的两个轴，从而定义了机器人的局部参考坐标系。在全局参考坐标系上，$C$ 的位置由坐标 $x$ 和 $y$ 确定，全局和局部参考坐标系之间的角度差由 $\theta$ 给定。我们可以将机器人的姿态描述为具有这 3 个元素的向量，即

$$\boldsymbol{\xi}_1 = \begin{bmatrix} x \\ y \\ \theta \end{bmatrix} \tag{5-4}$$

为了根据分量的移动描述机器人的移动，就需要把全局参考坐标系下的运

动映射成机器人局部参考坐标系下的运动。该映射用下式所示的正交旋转矩阵来完成,即

$$R(\theta) = \begin{bmatrix} \cos\theta & \sin\theta & 0 \\ -\sin\theta & \cos\theta & 0 \\ 0 & 0 & 1 \end{bmatrix} \tag{5-5}$$

以用该矩阵将全局参考坐标系$\{x,y\}$中的运动映射到局部参考坐标系$\{x_R, y_R\}$中的运动。其中$\xi_I$表示全局坐标系下机器人的运动状态,$\xi_R$表示局部坐标系下机器人的运动状态,即

$$\dot{\xi}_R = R(\theta)\dot{\xi}_I \tag{5-6}$$

反之可得

$$\dot{\xi}_I = R(\theta)^{-1}\dot{\xi}_R \tag{5-7}$$

例如,图5-7所示的机器人,对该机器人,因为$\theta = \pi/2$,可以容易地计算出瞬时的旋转矩阵为

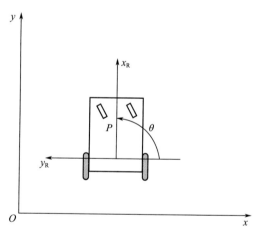

图5-7 与全局轴并排的机器人

$$R\left(\frac{\pi}{2}\right) = \begin{bmatrix} 0 & 1 & 0 \\ -1 & 0 & 0 \\ 0 & 0 & 1 \end{bmatrix} \tag{5-8}$$

在这种情况下,由于机器人的特定角度,沿$x_R$的运动等于$\dot{y}$,沿$y_R$的运动等于$-\dot{x}$,即

$$\dot{\boldsymbol{\xi}}_R = \boldsymbol{R}\left(\frac{\pi}{2}\right)\dot{\boldsymbol{\xi}}_I = \begin{bmatrix} 0 & 1 & 0 \\ -1 & 0 & 0 \\ 0 & 0 & 1 \end{bmatrix} \begin{bmatrix} \dot{x} \\ \dot{y} \\ \dot{\theta} \end{bmatrix} = \begin{bmatrix} \dot{y} \\ -\dot{x} \\ \dot{\theta} \end{bmatrix} \tag{5-9}$$

(2) 双轮差速驱动式。

① 双轮差速移动机器人简介。传统轮式移动机器人基本都以双轮差速的形式给移动机器人提供动力,标准轮和小脚轮都称为传统轮。传统轮子结构简单,制造成本低廉,广泛应用于各类轮式移动机器人中。但由于传统轮子是非完整性约束的,它只能在与轮子轴垂直的方向前进或者后退,在不打滑的情况下不具有侧向移动的能力。在轮式移动机器人平台中,如果它的约束方程中有非完整性约束方程,或者说,如果它的某个轮子不具有侧向滑动的能力,那么,它就是一个非完整约束的轮式移动机器人。非完整约束在现实世界中是随处可见的,像传统的车轮都属于非完整约束的轮子。非完整约束的轮式移动机器人的运动能力的限制使得这类系统的轨迹规划、轨迹跟踪等问题中又增加了一个约束条件而变得困难了,另外,在非完整约束条件下的轮式移动机器人的运动学方程和动力学方程是非线性函数,用常规的线性控制理论进行控制是很困难的,而且也不能简单地化成线性的系统。可见,对于非完整约束的轮式移动机器人的控制也存在一定的难度,但由于它的普遍性,目前还有为数不少的学者在致力于非完整性移动机器人的运动控制的研究。

传统轮式移动机器人机构广泛应用于各类移动车体上,如常见的交通工具——汽车、工程类移动车等,以及各类传统轮式移动机器人,如图 5-8 所示的扫地机器人以及 Turtlebot。

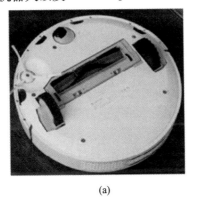
(a)

(b)

图 5-8 双轮差速驱动

(a)扫地机器人;(b)Turtlebot。

② 双轮差速式机器人运动学模型。首先,我们讨论如图5-9所示的双轮差速驱动的移动机器人的例子,即讨论给定机器人的几何特征和它的轮子速度后,列机器人的运动方程。

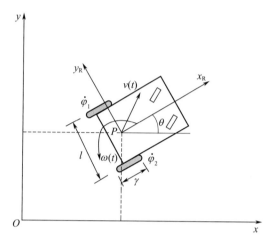

图5-9 在全局参考坐标系中差动驱动的机器人

如图5-9所示,假设该差动驱动的机器人局部坐标系原点 $C$ 位于两轮中心,并且 $C$ 点与机器人重心重合,局部坐标系中 $y_R$ 轴与机器人两轮轴线平行,与车体正前方垂直;$x_R$ 轴与全局坐标系 $x$ 轴夹角为 $\theta$。机器人有2个主动轮子,各轮直径 $r$,两轮轮间距为 $l$。

假定机器人在运动中质心的线速度为 $v(t)$,角速度 $\omega(t)$,左右两轮的转速分别为 $\dot{\varphi}_1$ 和 $\dot{\varphi}_2$,机器人左右两轮的运动速度分别为 $V_L$、$V_R$。给定 $r$、$l$、$\theta$,以及根据图5-9所示的几何关系,考虑到移动机器人满足刚体运动规律,下面的运动学方程成立,即

$$V_L = \dot{\varphi}_1 \frac{r}{2}, V_R = \dot{\varphi}_2 \frac{r}{2}$$

$$w(t) = \frac{V_R - V_L}{l}, v(t) = \frac{V_R + V_L}{2} \quad (5-10)$$

根据式(5-7),可得

$$\dot{\xi}_I = \begin{bmatrix} \dot{x} \\ \dot{y} \\ \dot{\theta} \end{bmatrix} = \boldsymbol{R}(\theta)^{-1} \dot{\xi}_R = \begin{bmatrix} \cos\theta & -\sin\theta & 0 \\ \sin\theta & \cos\theta & 0 \\ 0 & 0 & 1 \end{bmatrix} \begin{bmatrix} v(t) \\ w(t) \end{bmatrix} \quad (5-11)$$

联合这两个方程,得到差动驱动实例机器人的运动学模型为

$$\dot{\boldsymbol{\xi}}_1 = \boldsymbol{R}(\theta)^{-1} \begin{bmatrix} \dfrac{r\dot{\varphi}_1 + r\dot{\varphi}_2}{2} \\ 0 \\ \dfrac{-r\dot{\varphi}_1 + r\dot{\varphi}_2}{l} \end{bmatrix} = \begin{bmatrix} \dfrac{r}{2} & \dfrac{r}{2} \\ 0 & 0 \\ -\dfrac{r}{l} & \dfrac{r}{l} \end{bmatrix} \begin{bmatrix} \dot{\varphi}_1 \\ \dot{\varphi}_2 \end{bmatrix} \qquad (5-12)$$

定义机器人广义位姿向量为 $\boldsymbol{q} = (x, y, \theta, \varphi_1, \varphi_2)^T$,速度向量为 $\boldsymbol{v} = (\dot{\varphi}_1, \dot{\varphi}_2)^T$,则机器人的运动学模型可表述为

$$\dot{\boldsymbol{q}} = \boldsymbol{S}(\boldsymbol{q})^T \boldsymbol{v}$$

其中

$$\boldsymbol{S}(\boldsymbol{q}) = \begin{bmatrix} \dfrac{r\cos\theta}{2} & \dfrac{r\sin\theta}{2} & -\dfrac{r}{2l} & 1 & 0 \\ \dfrac{r\cos\theta}{2} & \dfrac{r\sin\theta}{2} & \dfrac{r}{2l} & 0 & 1 \end{bmatrix} \qquad (5-13)$$

(3) 麦克纳姆轮驱动式。

① 麦克纳姆轮驱动式移动机器人简介。自动导引车(AGV)越来越被广泛应用于货物搬运及部件装配,由于全方位移动机器人灵活的运动特性,被越来越多地应用于 AGV。一般采用 4 个麦卡纳姆轮实现全方位运动,四轮布置如图 5-10 所示,各轮由各自的直流电机驱动。由于是四轮驱动配置,为适应路面的不平,通常设计双滑动轴浮动支撑机构以使四轮同时触地,此机构中的两个矩形弹簧在不同压力下实现上下浮动,而横向布置的两对导向轴、轴承实现上下滑动导向。

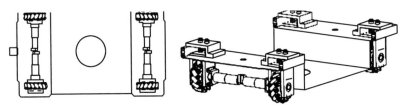

图 5-10 移动机器人麦克纳姆轮驱动式底盘结构图

② 麦克纳姆轮式机器人运动学模型。麦克纳姆轮一般是 4 个一组使用,2 个左旋轮,2 个右旋轮。左旋轮和右旋轮呈手性对称,区别如图 5-11 所示。

如图 5-12 所示,安装方式有多种,主要分为 X-正方形(X-square)、X-长方形(X-rectangle)、O-正方形(O-square)、O-长方形(O-rectangle)。其中 X 和 O 表示的是与 4 个轮子地面接触的辊子所形成的图形;正方形与长方形

指的是4个轮子与地面接触点所围成的形状。

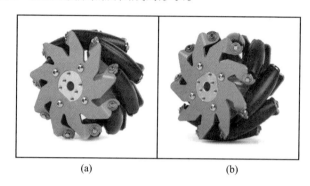

图5-11 麦克纳姆轮
(a)左旋轮;(b)右旋轮。

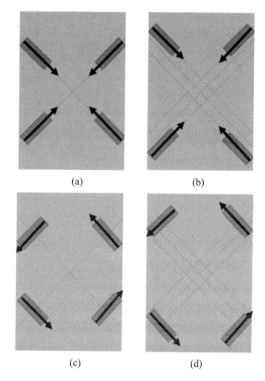

图5-12 麦克纳姆轮安装方式
(a)X-正方形;(b)X-长方形;(c)O-正方形;(d)O-长方形。

·X-正方形:轮子转动产生的力矩会经过同一个点,所以yaw轴无法主动旋转,也无法主动保持yaw轴的角度。一般几乎不会使用这种安装方式。

- X - 长方形:轮子转动可以产生 yaw 轴转动力矩,但转动力矩的力臂一般比较短。这种安装方式也不多见。
- O - 正方形:4 个轮子位于正方形的 4 个顶点,平移和旋转都没有任何问题。受限于机器人底盘的形状、尺寸等因素,这种安装方式虽然理想,但可遇而不可求。
- O - 长方形:轮子转动可以产生 yaw 轴转动力矩,而且转动力矩的力臂也比较长,是最常见的安装方式。

以 O - 长方形的安装方式为例,4 个轮子的着地点形成一个矩形。正运动学模型(Forward Kinematic Model)将得到一系列公式,可以通过 4 个轮子的速度,计算底盘的运动状态;逆运动学模型(Inverse Kinematic Model)得到的公式则是可以根据底盘的运动状态解算出 4 个轮子的速度。需要注意的是,底盘的运动可以用 3 个独立变量来描述:X 轴平动、Y 轴平动及 yaw 轴自转;4 个麦轮的速度也是由 4 个独立的电机提供的。所以 4 个麦轮的合理速度是存在某种约束关系的,逆运动学可以得到唯一解,而正运动学中不符合这个约束关系的方程将无解。

我们进行逆运动学的求解,通过逆运动学可以将小车整体速度转化到各个轮子的转速,也是我们移动机器人模块中的第二个任务。由于麦克纳姆轮的数学模型比较复杂,我们分为下面 4 步进行。

- 将底盘的运动分解为 3 个独立变量来描述。刚体在平面内的运动可以分解为 3 个独立分量:$x$ 轴平动、$y$ 轴平动及 yaw 轴自转。如图 5-13 所示,底盘的运动也可以分解为 3 个量:$v_{t_x}$ 表示 $x$ 轴运动的速度,即左右方向,定义右为正;$v_{t_y}$ 表示 $y$ 轴运动的速度,即前后方向,定义向前为正;$\omega$ 表示 yaw 轴自转的角速度,定义逆时针为正。以上 3 个量一般都视为 4 个轮子的几何中心(矩形的对角线交点)的速度。

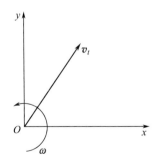

图 5-13 小车几何中心的速度

- 根据第一步的结果,计算出每个轮子轴心位置的速度。定义 $r$ 为从几何中心指向轮子轴心的向量,$v$ 为轮子轴心的运动速度向量,$v_r$ 为轮子轴心沿垂直于 $r$ 的方向(即切向方向的速度分量)。如图 5-14 所示,可以计算出

$$v = v_t + \omega \times r \tag{5-14}$$

分别计算 $X$、$Y$ 的分量为

$$\begin{cases} v_x = v_{t_x} - \omega \cdot r_y \\ v_y = v_{t_y} - \omega \cdot r_x \end{cases} \tag{5-15}$$

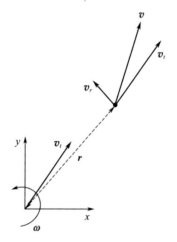

图 5-14 一个轮子轴心的速度

同理,可以算出其他 3 个轮子轴心的速度,如图 5-15 所示。

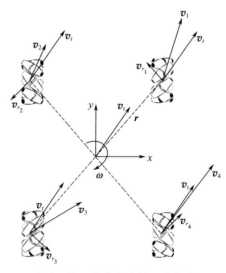

图 5-15 所有轮子轴心的位置

- 根据第二步的结果,计算出每个轮子与地面接触的辊子的速度。如图 5-16 所示,根据轮子轴心的速度,可以分解出沿辊子方向的速度 $v_\parallel$ 和垂直于辊子方向的速度 $v_\perp$。其中 $v_\perp$ 是可以忽略不计的,而

$$v_\parallel = \boldsymbol{v} \cdot \hat{\boldsymbol{u}} = (v_x \cdot \hat{i} + v_y \cdot \hat{j}) \cdot \left(-\frac{1}{\sqrt{2}}\hat{i} + \frac{1}{\sqrt{2}}\hat{j}\right) = -\frac{1}{\sqrt{2}}v_x + \frac{1}{\sqrt{2}}v_y \quad (5-16)$$

式中:$\hat{\boldsymbol{u}}$ 是沿辊子方向的单位向量。

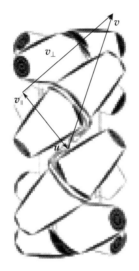

图 5-16 分解轴心速度

- 根据第三步的结果,计算出轮子的真实转速。从辊子速度到轮子转速的计算比较简单,即

$$v_\omega = \frac{v_\parallel}{\cos 45°} = \sqrt{2}\left(-\frac{1}{\sqrt{2}}v_x + \frac{1}{\sqrt{2}}v_y\right) = -v_x + v_y \quad (5-17)$$

用 $a$ 表示左右轮距的 $1/2$,$b$ 表示前后轴距的 $1/2$,则

$$\begin{cases} v_x = v_{t_x} + \omega \cdot b \\ v_y = v_{t_y} - \omega \cdot a \end{cases} \quad (5-18)$$

结合以上的 4 个步骤,可以根据底盘运动状态算出 4 个轮子的转速,即

$$\begin{cases} v_{\omega_1} = v_{t_y} - v_{t_x} + \omega(a+b) \\ v_{\omega_2} = v_{t_y} + v_{t_x} - \omega(a+b) \\ v_{\omega_3} = v_{t_y} - v_{t_x} - \omega(a+b) \\ v_{\omega_4} = v_{t_y} + v_{t_x} + \omega(a+b) \end{cases} \quad (5-19)$$

③ 双轮差速运动方式实现。由于双轮差速的机器人不能实现横向移动,因此,只要 $v_{t_y}=0$ 即可,对应的局部规划器中不能输出横向的速度 $v_{t_y}$,则4个轮子的转速为

$$\begin{cases} v_{\omega_1} = -v_{t_x} + \omega(a+b) \\ v_{\omega_2} = v_{t_x} - \omega(a+b) \\ v_{\omega_3} = v_{t_x} - \omega(a+b) \\ v_{\omega_4} = v_{t_x} + \omega(a+b) \end{cases} \quad (5-20)$$

④ 阿克曼运动方式实现。汽车阿克曼转向运动是通过一个转向梯形实现的,由于汽车车轮4个轮子在转向时需要保证车轮不侧滑,如图5-17所示,车辆的4个轮子需要具有相同的瞬时转动中心,因此,各个车轮轴线需要通过瞬时转动中心。由于前轮转向,因此,前轮的两个轮子在转向时转动的角度是不一样的,转动量的大小通过转向梯形保证。后两个轮子不转动,因此,其转动的速度是不能相同的,后轮两轮的速度分配是通过后轮差速器保证。两轴汽车在低速转弯时,可忽略离心力的影响,假设轮胎是刚性的,忽略轮胎侧偏特性影响的时候,此时,若各车轮绕同一瞬时转向中心转弯行驶,则两转向前轮轴线的延长线交在后轴的延长线上,这种几何关系称为阿克曼原理,如图5-18所示。

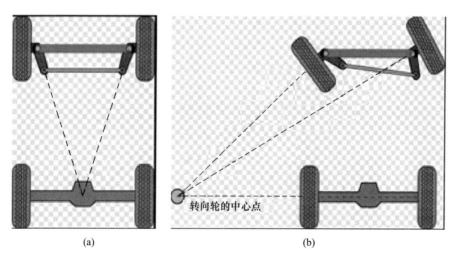

图 5-17 阿克曼示意图
(a)转向梯形;(b)瞬时转向中心。

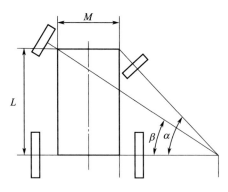

图 5-18 阿克曼原理图

汽车只用前轮转向时,为了满足各个轮子不侧滑,必须符合下述关系,即

$$\cot\beta - \cot\alpha = \frac{M}{L} \tag{5-21}$$

式中:$\beta$ 为转向轮外轮转角;$\alpha$ 为转向轮内轮转角;$M$ 为两主销轴线与地面交点之间的距离即主销节距;$L$ 为汽车轴距。

我们利用全维轮移动机器人来模拟阿克曼转向方式只需要满足让瞬时转动中心处于后轮轴线即可,这样就能满足阿克曼原理。

对于需要对汽车的运动方式进行模拟的应用场合,需提供一套计算公式用于移动平台控制指令的计算。汽车的运动由两个控制量决定,即油门大小以及转向角度大小。油门控制的是前进的速度,转向角度控制的是角速度的大小。由于汽车的车体坐标系位于后轮中心处,其实就是双轮差速模型。由于全维轮移动平台的坐标系位于 4 个轮子的中心,因此,需要解决的问题是:给定汽车坐标系下 $x$ 轴方向的速度以及 $z$ 轴方向(平面转动)的角速度,计算全维轮坐标系的 $x$ 轴方向速度、$y$ 轴方向速度以及 $z$ 轴方向的角速度。

图 5-19 所示位于车体中心的为全维轮坐标系,位于下方后轮中心处的为汽车坐标系,汽车的运动在汽车坐标系下描述只具有两个速度,一个是 $x$ 方向的线性速度 $v$,另一个是绕 yaw 轴方向的角速度 $w$,不具备 $y$ 方向的速度(若具有,则不符合汽车的约束条件)。

对于全维轮平台,给定速度指令时,是在全维轮坐标系下给定的,因此,要模拟汽车的运动即给定汽车坐标系下的速度 $v$,以及角速度 $w$,计算对应的全维轮坐标系下的速度 $v_x$、$v_y$、$w_z$(分别对应全维轮坐标系下 $x$ 方向速度、$y$ 方向速度以及 $z$ 方向角速度),然后将这 3 个速度下发至全维轮移动平台控制器,就可以模拟出汽车的运动方式。

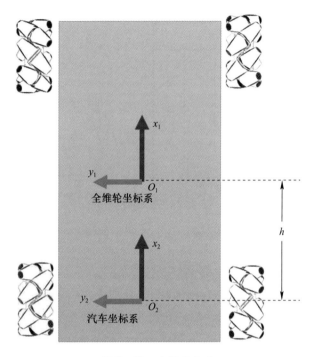

图 5-19 坐标系定义

具体的计算结果为

$$\begin{cases} v_x = v \\ v_y = wh/2 \\ w_z = w \end{cases} \quad (5-22)$$

式中:$v_x$、$v_y$、$w_z$ 为全维轮移动平台的控制速度;$v$、$w$ 为汽车运动的前进速度和转动角度,可以视为 $v$ 与油门大小成正比,$w$ 与转向角度成正比;$h$ 为两个坐标系 $x$ 方向上的距离(为前后轮轴距离的 1/2)。

3) 移动机器人模块的使用

在泛在机器人技术中,单个模块不仅可以直接接入系统,也可以与其余模块组合形成新的模块,再接入系统,那么,移动机器人模块也可以进行这样的处理。

图 5-20 所示移动机器人模块作为单独模块直接接入系统,系统可以直接访问移动机器人模块。另外一种如图 5-21 所示,将定位导航、路径规划、激光以及移动机器人模块组合成一个新的机器人模块,然后将新的模块接入系统,那么此时的新机器人模块类似于传统的移动机器人,都是作为整体接入系统,并且模块内部的信息不能被系统直接获取。

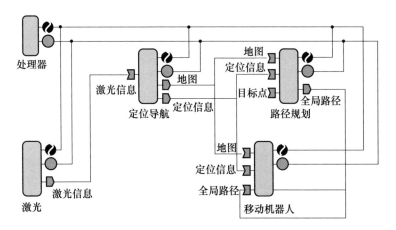

图 5-20 单个移动机器人模块接入系统

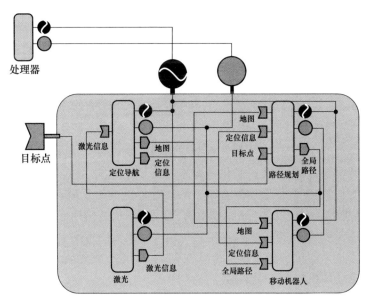

图 5-21 组合移动机器人模块接入系统

## 5.3 机械臂执行模块

### 5.3.1 机械臂执行模块简介

机械臂作为一种可编程完成任务的执行器,在越来越多的工业系统中得到广泛应用,如汽车生产线、分拣流水线等。机械臂的机构和控制可以看作是传统学科理论的一种复杂综合,包括机械工程理论、控制理论、电器技术、传感技术、计算机技术等。为了让读者了解机械臂理论框架,这里对一些机械臂的基本概念进行简单介绍。

1) 位姿描述

在机器人的操作中,经常需要对机械臂的末端和关节进行位置和姿态的描述。在描述这些性质前,首先要将目标物体固定于一个空间坐标系内,即参考系。然后,我们就可以在这个基坐标系下研究空间物体的位置和姿态了,并且还可以使用不同参考系的坐标变换来改变物体位姿的描述方式,即刚体变换。在控制机械臂的过程中,机械臂末端的位姿是基本的控制目标。

2) 机械臂正逆运动学

几乎所有的机械臂都是由刚性连杆构成,相邻的连杆间由可做相对运动的关节连接。这些关节通常装有位置传感器,用来测量相邻杆件的相对位移。如果是转动关节,这个位移称为关节角。一些机械臂含有直线移动关节,此时,这个位移称为关节偏距。

机械臂的自由度是指机械臂中有独立位置的变量。机械臂的所有自由度在一起确定各个部件的位置。对于典型的工业机器人来说,大多数都是开式运动链,即每个关节位置都由一个独立的变量定义,因此关节数目等于自由度数。

在实际使用中,操作者一般会根据应用场景的不同,给机械臂末端添加不同的末端执行器,如焊接机器人的机械臂末端安装焊枪、喷涂机器人的机械臂末端安装喷头等。通常,我们会用附着于末端执行器上的工具坐标系表示机械臂位姿,与工具坐标系对应的是与机械臂固定底座相联的基坐标系。

正运动学要解决的问题是,在给定一组关节角值的情况下,计算工具坐标系相对于基坐标系的位置和姿态。我们通常将这个过程称为从关节空间描述到笛卡儿空间描述的机械臂位姿表示。

逆运动学要解决的问题是,在给定机械臂末端执行器的位姿后,计算所有可达给定位姿的关节角。这个问题其实可以看做从三维笛卡儿空间向内部关节空间的映射。逆运动学不像正运动学那样简单,因为运动方程是非线性的,所以很难得到封闭解,有时甚至没有解。在求解过程中,需要对解的存在性和多解问题进行论证。这个运动学方程解的存在与否则限定了机械臂的工作空间,这也是机械臂的一个重要性能指标。

3) 速度和奇异性

在完成让机械臂到达目标位姿的任务后,我们还想控制机械臂的速度。为机械臂定义雅可比矩阵可以比较方便地进行机构的速度分析。雅可比矩阵定义了从关节空间速度向笛卡儿空间速度的映射。这种映射关系随着机械臂位形的变化而变化。在机械臂的奇异点附近,雅可比矩阵是不可逆的,即出现了机构的局部退化,此时,机械臂的运动会出现一些问题。

4)动力学

动力学主要研究机械臂运动所要的力。为了使机械臂从静止开始加速,让末端执行器以恒定的速度做直线运动,最后减速停止,必须通过关节驱动器产生一组复杂的力矩函数来实现。另外,为了让机械臂在有一定负载的情况下,依然可以按照设定的控制标准运动,需要对机械臂的动力学进行分析。

5)轨迹生成

平稳控制机械臂从一点运动到另外一点,通常使用的方法是使每个关节按照指定的时间连续函数运动。一般情况下,机械臂各个关节同时开始或同时停止运动,这样机械臂的运动才显得协调。轨迹生成就是如何准确计算出这个运动函数。

机械臂作为执行部件,在泛在机器人系统中,它一般作为一个执行组件存在。如在大规模工业流水线中,工业机械臂并没有系统的决策和算法功能,仅仅作为一个执行器件完成泛在机器人系统布置给它的任务。例如,一个泛在机器人系统的目标是完成物体抓取的工作,系统会调用相机模块、物体识别与姿态估计模块等得到物体的空间位姿,再将这个识别结果交给机械臂抓取组件,对物体进行抓取。在抓取组件中,算法根据拿到的目标位姿和当前机械臂的姿态,完成轨迹规划、运动学求解等任务。

如果要对机器人臂有多种任务要求,则应该在泛在机器人系统中预先准备好对应任务要求的多种机械臂组件,如机械臂视觉伺服组件、机械臂动态避障组件等。通过灵活地选择不同的机械臂组件,泛在机器人系统就可以完成各种复杂的任务,而无须进行长时间的联合调试。

使用机械臂组件,需要放在泛在机器人系统中,与之前的传感器组件、决策与算法组件进行交互,从而完成要求的任务。在泛在机器人系统中,由于组件的通用性,使用者可以根据任务要求,快速更换不同的组件,完成多样化,个性化的系统要求,如图 5-22 所示。

下面介绍两种常用的机械臂组件——视觉伺服和视觉抓取组件。

## 5.3.2 机械臂执行模块封装

这里主要介绍两种机械臂执行模块——视觉伺服模块和视觉抓取模块。

1)视觉伺服模块

视觉伺服模块如图 5-23 所示。

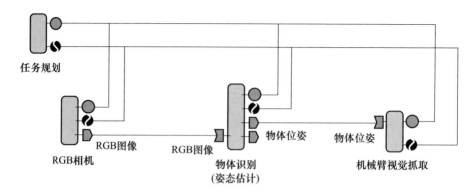

图 5-22 机械臂视觉抓取组件在泛在机器人系统中的应用

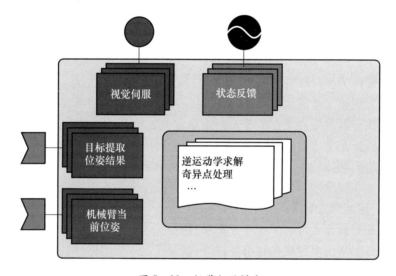

图 5-23 视觉伺服模块

输入接口类型定义：geometry_msgs/PoseArray,geometry_msgs/PoseArray

输出接口类型定义：std_msgs/Float64MultiArray

2）视觉抓取模块

视觉抓取模块如图 5-24 所示。

输入接口类型定义：geometry_msgs/PoseArray,geometry_msgs/PoseArray,octomap_msgs/Octomap

输出接口类型定义：std_msgs/Float64MultiArray

使用以上模块的封装代码示例（以视觉伺服为例）如下所示：

首先定义机械臂执行模块的消息文件，这里使用的 srv 文件包括 visual_info.srv 和 task.srv。

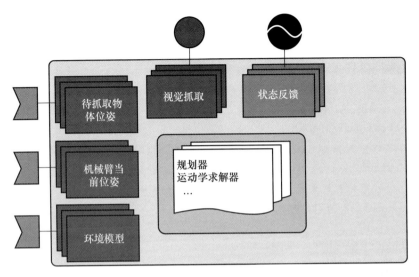

图 5-24 视觉抓取模块

visual_info. srv

bool start

- - -

geometry_msgs/PoseArray obj_pose

robot_state. srv

bool start

- - -

geometry_msgs/PoseArray robot_pose

task. srv

bool start

- - -

bool task_state

**模块的主程序框架如下：**

#include <iostream>

#include <ros/ros.h>

#include <task/robot_task.h>

#include <obj_msgs/visual_info.h>

#include <robot_msgs/robot_state.h>

using namespace std;


//ROS service 回调函数

```cpp
bool robot_task(task::robot_task::Request &req,task::robot_task::Response &res)
{
    if(req.start)
    {
        //输出:执行模块状态
        bool task_state;
        /* * * * * * * * * *机械臂视觉伺服模块功能实现部分 * * * * * */
        Visual_servo(obj_pose,robot_pose,&task_state);
        /* * * * * * * * * * * * * * * * * * * * * * * * * * * */
        res.task_state = task_state;
    }
    return true;
}
int main(int argc,char * * argv)
{
    ros::init(argc,argv,"main");
    ros::NodeHandle nh;
    //定义 ROS client 获取目标物体的位姿
    ros::ServiceClient client_obj = nh.serviceClient < obj_msgs::visual_info > ("obj_6d");
    //定义 ROS client 获取机器人当前的位姿
    ros::ServiceClient client_robot = nh.serviceClient < robot_msgs::robot_state > ("robot_state");

    //定义 ROS service 等待其他模块调用执行模块
    ros::ServiceServer service = nh.advertiseService("robot_task",robot_task);
    obj_msgs::visual_info srv_obj;
    robot_msgs::robot_state srv_robot;
    srv.request.start = true;
    srv2.request.start = true;
    geometry_msgs::PoseArray obj_pose;
    geometry_msgs::PoseArray robot_pose;
    ros::Rate loop_rate(200);
    while(ros::ok())
    {
```

```
        //从传感器模块获取目标物体的位姿
        client_obj.call(srv);
        client_robot.call(srv2);

        obj_pose = srv_obj.response.obj_pose;
        robot_pose = srv_robot.response.robot_pose;

        ros::spinOnce();
        loop_rate.sleep();
    }
    return 0;
}
```

其中,Visual_servo 函数是机械臂视觉伺服模块的主要实现部分,由于封装方式的不同,函数的参数会有些许不同。如果使用视觉抓取模块,可以把它改为对应的视觉抓取函数。因为内容近似,所以这里就不再赘述。

在使用模块的过程中,操作者可以根据应用的场合,灵活使用不同的模块,改变输入的参数,以达到较好的应用效果。

### 5.3.3 机械臂执行模块——视觉伺服

1) 视觉伺服概况

20 世纪 80 年代以来,计算机硬件及图像处理技术得到了迅速发展,为视觉信息用于连续反馈提供了可能性。在这种环境下,有学者提出将视觉信息作为反馈环节,与机器人的运动控制相结合,从而实现机器人的闭环控制,此种思想称为"视觉反馈控制"或"视觉伺服控制"。自此,机器人视觉伺服系统得到了相当广泛的研究。

视觉伺服因为横跨了机器人从视觉到控制的诸多领域,因此具有很深的研究意义。广义上的视觉伺服系统由以下五大部分组成:图像预处理、特征提取、摄像机标定、伺服控制器设计和机器人控制。

视觉伺服按照不同的标准有多种不同的分类方式:首先按照摄像机位置的不同,可以分为手眼系统和固定系统,前者表示摄像机固定在机械臂末端,与机械臂一起运动,该种方式因为视角有限所以能够观测到的空间场景较小,且无法保证目标一直处于视角内,很容易造成目标丢失;后者表示摄像机固定在世界坐标系下的某一确定位置,不随机械臂的运动而运动,与机械臂的基座之间具有确定的位姿转换关系,该种方式因为视角较大所以能够观测到的空间场景较大,不容易出现目标的丢失,但可能在机械臂运动的过程中出现机械臂对目标物体的遮挡从而阻碍识别的现象。根据是否用视觉信息直接控制机械臂将视觉伺服系统分为动态系统和直接视觉伺服系统,前者是一个双闭环的系统结构,即利用传感器的输出结果作为视觉伺服系统的输入,再由机械臂内环的关节伺服控制器进行控制;后者表示直接对机械臂的关节角进行控制。目前,大部分工业机械臂都提供了速度控制或者位置控制的接口,多数的研究采用双闭环的动态视觉伺服方式。

视觉伺服最重要的分类方式在于根据误差信号的类别进行分类,按照这种分类方式将视觉伺服分为基于位置的视觉伺服和基于图像的视觉伺服。基于位置的视觉伺服简称 PBVS(Position – based Visual Servo),其误差信号为三维位姿信息,本质上隐含了对物体进行识别的过程,这种方式的优点主要在于它考虑了对操作空间变量直接进行作用的可能性,在控制器的设计方面其实是将机械臂控制部分与视觉部分分离开来,因为相对较为简单,而其缺点在于它对相机标定的误差和机械臂的模型非常敏感,另外,它无法保证参考物体始终处于摄像机视野之内(图 5 – 25)。

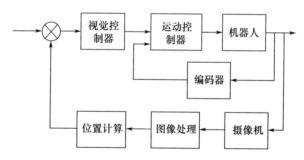

图 5 – 25　基于位置的视觉伺服控制器框架

基于图像的视觉伺服简称 IBVS(Image – based Visual Servo),其误差信号为二维图像特征信号。该方法主要是基于图像特征的视觉反馈,常用的一些图像特征检测方法包括特征点、光流场、图像矩等。该方法的优点在于对于摄像机标定和机械臂模型的误差具有较强的鲁棒性,缺点在于一方面控制器的设计较为困难,另一方面它需要实时在线对图像雅克比矩阵进行计算,容易出现奇异值和不稳定点的现象。

此外,也有学者针对这两种方式的优缺点设计了混合视觉伺服方法,其误差信号由两部分组成,包括三维的笛卡儿空间位姿信号和二维图像特征信号,因此,也称为 2.5 维的视觉伺服控制。其常用的具体控制方式为对机械臂的某几个自由度采用 PBVS,对机械臂的另几个自由度采用 IBVS[148]。

2) 常见的视觉伺服控制器介绍

视觉伺服控制器在机器人视觉伺服系统中处于核心的位置,一个好的控制器需要兼顾实时性、普适性、稳定性等多项性能。总体来说,视觉伺服控制器的种类繁多,大的类别上包括古典控制方法、现代控制方法和智能控制方法。其中比较典型的控制器包括 PID 控制器、基于图像差的控制器、视觉阻抗控制器、基于李雅普诺夫法的控制器以及以模糊控制和神经网络方法为代表的现代控制方法。

PID 控制器是最为经典也是使用最为广泛的控制器,在该系统中,误差信号可以通过三维位置或二维图像特征进行表示,输出即控制指令可以为机械臂笛卡儿空间或者关节空间的位置、速度命令。使用 PID 的控制器一般需要对机械臂的雅可比矩阵、正逆运动学进行详细的推导,从而实现机械臂末端笛卡儿空间到关节空间位置或者速度的变换[153]。

基于图像差的控制器是直接在图像空间进行控制的一种典型方法,它利用最终期望的目标位置所对应的期望图像规划并生成一系列的中间子期望图像,并将采集到的图像与期望子图像进行实时对比,通过求重心偏移和旋转等方式调整机械臂末端到所需要到达的期望位姿。该种方法的优势在于对视觉系统的标定误差敏感度低,而其局限性主要在于存在局部收敛问题。

视觉阻抗控制根据位置和力之间的关系,不直接控制力,而是通过调整刚度的方式来达到控制力的目的。传统方法是在末端执行器上安装力传感器,获得接触时的力进行控制,目前,关于视觉阻抗控制的研究主要集中在如何在非接触情况下对机械臂进行阻抗控制[151],其局限性主要在于涉及动力学的分析,并且受视觉系统延迟的影响十分明显。

基于李雅普诺夫的控制器首先针对系统建立特征集,根据特征集的雅可比矩阵以及期望特征集与当前特征集的关系,构造针对任务函数的李雅普诺夫函数,令该函数的导数小于零即可保证系统最终趋向于渐进稳定。该方法与 PID 方法类似,同样需要根据雅可比矩阵以及变量之间的微分关系获得视觉伺服系统的输出。

基于模糊控制和神经网络的控制器设计,其优点主要在于可以较好地对视觉伺服系统参数进行估计,它针对非线性函数的逼近能力使得该类控制器具有不错的研究前景,其局限性在于存在神经网络的泛化、模糊规则的提取等问题。

3) 基于 PID 的视觉伺服控制器实现

以一类具有普适性的六自由度机械臂基于视觉伺服的抓取问题为例,大多该类型的机械臂仅提供了位置和速度控制的接口。完成了对机械臂雅可比矩阵的推导以及相机的标定过程之后,可以建立起机械臂末端执行器位姿、速度与各个关节角度、速度之间的关系,同样可以建立起相机系统下的物体位姿与世界基坐标系下的物体位姿之间的一一对应关系。

这里采取的思想是基于误差量的控制,即每时每刻对机械臂末端期望到达的位姿与机械臂末端当前的位姿进行比较,将这一误差作为最终要消除的目标,采用 PID 控制器作为视觉伺服系统的主控制器(图 5 - 26)。

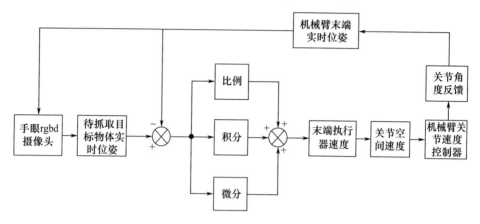

图 5 - 26　PID 视觉伺服控制器

该 PID 控制器的输入为待抓取目标物体的实时位置,误差量为目标物体位置与机械臂末端当前时刻实时位置之间的差,即

$$e = P_{\text{goal}} - P_{\text{ee}} \tag{5-23}$$

式中:$P_{\text{goal}}$ 为通过目标物体跟踪算法进行卡尔曼滤波后得到的目标位姿,$P_{\text{goal}}$ 同样也是每一时刻机械臂末端执行器所要达到的期望位姿;$P_{\text{ee}}$(end effector)表示机械臂末端执行器的当前位姿,它是通过读取控制器反馈的机械臂各个关节的实时角度并借助运动学方程计算正解得到。

控制器的控制目标是让误差为零,这里设计该 PID 控制器的输出为机械臂末端抓手在机械臂基坐标系下的速度信息,即

$$V_{\text{ee}}(t) = K_p e(t) + K_i \int e(\tau) \mathrm{d}\tau + K_d \frac{\mathrm{d}e(t)}{\mathrm{d}t} \tag{5-24}$$

得到了末端抓手的速度后,通过雅可比矩阵 $\boldsymbol{J}(q)$ 即可将其转化为机械臂各个关节的速度,并下发至机械臂关节速度控制器,即

$$\boldsymbol{V}_{\text{joint}} = \boldsymbol{J}(q)^{-1} \boldsymbol{V}_{\text{ee}} \tag{5-25}$$

这里将位置和姿态的跟踪作为两个部分分开来讨论,即末端抓手的速度分为线速度和角速度两个部分,针对每一部分采用 PID 框架进行控制从而获得速

度,即

$$\boldsymbol{V}_{ee} = \begin{bmatrix} \boldsymbol{V} \\ \boldsymbol{\omega} \end{bmatrix} \tag{5-26}$$

$$\boldsymbol{V} = \begin{bmatrix} V_x \\ V_y \\ V_z \end{bmatrix} \tag{5-27}$$

$$\boldsymbol{\omega} = \begin{bmatrix} \omega_x \\ \omega_y \\ \omega_z \end{bmatrix} \tag{5-28}$$

4)关于位置 PID 跟踪的末端线速度获取

关于位置即 $x$ 坐标、$y$ 坐标和 $z$ 坐标,认为其相互之间是解耦的,因此,对 $x$、$y$、$z$ 3 个方向单独采用 PID 控制。因为线速度与位置的微分相等,即

$$V_x = \frac{\mathrm{d}x}{\mathrm{d}t} = \dot{x} \tag{5-29}$$

$$V_y = \frac{\mathrm{d}y}{\mathrm{d}t} = \dot{y} \tag{5-30}$$

$$V_z = \frac{\mathrm{d}z}{\mathrm{d}t} = \dot{z} \tag{5-31}$$

因此,线速度部分的 PID 设计公式较为简单,即

$$V_x = K_p e_x + K_i \int e_x \mathrm{d}t + K_d \frac{\mathrm{d}e_x}{\mathrm{d}t} \tag{5-32}$$

$$V_y = K_p e_y + K_i \int e_y \mathrm{d}t + K_d \frac{\mathrm{d}e_y}{\mathrm{d}t} \tag{5-33}$$

$$V_z = K_p e_z + K_i \int e_z \mathrm{d}t + K_d \frac{\mathrm{d}e_z}{\mathrm{d}t} \tag{5-34}$$

式中:$e_x$ 表示末端抓手在机械臂基坐标系 $x$ 方向的实际位置与期望位置之间的误差;$e_y$ 表示末端抓手在 $y$ 方向的实际位置与期望位置之间的误差;$e_z$ 表示末端抓手在 $z$ 方向的实际位置与期望位置之间的误差,即

$$e_x = x_{\mathrm{goal}} - x_{\mathrm{ee}} \tag{5-35}$$

$$e_y = y_{\text{goal}} - y_{\text{ee}} \quad (5-36)$$

$$e_z = z_{\text{goal}} - z_{\text{ee}} \quad (5-37)$$

这里的 $xyz$ 坐标位置值都是相对于机械臂基坐标系而言。

由此,得到了关于位置 PID 跟踪的机械臂末端抓手的实时线速度表达式,该线速度即为末端抓手需要跟踪目标物体位置所需要的实时线速度,将该速度经雅可比矩阵变换后得到各个关节的实时速度,下发至机械臂控制器即可实现机械臂末端关于目标物体位置的实时跟踪。

5)关于姿态 PID 跟踪的末端角速度获取

角速度与线速度最为明显的不同是,角速度在数值上并不直接等于角度的微分,因此,在对姿态做 PID 跟踪时,需要先明确角速度与角度微分以及四元数微分之间的关系,这里分别讨论了通过欧拉角做 PID 变换得到角速度和通过四元数做 PID 变换得到角速度的两种方式。

角速度的一种表达式是其关于欧拉角微分的变换,由角度微分方程,不难得出其关系式为

$$\begin{bmatrix} \omega_x \\ \omega_y \\ \omega_z \end{bmatrix} = \begin{bmatrix} 0 & -s\theta_z & c\theta_y c\theta_z \\ 0 & c\theta_z & c\theta_z s\theta_z \\ 1 & 0 & -s\theta_y \end{bmatrix} \begin{bmatrix} \dot{\theta}_z \\ \dot{\theta}_y \\ \dot{\theta}_x \end{bmatrix} \quad (5-38)$$

式中:角速度均为相对于基坐标系的世界角速度;$\theta_x$、$\theta_y$、$\theta_z$ 分别表示绕 $x$、$y$、$z$ 轴旋转的欧拉角,表达式中不难看出角速度并不等于角度的微分,还需要乘以一个和当前状态有关的矩阵。若此处采用和线速度类似的方式对欧拉角的微分进行 PID 转换,即

$$\begin{bmatrix} \omega_x \\ \omega_y \\ \omega_z \end{bmatrix} = \begin{bmatrix} 0 & -s\theta_z & c\theta_y c\theta_z \\ 0 & c\theta_z & c\theta_z s\theta_z \\ 1 & 0 & -s\theta_y \end{bmatrix} \begin{bmatrix} K_p e_{\theta x} + K_i \int e_{\theta x} \mathrm{d}t + K_d \dfrac{\mathrm{d}e_{\theta x}}{\mathrm{d}t} \\ K_p e_{\theta y} + K_i \int e_{\theta y} \mathrm{d}t + K_d \dfrac{\mathrm{d}e_{\theta y}}{\mathrm{d}t} \\ K_p e_{\theta z} + K_i \int e_{\theta z} \mathrm{d}t + K_d \dfrac{\mathrm{d}e_{\theta z}}{\mathrm{d}t} \end{bmatrix} \quad (5-39)$$

使用该方法可以得到末端抓手需要跟踪目标物体的姿态时所需要具备的实时角速度值,然而,存在的问题是:首先对于给定的姿态,欧拉角的表示方式不唯一,这包括欧拉角在 90°、180°附近的不连续和突变现象,另外还有著名的万向

节死锁问题,这些都直接导致了当姿态在连续变化时,如图 5-27 所示,欧拉角在数值表示上却是非连续变化的。因此,欧拉角不是一个很好的表示旋转姿态的方式,故不采用上述公式对角速度进行计算。

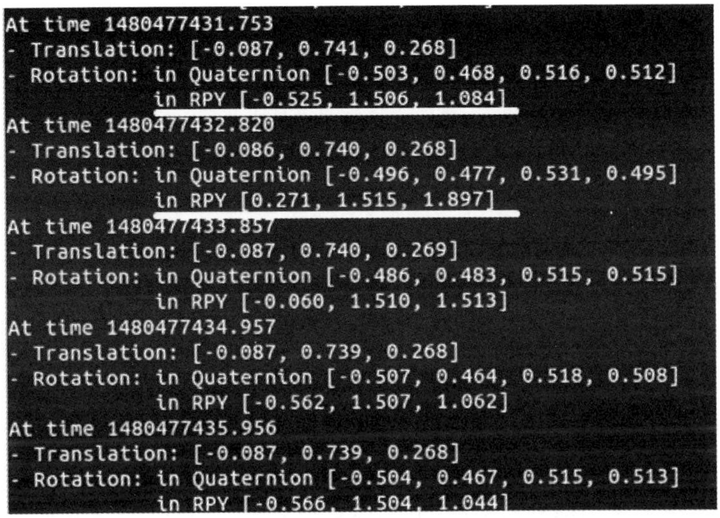

```
At time 1480477431.753
- Translation: [-0.087, 0.741, 0.268]
- Rotation: in Quaternion [-0.503, 0.468, 0.516, 0.512]
            in RPY [-0.525, 1.506, 1.084]
At time 1480477432.820
- Translation: [-0.086, 0.740, 0.268]
- Rotation: in Quaternion [-0.496, 0.477, 0.531, 0.495]
            in RPY [0.271, 1.515, 1.897]
At time 1480477433.857
- Translation: [-0.087, 0.740, 0.269]
- Rotation: in Quaternion [-0.486, 0.483, 0.515, 0.515]
            in RPY [-0.060, 1.510, 1.513]
At time 1480477434.957
- Translation: [-0.087, 0.739, 0.268]
- Rotation: in Quaternion [-0.507, 0.464, 0.518, 0.508]
            in RPY [-0.562, 1.507, 1.062]
At time 1480477435.956
- Translation: [-0.087, 0.739, 0.268]
- Rotation: in Quaternion [-0.504, 0.467, 0.515, 0.513]
            in RPY [-0.566, 1.504, 1.044]
```

图 5-27 姿态连续变化时欧拉角突变

表示姿态的另一种方式为四元数,用四元数表示姿态可以理解为绕一根旋转轴旋转一定的角度,它用一个三维向量表示转轴方向、用一个角度值表示绕该旋转轴的旋转角度。关于四元数的微分方程这里采用了一阶龙格-库塔(Runge-Kutta)法进行求解并进行变换,此处采取的四元数表达式为

$$Q = q_0 + q_1\boldsymbol{i} + q_2\boldsymbol{j} + q_3\boldsymbol{k} = (q_0, q_1, q_2, q_3) \tag{5-40}$$

可以得到角速度与四元数微分之间的关系为

$$\begin{bmatrix} \omega_x \\ \omega_y \\ \omega_z \end{bmatrix} = 2 \cdot \begin{bmatrix} -q_1 & q_0 & -q_3 & q_2 \\ -q_2 & q_3 & q_0 & -q_1 \\ -q_3 & -q_2 & q_1 & q_0 \end{bmatrix} \begin{bmatrix} \dot{q}_0 \\ \dot{q}_1 \\ \dot{q}_2 \\ \dot{q}_3 \end{bmatrix} \tag{5-41}$$

式中:$\dot{q}_0$、$\dot{q}_1$、$\dot{q}_2$、$\dot{q}_3$ 与线速度部分类似为对误差量进行 PID 求解计算得到,即

$$\begin{bmatrix} \omega_x \\ \omega_y \\ \omega_z \end{bmatrix} = 2 \cdot \begin{bmatrix} -q_{1ee} & q_{0ee} & -q_{3ee} & q_{2ee} \\ -q_{2ee} & q_{3ee} & q_{0ee} & -q_{1ee} \\ -q_{3ee} & -q_{2ee} & q_{1ee} & q_{0ee} \end{bmatrix} \begin{bmatrix} K_p e_{q0} + K_i \int e_{q0} \mathrm{d}t + K_d \dfrac{\mathrm{d}e_{q0}}{\mathrm{d}t} \\ K_p e_{q1} + K_i \int e_{q1} \mathrm{d}t + K_d \dfrac{\mathrm{d}e_{q1}}{\mathrm{d}t} \\ K_p e_{q2} + K_i \int e_{q2} \mathrm{d}t + K_d \dfrac{\mathrm{d}e_{q2}}{\mathrm{d}t} \\ K_p e_{q3} + K_i \int e_{q3} \mathrm{d}t + K_d \dfrac{\mathrm{d}e_{q3}}{\mathrm{d}t} \end{bmatrix}$$

(5-42)

式中:$e_{q0}$ 表示末端抓手当前姿态对应四元数的 $q_0$ 分量与期望姿态对应四元数的 $q_0$ 分量之间的误差,同理,$q_1$、$q_2$、$q_3$ 意义相同,即

$$Q_{goal} = q_{0goal} + q_{1goal}i + q_{2goal}j + q_{3goal}k = (q_{0goal}, q_{1goal}, q_{2goal}, q_{3goal}) \quad (5-43)$$

$$Q_{ee} = q_{0ee} + q_{1ee}i + q_{2ee}j + q_{3ee}k = (q_{0ee}, q_{1ee}, q_{2ee}, q_{3ee}) \quad (5-44)$$

式中:$Q_{goal}$ 表示机械臂末端抓手所要达到的目标姿态对应的四元数表示;$Q_{ee}$ 表示机械臂末端抓手当前姿态对应的四元数表示。误差量可以表示为

$$e_{q0} = q_{0goal} - q_{0ee} \quad (5-45)$$

$$e_{q1} = q_{1goal} - q_{1ee} \quad (5-46)$$

$$e_{q2} = q_{2goal} - q_{2ee} \quad (5-47)$$

$$e_{q3} = q_{3goal} - q_{3ee} \quad (5-48)$$

由此,得到关于姿态 PID 跟踪的机械臂末端抓手的实时角速度表达式,该角速度即为末端抓手需要跟踪目标物体姿态所需要的实时角速度,将该角速度经雅可比矩阵变换后同样可得到各个关节的实时速度,下发至机械臂控制器即可实现机械臂末端关于目标物体姿态的实时跟踪。

将以上两部分即末端抓手的线速度和角速度相联立,即可得到机械臂末端抓手需要同时跟踪目标物体位置和姿态时的 PID 实时控制速度,将此速度经雅可比转换后便可转化得到最终下发所需要的机械臂各个关节的速度。

### 5.3.4 机械臂执行模块——视觉抓取

1)视觉抓取模块概况

使用机械臂抓取物体是工业和生活中常见的应用场景,所以在这方面的研究点也比较多。首先,要用视觉对抓取物体进行定位和姿态估计,这部分需要之

前提到的物体识别和6D姿态估计组件,并得到物体的位姿。另外,为了在抓取过程中避开可能的障碍物,还需要环境的模型。有了这两个信息后,再加上机械臂当前的位置信息,就可以使用视觉抓取模块了。模块中使用的算法主要是规划器和运动学求解器。规划器可以让机器人避开环境中的障碍物,从当前姿态转换到抓取物体的目标姿态。运动学求解器则可以求得不同姿态下,每个关节的运动学逆解位置。最后,视觉抓取模块会输出一系列的机械臂运动指令,这些指令会让机械臂按照规划移动到抓取位置,完成物体的抓取。

所以,视觉抓取模块的输入信息包括待抓取物体的位姿、机械臂当前的位置信息、周边环境模型。输出的就是机械臂运动指令。内部的算法包括运动规划算法和运动学求解器。

2)基于视觉的机械臂抓取研究

机械臂所具备的最基本的能力之一就是实现对物体的抓取,传统的基于示教的工业机械臂的控制方式大大降低了机械臂的智能化水平,目前的研究多集中于基于视觉的机械臂抓取,这其中包括基于单目相机、双目相机和多目相机的抓取问题。

单目相机的视觉抓取问题,因为图像信息量较小所以处理速度较快,在实时性方面更具有优势,然而,由于单目相机不能直接得到目标深度信息,需要借助于待抓取物体的初始位置或者已有模型,方能对其三维位姿信息进行还原;双目相机和多目相机的抓取问题,可直接得到深度信息,因此,更容易计算获得待抓取物体的三维位姿信息,但是计算中涉及图像的整合,因此计算量较大,容易影响抓取系统的实时性。

针对视觉特征提取,早期主要采用局部图像特征作为视觉特征,包括图像特征点、线、椭圆、距离等,这些较为简单的几何特征计算量小,实时性高,适用于视觉伺服系统的物体跟踪,但是缺点在于容易受图像噪声的影响。近几年来,以图像矩为代表的全局图像特征的视觉跟踪方法受到了很大的关注,使用全局图像特征能够进一步增强识别和跟踪系统的鲁棒性,但是控制器的设计较为复杂。表5-1列出了几种图像特征视觉反馈方法的对比。

表5-1 几种常见的图像特征视觉反馈方法

| 方法 | 优点 | 缺点 |
| --- | --- | --- |
| 特征点 | 控制器设计简单 | 对噪声十分敏感 |
| 光流场 | 能够有效反映运动状态 | 对噪声十分敏感 |
| 互信息 | 对噪声不敏感 | 实时性差,计算量大 |
| 图像矩 | 对噪声不敏感 | 仅仅只能针对平面目标 |

在基于视觉的抓取问题中,另一个研究的热点问题是视觉系统的动态性能,目前关于这一部分的研究主要集中在3个方面:第一是使用高速视觉系统[156],以超过1kHz频率的视觉系统对运动物体进行实时跟踪,然而该种视觉系统因为受到硬件设备的约束多数情况下图像分辨率较低,会导致对物体跟踪的描述存在误差,另外,这种系统开发维护的成本都很高,较难在工业和家庭领域下广泛应用;第二是使用分布式网络化的视觉系统,该种方法通过结合多传感器的信息融合,有效地提高了视觉伺服中视觉系统的动态性能,但是其针对庞大的网络要求使用更加复杂的控制算法,因此,在故障处理方面鲁棒性较差;第三是使用观测器,这种方式是目前最为有效地提高视觉系统动态响应的方法,主要是采用卡尔曼滤波和粒子滤波来对视觉系统噪声进行处理,同时提高系统的鲁棒性。视觉部分已经在前面的物体识别和姿态估计部分有了详细介绍,这里就作简单介绍,不再赘述。视觉部分的结果会作为抓取组件的重要输入,其格式应当符合组件规范。

3)运动规划算法

相比于移动机器人的路径规划,机械臂的运动规划问题更加复杂。其区别主要在于规划空间的不同,平面机器人的路径规划问题可以将机器人本身看作一个点,即使机器人本身具有一定尺寸,在将障碍物按照闵可夫斯基和(Minkowski Sum)原理做相应的膨胀处理后仍然可以将机器人看做一个点。而机械臂的运动规划问题需要考虑机械臂高自由度的构形空间,以六自由度机械臂为例,它需要用机械臂6个关节的转角组成的六维向量进行表示,此时,机械臂无法被认为是一个点进行处理。

机械臂的运动规划问题按照大的类别可以分为最优规划(Optimization - based Planning)和采样规划(Sampling - based Planning)。当应对机械臂需要避开空间中障碍物的问题时,采样规划的方法更加有效。在采样规划中,最有名的两种算法分别是概率路图法(Probabilistic Roadmap,PRM)和快速拓展随机树法(Rapidly - exploring Random Trees,RRT)。

快速拓展随机树法的原理是从起始点开始向外拓展一个树状结构,其中树状结构的拓展方向是通过在规划空间内随机采点确定的[157]。当在采样的过程中,目标点被连接到了该树状结构中,则搜索结束,一条由起始点到目标点的无碰撞的路径被得到。

快速拓展随机树的实现过程如下:首先从初始点 $x_{init}$ 出发构建随机树,记录此树为 $T$;接着在空间内对状态点进行随机选择,记为 $x_{rand}$,遍历树 $T$,找到 $T$ 中离 $x_{rand}$ 状态节点最近的状态点,记为 $x_{near}$;之后选择一个输入 $u$(该输入可以是速度或者转角等)作用于 $x_{near}$ 上,在该输入的作用下,机械臂沿着 $x_{near}$ 到 $x_{rand}$;接着对于候选的路径集合,在经过时间 $\Delta t$ 之后到达的新状态组成了一个新的集合,记该集合中状态点为 $x_{new}$,此时,对于输入量 $u$ 而言,使得从 $x_{new}$ 状态点到 $x_{rand}$ 状态点距离最近的输入为相对应的最优输入;之后重复该过程会一直产生新状态,直到目标状态点 $x_{goal}$ 被到达,此时,随机树的搜索过程完毕,由初始点到目标点的连线即为规划出的满足要求的路径。

4) 系统控制框架与实现

在抓取运动物体的过程中,着重需要考虑的点是抓取的精度和系统的实时性,而在机械臂完成物体抓取后执行放置任务时,着重需要考虑的点是避障和安全性。

在智慧工厂中的流水线抓取问题中,机械臂完成了对流水线上运动物体的抓取任务后,需要将目标物体放置在全方位移动底座的平台上;在人机协作的情景中,六自由度机械臂在完成了对人手中物体的抓取任务后,同样需要将目标物体放置在移动底座的平台上,从而方便之后的运送。此时,因为放置目标位置的相对确定化,实时性问题将不再被考虑,而避障和安全性的问题需要解决(图5-28)。

图 5-28 基于运动规划的放置系统控制框架

机械臂在完成对运动目标物体的抓取后,需要对周围环境障碍进行建模,选择一条合理高效的路径将物体成功放置于移动底座的平台上。在这一流程中,由 rgbd 摄像头获得深度图像并将周围环境的三维点云转化为用于碰撞检测的栅格地图,之后借助如快速拓展随机树等运动规划算法实现机械臂无碰撞路径的关节空间轨迹规划,并将规划好的关节角度位置下发至机械臂的关节位置控制器并执行。

在 ROS 中的具体实现可以描述如下:通过 ROS 中处理机械臂运动规划问题的组件 MoveIt 中的 move_group 节点予以实现,该节点在软件层面的组织架构关系如图 5-29 所示。

该节点接收机械臂控制器实时返回的关节角度反馈信息,接收用户定义的用于描述机器人模型和其它相关信息的通用文件 urdf(The Universal Robotic Description Format),同时接收深度相机采集得到的点云图像作为机械臂运动规划中对环境障碍物的描述,与机械臂开源运动规划库(Open Motion Planning

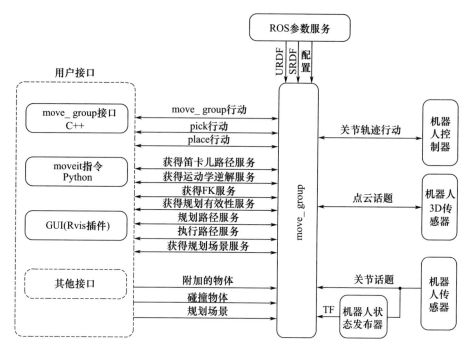

图 5-29　move_group 节点软件组织架构图

Library,OMPL)中的规划算法相结合,规划出一条由起始点到目标点的无碰撞的路径,这条路径的表示方式为几十个路径点,其中每个路径点都包含了机械臂各个关节的角度。将规划结果下发到机械臂的关节位置控制器,机械臂每个关节按照规划的结果进行执行。

其中机械臂周围的环境信息由 rgbd 深度相机获得。这里将原始的环境点云地图信息经过栅格化处理后转换成了可以供障碍物检测的栅格地图。每个小栅格的边长在 3cm,即此时空间被分割为若干个 3cm×3cm×3cm 尺寸大小的立方体空间。在每一个立方体空间内,若存在障碍物则认为该立方体空间为障碍物,在仿真环境中该立方体空间显示出来的状态为一个被占满的栅格。可采用快速拓展随机树(RRT)的运动规划算法完成物体放置阶段两点之间无碰撞平滑路径的实现(图 5-30)。

机械臂执行模块是工业环境中常用的机器人模块,视觉伺服和视觉抓取模块则是具有代表性的两个模块。视觉伺服模块一般会使用在工业流水上的分拣场合,而视觉抓取模块则会用在一些上下料场合等。这两个模块都需要使用视觉模块的目标位姿提取,所以在设计使用执行模块的时候需要考虑到融合视觉处理的结果。

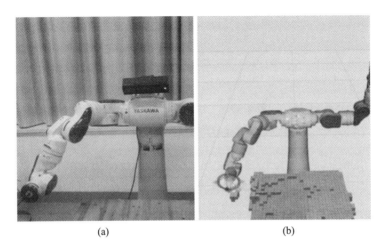

图 5-30　真实环境下的机械臂和机械臂规划仿真环境

## 5.4　增强现实功能模块

### 5.4.1　增强现实功能模块简介

传统机器人的操作界面操作过程繁杂、步骤多,主要用户是面向具有相关知识的专业人员,需要有较长时间的培训过程,无法做到快速上手操作。培训效果有限,并需要较高昂的培训费用,而且耗费时间和精力。

泛在机器人主要希望面向普通的消费者,因此,必须要改变传统的交互方式,增强现实就是一种更友好的交互方式,用户可以佩戴 HoloLens 等增强现实设备,将泛在机器人的执行情况叠加在真实的环境之中,用户可以更加方便、快捷地了解执行情况。

目前,对于增强现实有两种通用的定义。一种定义是北卡大学教授罗纳德·阿祖玛(Ronald Azuma)于 1997 年提出的,他认为增强现实包括 3 个方面的内容。

(1) 将虚拟物与现实结合。

(2) 即时互动。

(3) 三维。

另一种定义是 1994 年保罗·米尔格拉姆(Paul Milgram)和岸野文郎(Fumio Kishino)提出的现实—虚拟统一体(Milgram's Reality - Virtuality Continuum)。如图 5-31 所示,他们将真实环境和虚拟环境分别作为连续系统的两端,位于它们中间的被称为"混合现实"。其中靠近真实环境的是增强现实(Augmented Reality),靠近虚拟环境的则是增强虚拟。

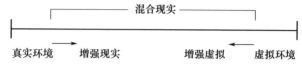

图 5-31　现实-虚拟统一体概念关系

第一个增强现实系统是在 20 世纪 90 年代早期发明的,以 1992 年美国空军阿姆斯特朗实验室开发的虚拟夹具系统为标志。波音公司的 Tom Caudell 和他的同事在他们设计的一个辅助布线系统中提出了"增强现实"(Augmented Reality,AR)这个名词[160]。在他们设计的系统中,应用 S-HMD 把由简单线条绘制的布线路径和文字提示信息实时地叠加在机械师的视野中,而这些信息则可以帮助机械师一步一步地完成一个拆卸过程,以减少在日常工作中出错的机会。

增强现实最早开始商业化时主要用于娱乐和游戏业务,但现在其他行业也开始对 AR 技术所带来的可能性感兴趣,如知识共享、教育、管理信息泛滥和组织远程会议。

目前,应用 AR 的领域主要分布比例如图 5-32 所示,AR 技术已经在工程中的很多领域有了一定的应用,由最初的航空领域扩展到了工厂维修、设备维护、核领域、遥操作等诸多领域。增强现实技术也正在改变教育的世界,通过移动设备扫描就查看图像和内容。另一个例子是建筑工人的 AR 头盔,显示有关建筑工地的信息。

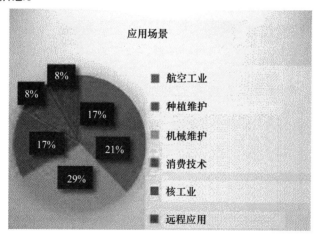

图 5-32　AR 应用领域

## 5.4.2 增强现实功能模块封装

增强现实应用模块封装如图 5-33 所示。

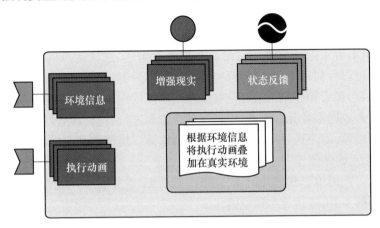

图 5-33 增强现实应用模块封装

输入接口类型定义：geometry_msgs/PoseArray,geometry_msgs/PoseArray
输出接口类型定义：std_msgs/Float64MultiArray

## 5.4.3 增强现实模块实现方法

1) OpenGL 简介

OpenGL 包括 120 个图形函数和 1670 万种色彩的调色板，开发者不仅可以利用这些函数建立三维模型和景物模型，进行实时交互；也可以利用其他不同格式的数据源，简化了三维图形程序，同时 OpenGL 提供一系列外部设备访问函数，方便访问鼠标、键盘等。项目分别利用外部模型导入和 OpenGL 模型创建的方法实现 AR 模型的创建。

整个 OpenGL 的基本工作流程如图 5-34 所示。

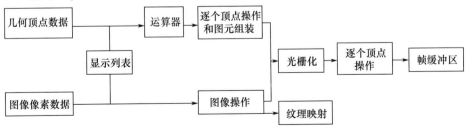

图 5-34 OpenGL 的基本工作流程

其中几何顶点数据包括模型的顶点集、线集、多边形集,这些数据经过流程图的上部,包括运算器、逐个顶点操作等;图像数据包括像素集、影像集、位图集等,图像像素数据的处理方式与几何顶点数据的处理方式是不同的,但都经过光栅化、逐个片元(Fragment)处理直至把最后的光栅数据写入帧缓冲器。

OpenGL 要求把所有的几何图形都用顶点描述,这样运算器和逐个顶点计算操作都可以针对每个顶点进行计算和操作,然后进行光栅化形成图形片元;对于像素数据,像素操作结果被存储在纹理组装用的内存中,再像几何顶点操作一样光栅化形成图形片元。因此,设计从两个方面进行分析,即通过设置顶点属性进行模型创建,以及通过图像像素数据的读取进行模型加载。

2)彩六面体创建

针对一些简单形状的几何体,顶点个数有限、数据已知的情况,可以使用流程图上部的步骤,进行逐个顶点操作。

根据 OpenGL 特性,按顶点创建彩六面体(部分代码)如下所示:

```
void DrawCube()
{
    glBegin(GL_POLYGON);//前表面
    glColor3ub((GLubyte)255,(GLubyte)255,(GLubyte)255);//颜色设置为白色
    glVertex3f(50.0f,50.0f,50.0f);

    glColor3ub((GLubyte)255,(GLubyte)255,(GLubyte)0);//颜色设置为黄色
    glVertex3f(50.0f,-50.0f,50.0f);

    glColor3ub((GLubyte)255,(GLubyte)0,(GLubyte)0);//颜色设置为红色
    glVertex3f(-50.0f,-50.0f,50.0f);

    glColor3ub((GLubyte)255,(GLubyte)0,(GLubyte)255);//颜色设置为白色
    glVertex3f(-50.0f,50.0f,50.0f);
    glEnd();
}
```

六面体共 12 个顶点,分 6 个表面进行创建。GL_POLYGON 绘制由 4 个顶点组成的一组单独的四边形,glColor3f 为顶点的颜色设置(归一化),glVertex3f 为顶点坐标设置。运行结果(俯视图)如图 5 – 35(a)所示。

左下角(-50,-50,50)为程序中的红色,即为深灰度;右下角(50,-50,

50)为黄色,即为中灰度;左上角(-50,50,50)为品红色,即为中灰度;右上角(50,50,50)为白色,即为浅灰度。同理,我们可以设置其他5个表面的数据进行彩六面体的创建。得到立体效果图如图5-35(b)所示。

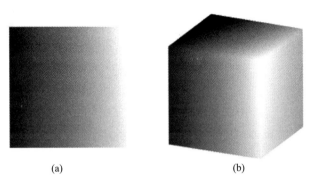

图 5-35 立体效果图

其中,初始化正六面体之后,需要设置默认显示的初始的位置和角度,因此,需要如下所示代码进行初始姿态的预设。

```
glRotatef(AngleX,1.0f,0.0f,0.0f);
glRotatef(AngleY,0.0f,1.0f,0.0f);
```

3) 带光影纹理的太阳系创建

根据 OpenGL 特性,按顶点创建太阳系(部分代码):

```
void SolarSystem()
{
    GLfloat light_p1[] = { 31,31,10,1 };
    glLightfv(GL_LIGHT0,GL_POSITION,light_p1);//指定光源位置

    glEnable(GL_LIGHTING);//启用光源
    glEnable(GL_LIGHT0);//使用指定灯光
    //绘制红色的"太阳"
    GLfloat mat_specular[] = { 1,0,0,1 };
    GLfloat mat_shininess[] = { 50 };
    GLfloat lmodel_ambient[] = { 1,0,0,1 };   //太阳颜色为红色
    GLfloat white_light[] = { 1,1,1,1 };

    glMaterialfv(GL_FRONT,GL_SPECULAR,mat_specular);
    glMaterialfv(GL_FRONT,GL_SHININESS,mat_shininess);
    glMaterialfv(GL_FRONT,GL_DIFFUSE,lmodel_ambient);
    glLightModelfv(GL_LIGHT_MODEL_AMBIENT,lmodel_ambient);
```

```
    glTranslatef(31,31.0f,10.0f);
    glutSolidSphere(20,20,20);
}
```

太阳为光源,为实现光影效果,需要将太阳指定为光源,glMaterialfv 指定用于光照计算的当前材质属性,GL_FRONT 指的是设置应用于物体的前表面,GL_SPECULAR 等是指设置的材质属性种类,自定义的指向数组是设置的属性值。GL_DIFFUSE 是指材质的散射颜色,GL_SPECULAR 是指材质的镜面反射颜色,GL_SHINISS 是指镜面反射指数。glLightModelfv 设置光照模型的参数,GL_LIGHT_MODEL_AMBIENT 是指光照的光源和背景光设置。GLTranslatef 函数沿正方向平移相应个单位。glutSolidSphere 函数是渲染一个球体,参数分别对应球体半径、经线、纬线。同理可实现月球和地球的创建,如图 5-36 所示,最左边的球体为太阳,中间的球体为地球,最右边的球体为月亮,三者相互绕转。

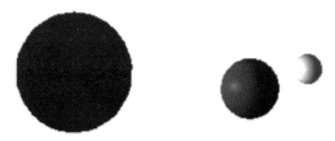

图 5-36 太阳、地球和月球模型效果

为实现随时间变化,月球绕地球转,地球绕太阳转,定义时间 day 如下所示:

```
static int day = 200;
void universe()
{
    day + + ;
}
```

每次循环后变量 day 加一,如下所示为每次循环代码,地球的运转位置由 day 的大小控制。这样可以实现在 OpenGL 中创建动态模型的目的。

```
glRotatef(day / 360.0 * 360,0.0f,0.0f, -1.0f);
```

4) 模型加载

上节通过手工指定三维模型,进行渲染。其缺点是只能创建一些简单的模型,如六面体、四面体金字塔型等。太阳系的绕转模型包含的模型也只有球体,因此,如果要渲染更为复杂的物体,如复杂的卡通模型,不仅所需要的顶点数量庞大,而且还包含除位置外的种种属性,因此,通过在程序中指定顶点缓冲渲染复杂模型的方法,几乎不可能。因此,目前主流的方式是通过一些专用的三维建模软件进行物体建模,如 Blender、Maya 或者 3Dsmax 等。模型完成后,在导出模型相应的数据类型,进行加载使用。

为了将不同格式的模型加载入 OpenGL 中使用了一个非常流行的模型导入库 AssImp 库加载模型,它是 Open Asset Import Library(开放的资产导入库)的缩写。AssImp 是一个基于 C++语言的模型加载库。AssImp 能够导入很多种不同的模型文件格式(并也能够导出部分的格式),它会将所有的模型数据加载至 AssImp 的通用数据结构中。当 AssImp 加载完模型之后,我们就能够从 AssImp 的数据结构中提取所需的所有数据了。由于 AssImp 的数据结构保持不变,无论导入的是什么种类的文件格式,它都能够将我们从这些不同的文件格式中抽象出来,用同一种方式访问我们需要的数据。

当使用 AssImp 导入一个模型时,它通常会将整个模型加载进一个场景(Scene)对象,包含导入的模型/场景中的所有数据。AssImp 会将场景载入为一系列的节点(Node),每个节点包含场景对象中所储存数据的索引,每个节点都可以有任意数量的子节点。AssImp 数据结构的(简化)模型如图 5-37 所示。

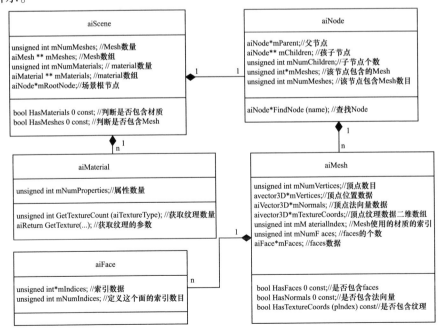

图 5-37 AssImp 数据结构的简化模型

其中，aiScene 作为 AssImp 加载模型的根数据结构，保存了从模型加载的顶点位置、法向量、纹理、光照等数据，例如，它通过数组 mMeshes 保存 Mesh 数据，通过 mMaterials 保存材质数据。总之，aiScene 保存了加载的模型数据，其余类通过索引 aiScene 中存储的对象获取对应的数据。

aiNode 模型通过层次结构存储，根节点 mRootNode 保存在 aiScene 中，根节点下面有 0 至多个子节点，每个节点通过 aiNode 类表达，aiNode 中包含一个或者多个 Mesh。注意：这里的 Mesh 是对 aiScene 中 Mesh 数据的一个索引；aiMesh 是上一节中所讲的 Mesh 对象，Mesh 中包含顶点位置数据、法向量、纹理数据，每个 Mesh 可以包含一个或者多个 Face；aiFace 是一个面，一般来讲，在读取模型时通过后处理选项（post-processflag）将模型转换为三角形网格，那么，这里的面主要是三角形面。后处理选项稍后介绍。通过三角形面，可以获取渲染模型需要的索引数据。

通过 AssImp 模型库，将抽象的模型数据转换为 OpenGL 可以处理的 VBO、EBO 纹理数据，之后通过 Importer 函数进行模型加载。

首先利用如下所示代码，进行程序日志的创建，用来记录程序运行状况，将详细信息通过 Assimp::Logger 函数储存在相应的根结构中。同时创建 assimp_log.txt，储存每次的运行日志。

```
void createAILogger()
{
    Assimp::Logger::LogSeverity severity = Assimp::Logger::VERBOSE;

    // Create a logger instance for Console Output
    Assimp::DefaultLogger::create("",severity,aiDefaultLogStream_STDOUT);

    // Create a logger instance for File Output (found in project folder or near.exe)
    Assimp::DefaultLogger::create("assimp_log.txt",severity,aiDefaultLogStream_FILE);

    // Now I am ready for logging my stuff
    Assimp::DefaultLogger::get()->info("this is my info-call");
}
```

在每次调用完 Logger 函数后，应该利用如下所示代码关闭该日志工作，保证其不占用运行缓存。

```cpp
void destroyAILogger()
{
    // Kill it after the work is done
    Assimp::DefaultLogger::kill();
}

void logInfo(std::string logString)
{
    //Will add message to File with "info" Tag
    Assimp::DefaultLogger::get()->info(logString.c_str());
}

void logDebug(const char* logString)
{
    //Will add message to File with "debug" Tag
    Assimp::DefaultLogger::get()->debug(logString);
}
```

在进行完日志创建后,如下所示代码,开始从文件导入3D模型,运行前先检测文件是否存在,如果文件不存在,则将无法打开该文件,输出到上述创建的运行日志中,结束程序。

```cpp
bool Import3DFromFile(const std::string& pFile)
{
    //check if file exists
    std::ifstream fin(pFile.c_str());
    if (!fin.fail())
    {
        fin.close();
    }
    else
    {
        MessageBox(NULL,("Couldn't open file:" + pFile).c_str(),"ERROR",MB_OK | MB_ICONEXCLAMATION);
        logInfo(importer.GetErrorString());
        return false;
    }

    scene = importer.ReadFile(pFile,aiProcessPreset_TargetRealtime_
```

```
Quality);

    // If the import failed, report it
    if (! scene)
    {
            logInfo(importer.GetErrorString());
            return false;
    }

    // Now we can access the file's contents.
    logInfo("Import of scene " + pFile + " succeeded.");

    // We're done. Everything will be cleaned up by the importer destructor
    return true;
}
```

当检测文件存在时，按像素读取文件信息，包括顶点的位置、法向量等信息。在纹理的加载成功时，需要 ilConvertImage 函数将文件转化为无符号字节的格式类型，即将 RGB 格式转化为 RGBA 格式，通过线性放大过滤器和线性修正过滤器，进行纹理像素点数值的处理。将照片数据读取成纹理数据后，需要清除该照片占用的内存，防止内存泄露，代码如下所示。

```
    if (success) /* If no error occured: */
    {
        /* Convert every colour component into
        unsigned byte. If your image contains alpha channel you can replace IL
_RGB with IL_RGBA */
        success = ilConvertImage(IL_RGB, IL_UNSIGNED_BYTE);
        if (! success)
        {
            /* Error occured */
            abortGLInit("Couldn't convert image");
            return -1;
        }
        //glGenTextures (numTextures, &textureIds[i]); /* Texture name generation */
        glBindTexture(GL_TEXTURE_2D, textureIds[i]); /* Binding of texture name */
        //redefine standard texture values
```

```
    /* We will use linear interpolation for magnification filter */
    glTexParameteri(GL_TEXTURE_2D,GL_TEXTURE_MAG_FILTER,GL_LINEAR);
    /* We will use linear interpolation for minifying filter */
    glTexParameteri(GL_TEXTURE_2D,GL_TEXTURE_MIN_FILTER,GL_LINEAR);
     glTexImage2D (GL _ TEXTURE _ 2D, 0, ilGetInteger (IL _ IMAGE _ BPP),
ilGetInteger(IL_IMAGE_WIDTH),
          ilGetInteger(IL_IMAGE_HEIGHT),0,ilGetInteger(IL_IMAGE_FOR-
MAT),GL_UNSIGNED_BYTE,
          ilGetData());/* Texture specification */
}
```

此时,将得到的包含纹理数据的 AiScene 函数应用到场景,并根据已知模型的大小,将其放大 1.3 倍,以适合屏幕。之后再进行 GL 场景的绘制。

```
void drawAiScene(const aiScene* scene)
{
    glRotatef(90,1,0,0);
    glTranslatef(31.0f,0.0f,-31.0f);
    logInfo("drawing objects");
    recursive_render(scene,scene->mRootNode,1.3);
}
```

5) 坐标变换

所谓齐次坐标表示法,就是用 $n+1$ 维向量表示一个 $n$ 维向量。$n$ 维空间中点的位置向量由非齐次坐标表示时,具有 $n$ 个坐标分量$(P_1,P_2,\cdots,P_n)$,且是唯一的。若用齐次坐标表示时,此向量有 $n+1$ 个坐标分量$(hP_1,hP_2,\cdots,hP_n,h)$,且不唯一。普通坐标与齐次坐标的关系为一对多,若二维点(x,y)的齐次坐标表示为$(hx,hy,h)$,则 $h=0,1,2,\cdots,n$ 都表示二维空间中同一点的齐次坐标。其优点如下。

(1) 可以表示无穷远点。当 $h=0$ 时,该齐次坐标表示无穷远点。

(2) 提供了用矩阵运算把二维、三维甚至高维空间中的一个点集从一个坐标系变换到另一个坐标系的有效方法。

二维齐次坐标变换矩阵的形式为

$$T_{2D} = \begin{pmatrix} a & d & g \\ b & e & h \\ c & f & i \end{pmatrix} \qquad (5-49)$$

三维齐次坐标变换矩阵的形式为

$$T_{3D} = \begin{pmatrix} a_{11} & a_{21} & a_{31} & a_{41} \\ a_{21} & a_{22} & a_{32} & a_{42} \\ a_{31} & a_{32} & a_{33} & a_{43} \\ a_{41} & a_{42} & a_{43} & a_{44} \end{pmatrix} \quad (5-50)$$

OpenCV 和 OpenGL 采用的是不同的坐标系，为了统一坐标系，使用 OpenCV 读取到视频每帧后，我们需要将得到的图像绕 $x$ 轴旋转 180°，通过坐标系转换，得到 OpenGL 坐标系下的每帧图像，坐标系转换代码如下所示：

```
void ModelViewMatrix(cv::Mat& rotation,cv::Mat& translation,GLfloat*
model_view_matrix)//外参
{
    //绕 X 轴旋转180°,从 OpenCV 坐标系变换为 OpenGL 坐标系
    static double d[] =
    {
        1,0,0,
        0,-1,0,
        0,0,-1
    };
    Mat_<double> rx(3,3,d);

    rotation = rx*rotation;
    translation = rx*translation;

    model_view_matrix[0] = rotation.at<double>(0,0);
    model_view_matrix[1] = rotation.at<double>(1,0);
    model_view_matrix[2] = rotation.at<double>(2,0);
    model_view_matrix[3] = 0.0f;

    model_view_matrix[4] = rotation.at<double>(0,1);
    model_view_matrix[5] = rotation.at<double>(1,1);
    model_view_matrix[6] = rotation.at<double>(2,1);
    model_view_matrix[7] = 0.0f;

    model_view_matrix[8] = rotation.at<double>(0,2);
    model_view_matrix[9] = rotation.at<double>(1,2);
    model_view_matrix[10] = rotation.at<double>(2,2);
```

```
    model_view_matrix[11] = 0.0f;

    model_view_matrix[12] = translation.at<double>(0,0);
    model_view_matrix[13] = translation.at<double>(1,0);
    model_view_matrix[14] = translation.at<double>(2,0);
    model_view_matrix[15] = 1.0f;
}
```

其中 yx 为变换矩阵,其对角线元素分别为 1、-1、-1,由计算机图形学的知识,这是将 Marker 的每一个 bit 进行坐标转化,可以将 OpenCV 的坐标系,绕 x 轴旋转 180°后得到 OpenGL 的坐标系。

代码编写在程序开始进行标记物的创建,其作用是要进行姿态估计,为了使得现实世界的标记物和投影之间找到合适的对应点。姿态估计问题就是:确定某一三维目标物体的方位指向问题。姿态估计在机器人视觉、动作跟踪和相机定标等很多领域都有应用。在不同领域用于姿态估计的传感器是不一样的。

基于视觉的姿态估计根据使用的摄像机数目又可分为单目视觉姿态估计和双目视觉姿态估计。根据算法的不同又可分为基于模型的姿态估计和基于学习的姿态估计。在这里主要讲基于模型视觉的姿态估计,即基于笔记本摄像头成像的视觉姿态估计。

基于模型的方法通常利用物体的几何关系或者物体的特征点来估计。其基本思想是利用某种几何模型或结构来表示物体的结构和形状,并通过提取某些物体特征,在模型和图像之间建立起对应关系,然后通过几何或者其他方法实现物体空间姿态的估计。这里所使用的模型既可能是简单的几何形体,如平面、圆柱,也可能是某种几何结构,又可能是通过激光扫描或其他方法获得的三维模型。基于模型的姿态估计方法是通过比对真实图像和合成图像,进行相似度计算更新物体姿态。目前,基于模型的方法为了避免在全局状态空间中进行优化搜索,一般都将优化问题先降解成多个局部特征的匹配问题,非常依赖于局部特征的准确检测。当噪声较大无法提取准确的局部特征时,该方法的鲁棒性受到很大影响。

其原理为计算机图形学中的透视投影方法,是从视点(观察点)出发,实现是不平行的。透视投影按照主灭点的个数分为一点透视、两点透视和三点透视,任何一束不平行于投影平面的平行线的透视投影将汇聚成一点,称为灭点,在坐标轴上的灭点称为主灭点。本书只涉及简单的一点透视,由图 5-38 可知,透视投影的视点(投影中心)为 $c(x_c,y_c,z_c)$,投影平面为 $p_1p_2p_3p_4$ 所在平面,空间中二

维码的姿态点 $P(x,y,z)$ 的投影为 $p(x_s,y_s)$。

由 cP 可得到投影线方程为

$$x_s = x_c + (x - x_c)t$$
$$y_s = y_c + (y - y_c)t$$
$$z_s = z_c + (z - z_c)t \qquad (5-51)$$

它与 $p_1p_2p_3p_4$ 平面交于 $(x_s, y_s, z_s)$，$z$ 为零，从而得到 $t = -z_c/(z - z_c)$，将 $t$ 带入投影线的前两个方程得

$$x_s = (x_c z - x z_c)/(z - z_c)$$
$$y_s = (y_c z - y z_c)/(z - z_c) \qquad (5-52)$$

由

$$x_s = (x_c z - x z_c)$$
$$y_s = (y_c z - y z_c)$$
$$w_s = (z - z_c)w \qquad (5-53)$$

可得，上述变换可用齐次坐标矩阵表示：

$$[x_s w_s \quad y_s w_s \quad z_s w_s \quad w_s] = [xw \quad yw \quad zw \quad w] \begin{bmatrix} 1 & 0 & 0 & 0 \\ 0 & 1 & 0 & 0 \\ -x_c/z_c & -y_c/z_c & 0 & -1/z_c \\ 0 & 0 & 0 & 1 \end{bmatrix}$$
$$= [(x_c z - x z_c)w \quad (y_c z - y z_c)w \quad 0 \quad (z - z_c)w] \qquad (5-54)$$

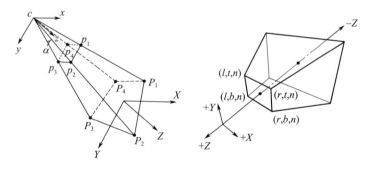

图 5-38 OpenCV 和 OpenGL 坐标示意图

**6）效果展示**

当完成转换关系的编程之后，为了验证效果，先按照逐点转换的方式，将一

些点云进行了转换,如图 5-39 所示,验证了正方体、单颜色点云、彩色点云的转换关系。

图 5-39 转换关系验证效果图

当完成转换关系的验证后,可以直接导入模型进行显示,利用 OpenGL 自带的绘图工具,只适合绘制正方体、球等简单模型,复杂模型一般先在专业的绘制模型软件中制作完成再引入 OpenGL 中进行显示。

# 第6章 泛在机器人在智慧生活与智能制造领域的应用

## 6.1 智慧生活与智能制造概述

### 6.1.1 智慧生活

智慧生活是一种新内涵的生活方式。智慧生活平台依托云计算技术的存储,在家庭场景功能融合、增值服务挖掘的指导思想下,采用主流的互联网通信渠道,配合丰富的智能家居产品终端,构建享受智能家居控制系统带来的新的生活方式,能够多方位、多角度地呈现家庭生活中的更舒适、更方便、更安全和更健康的具体场景,进而共同打造出具备智慧生活理念的智慧社区乃至智慧城市。

智慧城市的概念最早源于 IBM 提出的"智慧地球"这一理念,此前类似的概念还有数字城市等。2008 年 11 月,恰逢 2007 年—2012 年环球金融危机,IBM 在美国纽约发布的《智慧地球:下一代领导人议程》主题报告所提出的"智慧地球",即把新一代信息技术充分运用在各行各业之中。

具体地说,"智慧"的理念就是通过新一代信息技术的应用使人类能以更加精细和动态的方式管理生产和生活的状态,通过把传感器嵌入和装备到全球每个角落的供电系统、供水系统、交通系统、建筑物和油气管道等生产生活系统的各种物体中,使其形成的物联网与互联网相联,实现人类社会与物理系统的整合,而后通过超级计算机和云计算将物联网整合起来,即可实现。此后,这一理念被世界各国所接纳,并作为应对金融海啸的经济增长点。同时,发展智慧城市被认为有助于促进城市经济、社会与环境、资源协调可持续发展,缓解"大城市病",提高城镇化质量。

基于国际上的智慧城市研究和实践,"智慧"的理念被解读为不仅是智能,即新一代信息技术的应用,更在于人体智慧的充分参与。在 IBM 的《智慧的城市在中国》白皮书中,基于新一代信息技术的应用,对智慧城市基本特征的界定是全面物联、充分整合、激励创新、协同运作 4 个方面。即智能传感设备将城市公共设施物联成网,物联网与互联网系统完全对接融合,政府、企业在智慧基础设施之上进行科技和业务的创新应用,城市的各个关键系统和参与者进行和谐高效地协作。

《创新2.0视野下的智慧城市》强调智慧城市不仅强调物联网、云计算等新一代信息技术应用,更强调以人为本、协同、开放、用户参与的创新2.0,将智慧城市定义为新一代信息技术支撑、知识社会下一代创新(创新2.0)环境下的城市形态,如图6-1所示。

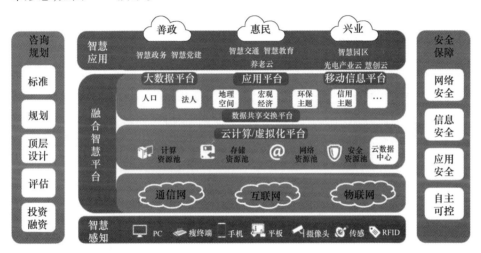

图6-1 智慧城市

智慧城市基于全面透彻的感知、宽带泛在的互联以及智能融合的应用,构建有利于创新涌现的制度环境与生态,实现以用户创新、开放创新、大众创新、协同创新为特征的以人为本可持续创新,塑造城市公共价值并为生活其间的每一位市民创造独特价值,实现城市与区域可持续发展。因此,智慧城市的四大特征被总结为全面透彻的感知、宽带泛在的互联、智能融合的应用以及以人为本的可持续创新。有学者认为,智慧城市应该体现在维也纳大学评价欧洲大中城市的6个指标,即智慧的经济、智慧的运输业、智慧的环境、智慧的居民、智慧的生活和智慧的管理6个方面。

智慧城市的建设在国内外许多地区已经展开,并取得了一系列成果,国内如智慧上海、智慧双流;国外如新加坡的"智慧国计划"、韩国的"U-City计划"等。智慧城市经常与数字城市、感知城市、无线城市、智能城市、生态城市、低碳城市等区域发展概念相交叉,甚至与电子政务、智能交通、智能电网等行业信息化概念发生混杂。对智慧城市概念的解读也经常各有侧重,有的观点认为关键在于技术应用,有的观点认为关键在于网络建设,有的观点认为关键在人的参与,有的观点认为关键在于智慧效果,一些城市信息化建设的先行城市则强调以人为本和可持续创新。总之,智慧不仅仅是智能。智慧城市绝不仅仅是智能城市的另外一个说法,或者说是信息技术的智能化应用,还包括人的智慧参与、以人为本、可持续发展等内涵。综合这一理念的发展源流以及对世界范围内区域信息化实践的总结,《创新2.0视野下的智慧城市》一文从技术发展和经济社会发展两个层面的创新对智慧城市进行了解析,强调智慧城市不仅仅是物联网、云计算等新一代信息技术的应用,更重要的是通过面向知识社会的创新2.0的方法论应用。

智慧城市通过物联网基础设施、云计算基础设施、地理空间基础设施等新一代信息技术以及维基、社交网络、Fab Lab、Living Lab、综合集成法、网动全媒体融合通信终端等工具和方法的应用,实现全面透彻的感知、宽带泛在的互联、智能融合的应用以及以用户创新、开放创新、大众创新、协同创新为特征的可持续创新。伴随网络帝国的崛起、移动技术的融合发展以及创新的民主化进程,知识社会环境下的智慧城市是继数字城市之后信息化城市发展的高级形态。

从技术发展的视角,智慧城市建设要求通过以移动技术为代表的物联网、云计算等新一代信息技术应用实现全面感知、泛在互联、普适计算与融合应用。从社会发展的视角,智慧城市还要求通过维基、社交网络、Fab Lab、Living Lab、综合集成法等工具和方法的应用,强调通过价值创造,以人为本实现经济、社会、环境的全面可持续发展。

2010年,IBM正式提出"智慧的城市"愿景,希望为世界和中国的城市发展贡献自己的力量。IBM经过研究认为,城市由关系到城市主要功能的不同类型的网络、基础设施和环境6个核心系统组成:组织(人)、业务/政务、交通、通信、水和能源。这些系统不是零散的,而是以一种协作的方式相互衔接。而城市本身,则是由这些系统所组成的宏观系统。

21世纪的"智慧城市",能够充分运用信息和通信技术手段感测、分析、整合城市运行核心系统的各项关键信息,从而对于包括民生、环保、公共安全、城市服务、工商业活动在内的各种需求做出智能的响应,为人类创造更美好的城市生活。有两种驱动力推动智慧城市的逐步形成:一是以物联网、云计算、移动互联网为代表的新一代信息技术;二是知识社会环境下逐步孕育的开放的城市创新生态。前者是技术创新层面的技术因素,后者是社会创新层面的社会经济因素。由此可以看出创新在智慧城市发展中的驱动作用。清华大学公共管理学院书记、副院长孟庆国教授提出,新一代信息技术与创新2.0是智慧城市的两大基因,缺一不可。

智慧城市不仅需要物联网、云计算等新一代信息技术的支撑,更要培育面向知识社会的下一代创新(创新2.0)。信息通信技术的融合和发展消融了信息和知识分享的壁垒,消融了创新的边界,推动了创新2.0形态的形成,并进一步推动各类社会组织及活动边界的"消融"。创新形态由生产范式向服务范式转变,也带动了产业形态、政府管理形态、城市形态由生产范式向服务范式的转变。如果说创新1.0是工业时代沿袭的面向生产、以生产者为中心、以技术为出发点的相对封闭的创新形态,创新2.0则是与信息时代、知识社会相适应的面向服务、以用户为中心、以人为本的开放的创新形态。北京市城管执法局信息装备中心主任宋刚博士在"创新2.0视野下的智慧城市与管理创新"的主题演讲中,从三代信息通信技术发展的社会脉络出发,对创新形态转变带来的产业形态、政府形态、城市形态、社会管理模式创新进行精彩的演讲。他指出,智慧城市的建设不仅需要物联网、云计算等技术工具的应用,也需要微博、维基等社会工具的应用,更需要 Living Lab 等用户参与的方法论及实践来推动以人为本的可持续创新,同时,他结合北京基于物联网平台的智慧城管建设对创新2.0时代的社会管理创新进行了生动的诠释。

### 6.1.2 智能制造

经历了3次工业革命的洗礼,传统工业飞速发展。在一些发达国家,传统制造业已经达到了相当高的自动化水平,如机器人应用密度在一些发达国家均已达了200台/万人的程度。然而,与此同时,整个制造业的市场环境也发生了改变,比较显著的有以下3点。

(1) 客户需求变化。大量的个性化定制化需求,要求产品快速上市,并且物美价廉。

(2) 互联网兴起。智能手机及移动终端的普及,电子商务平台的兴起,社群、消费者评价平台的涌现。

(3) 竞争加剧。产能过剩,需求减缓。这些新的变化导致了对工厂要求换线频繁,交期短,以至于生产的复杂度上升,同时还加剧了同行业的竞争。这些新的需求也恰好预示着一次新的工业革命的洗礼的来临。

传统工业的一些问题在发达国家首先凸显。以欧洲为例,欧洲正在发生"工业退化"现象。主要表现为以下两点。

(1) 传统工业国家正在普遍地出现工业就业率的下降。例如,从1991年到2011年,工业岗位的减少率在德国为8%,法国20%,而在英国则达到了29%。

(2) 大部分的传统工业国家的工业产品附加值在降低。从2001年到2011年仅有德国和波兰的产品附加值是上升的。

我国的制造业也同样开始出现问题,如中国代工厂的倒闭潮。典型的如苏州的联建科技、胜华科技等。

工业是一个国家经济支柱,直接影响到社会的稳定性,因此,当传统工业遇到问题时,各国纷纷根据自身的工业发展特点出发提出对策,如德国提出"工业4.0"、中国提出"中国制造2025"、美国"AMP"、日本"机器人新战略"等。

中国目前已是世界第二大经济体和制造业大国,但自主创新能力薄弱、先进装备贸易逆差严重、高端装备与智能装备严重依赖进口,严重制约我国制造产业健康发展。智能制造技术是世界制造业未来发展的重要方向之一,为推动我国传统制造产业的结构转型升级,国务院下发《关于加快培育和发展战略性新兴产业的决定》,将高端装备制造业纳入其中,全面开展智能制造技术研究将是发展高端装备制造业的核心内容和促进我国从制造大国向制造强国转变的必然。

智能制造是面向产品全生命周期,实现泛在感知条件下的信息化制造。智能制造技术是在现代传感技术、网络技术、自动化技术、拟人化智能技术等先进技术的基础上,通过智能化的感知、人机交互、决策和执行技术,实现设计过程、制造过程和制造装备智能化,是信息技术和智能技术与装备制造过程技术的深度融合与集成。

智能制造将按照抓住高端、突出重点、企业主体、服务发展的原则,结合世界发展的趋势和未来前沿制高点,研究其基础理论,攻克一批前沿核心技术和共性关键技术,研制一批智能化高端装备,并进行示范应用和产业化,为实现我国从制造大国向制造强国转变奠定技术基础。

随着信息技术和互联网技术的飞速发展,以及新型感知技术和自动化技术的应用,制造业正发生着巨大转变,先进制造技术正在向信息化、自动化和智能化的方向发展,智能制造已经成为下一代制造业发展的重要内容。

(1)信息化。制造业信息化将信息技术、网络技术、现代管理与制造技术相结合,带动了技术研发过程创新和产品设计方法与工具的创新、管理模式的创新、制造模式的创新,实现产品的数字化设计、网络化制造和敏捷制造,快速响应市场变化和客户需求,全面提升制造业发展水平。

(2)自动化。将完备的感知系统、执行系统和控制系统与相关机械装备完美结合,构成高效、高可靠的自动化装备和柔性生产线,将实现自动、柔性和敏捷制造。

(3)智能化。在信息化和自动化的基础上,将专家的知识不断融入制造过程以实现设计过程智能化、制造过程智能化和制造装备智能化,将实现拟人化制造。使制造过程具有更完善的判断与适应能力,提高产品质量、生产效率,也将会显著减少制造过程物耗、能耗和排放。

智能制造具有鲜明的时代特征,内涵也在不断完善和丰富。一方面,智能制造是制造业自动化、信息化的高级阶段和必然结果,体现在制造过程可视化、智能人机交互、柔性自动化、自组织与自适应等特征;另一方面,智能制造体现在可持续制造、高效能制造,并可实现绿色制造。

随着信息技术、自动化技术的发展,在各国都纷纷提出切实可行的目标和计划同时,各国的企业,研究机构等也都积极响应,对智能制造展开研究与实践。

"工业4.0"一词出自德国在2013年4月的汉诺威工业博览会中正式提出的工业4.0计划。该工业4.0计划被德国联邦教育及研究部和联邦经济及科技部列为《高技术战略2020》的十大未来项目之一,投资预算达到2亿欧元,用来全面提升德国制造业的电脑化、数字化和智能化水平,以期提升受到2008年世界经济危机影响的制造业。

总体来说,该工业4.0计划的核心内容可以概括为3点:建立一个网络、研究两大主题、实现三项集成。

首先,建立一个信息物理网络系统(CPS,Cyber-Physical Systems)或者说物联网(Iot,Internet of Things),就是将物理设备连接到互联网上,其物理设备可以是传感器、控制器、产品、检验设备、物流设备、机床设备等。实现虚拟网络世界与现实物理世界的融合,将各种数据进行汇合行成大数据,同时通过在网络中的各种高级计算资源对大数据进行有效的处理,获得决策结果而运用于现实世界中,从而在生产、制造、物流、商务、服务等各个环节中发挥作用。

研究两个主题包括:"智能工厂",重点研究智能化生产管理系统以及网络化生产设施的实现,是未来智能基础设施的关键组成部分;"智能生产"主要涉及生产物流管理、人机互动、3D打印增材制造等先进技术应用于整个工业生产过程,从而形成高度灵活、个性化、网络化的产业链。

工业4.0中的三项集成包括纵向集成、横向集成与端对端的集成。其中纵向集成主要解决企业内部的集成,即解决企业各个部门或者各个信息系统的信息孤岛问题,解决信息网络与物理设备之间的联通问题,在企业内部实现所有环节信息无缝链接,这是所有智能化的基础。横向集成是企业之间与企业之间、企业与售出产品之间的协同,将企业内部的业务信息向企业以外的供应商、经销商、用户进行延伸,实现人与人、人与系统、人与设备之间的集成,从而形成一个智能的虚拟企业网络,提供实时产品与服务。端对端集成是指贯穿整个价值链的工程化数字集成,是在所有终端数字化的前提下实现的基于价值链于不同公司之间的一种整合,这将最大限度地实现个性化定制。

可以说,工业4.0计划将无处不在的传统工业拉入了人们的视野,将其所遇到的问题暴露了出来。工业4.0计划也提出了很多对工业未来发展的畅想,对各国均具有很高的借鉴意义,但是由于各国均具有不同的实际情况,所以对新一代工业的理解、实践均需要重新全面的考虑。

《中国制造2025》是由李克强总理所提出的制造战略计划,该计划于2015年5月8日由国务院公布,5月19日正式印发。根据计划,预计到2025年,我国将实现从"制造大国"变身为"制造强国"的目标,而到第二个10年,即2035年,中国的制造业将实现赶超德国和日本的目标。

中国制造2025计划提出于当前这个特定时期,中国制造业发展正面临着稳增长和调结构的双重困境、发达国家和新兴经济体的双重挤压、低成本优势快速递减和新竞争优势尚未形成的两难局面,进入了"爬坡过坎"的关键时期。中国的制造业现在面临"前后夹击",前头是一些西方发达国家重新重视制造业,加速"制造业回归"和"再工业";后面是一些国家以比中国更低的劳动生产成本,承接制造业的转移。

中国制造2025计划,从国家层面出发,首先对我国的传统工业面临的情况进行总结,指出我国改革的必要性以及改革任务的艰难性;然后给出实现改革需要遵循的五项指导思想及四项基本原则,同时设定"三步走"的改革目标;再进一步,计划细化出九项改革的战略任务和重点;最后提出从国家政府层面需要做的工作和为改革提供的服务。

与德国提出的工业4.0相比,中国制造2025计划更加具体,目标更加明确。但是两者核心相一致的都是着重于信息系统和物理系统的充分结合,网络对实际工厂的连接和延伸,充分利用大数据的制造智能制造体系的建设。

1) GE工业4.0实践

通用电气(General Electric Company,GE)是美国一家提供综合技术与服务的跨国公司,经营产业包括电子工业、能源、运输工业、航空航天、医疗与金融服务,业务遍及世界100多个国家,拥有员工约37000人。

工业互联网(Industrial Internet)是GE对新工业革命的核心理解。通用电气公司董事长兼CEO杰夫·伊梅尔特认为:工业互联网将实体工业与虚拟网络结合,在未来将以革命性的方式极大促进生产力的提高。而中国在这一领域拥有巨大的发展优势,工业互联网将为中国经济创造更高生产率和可持续发展的机遇。伊梅尔特称,世界已见证了3次工业革命,而互联网作为第二次浪潮,改变了人们的工作方式。通用电气所强调的工业互联网,就是通过智能的机器加上分析的功能,以移动的方式给生产力带来革命性的提高。

工业互联网将整合两大革命性转变之优势:其一是工业革命,伴随着工业革命,出现了无数台机器、设备、机组和工作站;其二则是更为强大的网络革命,在其影响之下,计算、信息与通信系统应运而生并不断发展。伴随着这样的发展,智能机器、高级分析、工作人员，3 种元素逐渐融合，充分体现出工业互联网之精髓：

（1）智能机器。以崭新的方法将现实世界中的机器、设备、团队和网络通过先进的传感器、控制器和软件应用程序连接起来。

（2）高级分析。使用基于物理的分析法、预测算法、自动化和材料科学，电气工程及其他关键学科的深厚专业知识来理解机器与大型系统的运作方式。

（3）工作人员。建立员工之间的实时连接，连接各种工作场所的人员，以支持更为智能的设计、操作、维护以及高质量的服务与安全保障。

将这些元素融合起来，将为企业与经济体提供新的机遇。例如，传统的统计方法采用历史数据收集技术，这种方式通常将数据、分析和决策分隔开来。伴随着先进的系统监控和信息技术成本的下降，工作能力大大提高，实时数据处理的规模得以大大提升，高频率的实时数据为系统操作提供全新视野。机器分析则为分析流程开辟新维度，各种物理方式之结合、行业特定领域的专业知识、信息流的自动化与预测能力相互结合可与现有的整套"大数据"工具联手合作。最终，工业互联网将涵盖传统方式与新的混合方式，通过先进的特定行业分析，充分利用历史与实时数据。

2）西门子工业 4.0 实践

德国西门子公司具有 160 多年的历史，在世界 500 强排在前 100 名。西门子公司最早从指针式电报机做起，目前已经在电机和电子领域是全球业界的先驱，活跃在能源、医疗、工业及基础建设与城市四大业务领域。西门子公司之所以能够发展迅猛，得益于它对工业发展方向的准确把握，在前两次工业革命中西门子公司抓住了电力、信息化为标志的关键节点。基于信息物理融合系统的工业 4.0 概念诞生之初，西门子公司再度嗅到了新一轮工业革命的气息。瞄准物联网、云计算、大数据、工业以太网等技术，西门子公司集成了目前全球最先进的生产管理系统，以及生产过程软件和硬件，如西门子制造执行系统（MES）软件 Simatic IT、西门子产品生命周期管理（PLM）软件、工业工程设计软件（Comos）、全集成自动化（TIA）、全集成驱动系统（IDS）等。

西门子公司旗下的安贝格电子制造工厂，是欧洲乃至全球最先进的数字化工厂，被认为最接近工业 4.0 概念雏形的工厂。

安贝格电子制造工厂自 1989 年工厂投产后，虽然工厂厂房与工人数量基本维持原状，但是工厂的产能却提升了 8 倍，每年可生产约 1200 万件 Simatic 系列产品。产品质量更是大幅提高：从出错率 500 次/百万次，到现在的 12 次/百万次，相当于质量提高了 40 倍。

目前，安贝格电子制造工厂实现了多品种的制造，可以生产的产品种类达

1000种。在生产之前,就预先确定了这些产品的使用目的以及部件生产所需的全部信息(图6-2)。在生产过程中生产线自动根据这些信息,实现加工制造。生产信息通过采集、整理后以图形化的形式直观地反映给工厂员工,能够分析出生产环节中的短板,如哪个部件出现问题的概率比较高、流水线哪个环节是效率瓶颈等。便于生产者对整个生产过程中的相关变量有更深刻的理解,从而降低产品的缺陷率、提高生产效率。

图6-2 安贝格电子制造信息图形界面

在安贝格电子制造工厂中,真实工厂与虚拟工厂同步运行,真实工厂生产时的数据参数、生产环境等都会通过虚拟工厂反映出来,而人则通过虚拟工厂对真实工厂进行把控。其中,近75%的生产作业已实现自动化。产品可与生产设备通信,IT系统控制和优化所有流程,确保达到99.9988%的产品合格率。

3) 同济大学的"工业4.0—智能工厂实验室"

"工业4.0—智能工厂实验室"位于同济大学嘉定校区,于2014年10月建成,由同济大学中德工程学院联手德国PHOENIX CONTACT公司联合创建,总历时一年。如图6-3所示,该实验室内实现了一个小型的智慧工厂功能,支持面向订单的生产。其产品较为简单,是一种轴类零件,其颜色及尺寸支持用户定制。整个实验室由多种设备及传感器组成,包括机器人主要用于机床上下料以及产品及原材料出入库操作、数控车床负责轴加工、数控加工负责其他复杂加工工序,变频传送带负责物流运输、智能照相机负责工件识别与定位、多台服务器负责订单及工作流程管理,还有服务软件如订单APP等则可以提供人机交互的功能。

实验室还使用物联网技术来对工件信息进行管理,对放工件的托盘进行标

## 第6章 泛在机器人在智慧生活与智能制造领域的应用

图6-3 同济大学的"工业4.0—智能工厂实验室"

记,从原材料出库到最后成品入库,工件均与唯一的托盘进行绑定,托盘上有RFID可以记录工件信息,与其他设备进行交互。

4) 沈阳自动化的工业4.0示范生产线

中国科学院沈阳自动化研究所的工业4.0示范生产线,由沈阳自动化研究所和SAP中国研究院耗时一年合作建成,于2015年底完成并对外公开展示。该生产线是以个性化定制汽车模型为示例,主要的设备包括5台新松机械臂负责模型的搬运出入库以及加工作业、2台自动导引车负责除流水线以外的工位之间的运输、100台WIA-FA工业无线设备构成了工厂中稳定的信息传输网络。

与同济的生产线相比,沈阳自动化研究所离工业4.0理念更加近了一步。该示范线主要有以下特色:

(1) 丰富的工业软件的应用。首先在前端基于SAP电子商务套件Hybris搭建了电商网站、手机用户端界面或微信公众号等为用户提供多种下单接口,方便消费者根据自己的喜爱选择不同的车型和车体颜色。订单生成后,相关信息即传送到模拟车模制造企业的ERP系统中。ERP系统会根据当前订单的情况,相应完成准备生产物料、生产计划和编制生产成本等工作。当ERP系统完成生产计划后,会将相应的工单传送到工厂的MES生产制造执行系统,通过MES下达给工厂生产线上。HANA大数据处理平台进行分层处理,每一层之间实现更好的数据与信息交互,提高了整个工厂各个层面的信息传递效率。

(2) 物联网的应用。系统中充分利用RFID二维码等信息媒介,实现信息的存储、交互。对工件的全生命周期信息进行记录和维护。消费者可以在网站、移动端和微信端远程观看整个的生产过程,工厂的管理人员和工程师也可以在

iPad 上观察整个生产线的工作状态和订单运行情况,相关数据也实时提供给上下游供应链以保证生产物料供应。如果设备出现故障,维修人员用手机扫描每个生产设备的二维码,直接弹出 3D 维修指导;通过智能眼镜连接上 Skype,能与远程的技术专家一起会诊。

尤其是生产线所集成的云服务中心其实位于新加坡,真正体现了全球一体化的智能制造。生产设备的数据被实时传送到位于新加坡的 SAP HANA 云服务中心,通过当地的大数据处理对设备进行故障诊断和实时预测。

(3) 大数据与数据分析。基于对生产线上的数据监测以及在云服务平台上建立各种算法,可预测设备的故障时间、故障位置以及故障类型,大幅减少生产线的停机时间,同时延长了设备的使用生命周期。MES 自动选择优先级最高的工单,而工厂生产线接收到生产工单信息后。整个示范生产线一共有 7 个工序,涉及 6 个生产工作站,另外还有 2 个移动备用生产工作站。生产线在达到产能饱和时,能自动调用移动备用生产工作站进入生产体系,而当产能空闲时,又将把备用生产工作站移出生产体系,以达到节能减排的效果。

(4) 虚实结合。从产品下订单、生产规划再到物料准备、生产线调整,把整个过程映射到虚拟的信息空间中,在虚拟信息空间里重构了用户端到生产端的制造全过程。生产线上的 PLC 可编程设备、传感器、控制器或工业机器人等被抽象成信息空间里的虚拟模型,虚拟模型与物理设备之间进行信息交互与联动。这样,原来需要人工配置的生产线调整就通过虚拟信息空间进行快速系统重构,然后自动化配置参数到物理设备中,大幅缩短了生产线的变化周期。在虚拟信息空间与现实物理世界进行信息交互的过程中,需要一个可进行高速低延时、高可用、高并发、抗干扰的工业互联网。沈阳自动化研究所牵头研究制定的工业无线网络技术规范 WIA-FA 是目前世界上唯一面向工厂高速自动控制应用的 IEC(国际电工组织)无线技术国际标准。沈阳自动化研究所基于 WIF-FA 实现了对示范生产线信息和数据的高速无线采集,保持 10 毫秒以内延时,其产品优于国外公司同类产品。

总体来说,国内近年来在工业 4.0 改革研究上获得不小的成果,是一个很好的开始,但是由于实际工业环境相当复杂,还有非常多的基础核心问题需要解决,因此需要坚持不懈的投入研究,才能最终达到"中国制造 2025"计划设定的目标。

## 6.2 泛在机器人酒吧开发案例

在机器人酒吧任务中,机器人根据用户的点单,将酒水送到用户的餐位,实验系统架构如图6-4所示,系统包括人机交互的仿人机器人、负责运送饮料的移动机器人和负责抓取的机械臂等。

### 6.2.1 泛在机器人酒吧实验

在机器人酒吧实验中,我们的系统包含负责抓取的双臂机器人模块、负责识别饮料的物体识别模块、负责运送饮料的移动机器人模块、负责定位机器人的环境摄像头和激光传感器模块,如图6-4所示。图中左上角为设备管理模块,与任务规划器相连。设备管理模块与每个模块的3个服务端口(状态查询、功能调用、执行反馈)相连接。

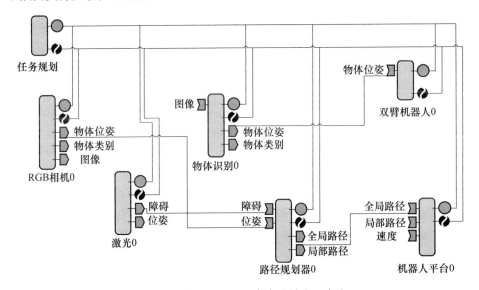

图6-4 机器人酒吧任务中的模块及连接

图6-5所示为任务执行的过程,首先人型机器人作为人机交互模块,利用语音识别获取客人的订单(图6-5(a))。订单生成后发送到任务规划器,客人的订单被翻译成规划问题的目标状态。任务规划器通过设备管理模块读取每个模块的状态,并且将这些状态整合成系统的初始状态。任务规划器计算出当前任务的策略。设备管理模块根据这个策略,将相应的动作通过"功能调用"服务端口发送给各个模块执行。如图6-5(b)~(f)所示,首先双臂机器人模块和物体识别模块协作完成物品的识别和抓取;其次双臂机器人模块与移动机器人模块协作,将物品放置在移动机器人模块上;移动机器人模块由激光定位模块和环境摄像头定位模块提供定位信息,由路径规划模块计算路径,最后将饮料食品送到客人手中。

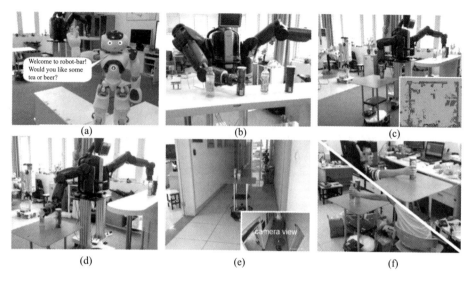

图6-5 机器人酒吧任务执行场景

## 6.2.2 泛在机器人酒吧定位技术

机器人酒吧任务的执行环境比较复杂,使用到不同定位模块。由于各定位方法一般都有特定的工作环境要求,如摄像头要求良好的光源、激光要求丰富的几何特征、RGB-D传感器只能在室内环境等,因此,机器人酒吧任务中同时使用了多种不同的定位模块。下面分别介绍激光定位模块、视觉 SLAM 定位模块以及环境相机定位模块。各个模块内部有不同的传感模块和决策模块,但是输出信息都是机器人的定位信息,因此,在最后的实验中,利用任务规划实现定位模块的自动切换,可以将多个定位模块组合起来提供最好的定位性能,这也是泛在机器人相对于传统机器人的无可比拟的优势。

1)激光定位

激光模块在传感模块中已经讲解,这里主要讲解如何利用激光信息进行定位。激光可以获得机器人在当前位置各个方向的最近的障碍物距离,那么,在通常情况下,不同位置获取的信息是不同的,这就是激光可以用来定位的原因,定位的过程就是通过障碍物信息与已知地图匹配,找出符合当前障碍物信息的位置。蒙特卡罗(MCL)算法是激光定位技术中最常用的一种,我们以此为例进行扩展。

(1)蒙特卡罗(MCL)算法。蒙特卡罗算法,也称粒子滤波定位算法[162],利用粒子滤波的方法来为机器人定位。提供环境的地图,该算法通过在移动中感知环境可以估计出机器人当前位置和姿态。算法用粒子滤波表示可能的状态分布,每一个粒子表示可能的状态(机器人位置),算法开始时在空间中随机采样粒子群,每当机器人移动后,预测粒子新的状态,接受传感器信息后,更新粒子权值,接近机器人真实位置的粒子拥有高权值,远离机器人真实位置的粒子拥有低权值。最后除去低权值的粒子,在高权值粒子周围进行重采样。主要分为下面 5 个步骤。

① 生成粒子。为了估计机器人真实位置,我们选取机器人位置 $x$、$y$ 和其朝向 $\theta$ 作为状态变量,因此,每个粒子需要有 3 个特征。采样规则可以是服从均匀分布,也可以是服从高斯分布。

② 利用系统模型预测状态。可以利用卡尔曼滤波为机器人运动建模,这是实际应用中一种十分有效的方法。

③ 更新粒子权值。使用测量数据来修正每个粒子的权值,保证与真实位置越接近的粒子获得的权值越大。由于机器人真实位置是不可测的,可以看作一个随机变量,根据贝叶斯公式可以称机器人位置在 $x$ 处的概率 $P(x)$ 为先验概率,先验概率是通过系统模型预测状态获得的,在位置 $x$ 处获得观测值 $z$ 的概率 $P(z|x)$ 为似然函数,后验概率是观测值为 $z$ 时机器人在位置 $x$ 处的概率,即 $P(z|x)$。更新过程就是用观测值 $z$ 修正之前的预测。后验概率是通过下面贝叶斯公式求得,即

$$P(x|z) = \frac{P(z|x)P(x)}{P(z)} \tag{6-1}$$

贝叶斯公式中的分母 $P(z)$ 不依赖于 $x$,因此,在贝叶斯定理中因子 $P(z)^{-1}$ 常写成归一化因子 $\eta$。可以看出,在没有测量数据可利用的情况下,只能根据以前的经验对 $x$ 做出判断,即只是用先验分布 $P(x)$;但如果获得了测量数据,则可以根据贝叶斯定理对 $P(x)$ 进行修正,即将先验分布与实际测量数据相结合得到后验分布。后验分布是测量到与未知参数有关的实验数据之后所确定的分布,它综合了先验知识和测量到的样本知识。因此,基于后验分布对未知参数做出的估计较先验分布而言更有合理性,其估计的误差也较小。这是一个将先验知识与测量数据加以综合的过程,也是贝叶斯理论具有优越性的原因所在。

④ 重采样。在计算过程中,经过数次迭代,只有少数粒子的权值较大,其余粒子的权值可以忽略不计,粒子权值的方差随着时间增大,状态空间中有效粒子的数目减少,这一问题称为权值退化问题。随着无效粒子数目的增加,大量计算浪费在几乎不起作用的粒子上,使得估计性能下降。通常采用有效粒子数 $N_{\text{eff}}$ 衡量粒子权值的退化程度。$N_{\text{eff}}$ 的近似计算公式为

$$N_{\text{eff}} = \frac{1}{\sum w^2} \qquad (6-2)$$

有效粒子数越小,表明权值退化越严重。当 $N_{\text{eff}}$ 的值小于某一阈值时,应当采取重采样措施,根据粒子权值对离散粒子进行重采样。重采样方法舍弃权值较小的粒子,代之以权值较大的粒子,有点类似于遗传算法中的"适者生存"原理。重采样的方法包括多项式重采样(Multinomial Resampling)、残差重采样(Residual Resampling)、分层重采样(Stratified Resampling)和系统重采样(Systematic Resampling)等。重采样带来的新问题是,权值越大的粒子子代越多,相反,则子代越少甚至无子代。这样重采样后的粒子群多样性减弱,从而不足以用来近似表征后验密度。克服这一问题的方法有多种,最简单的就是直接增加足够多的粒子,但这常会导致运算量的急剧膨胀。

⑤ 计算状态变量估计值:系统状态变量估计值可以通过粒子群的加权平均值计算出来。

在定位过程的初始阶段,由于采样是在整个工作空间随机采样的,因此,在获得机器人精确定位时需要粒子群的数量很大,这样能够更快地找到定位,但是在获得较为准确的定位之后,也就是位置跟踪阶段,由于机器人在两个时间之间的位置范围有限,因此获得较为准确的定位只需要在机器人上一位置附近采样即可,所以需要的粒子群数量就很小。因此,后来有人提出自适应蒙特卡罗算法(AMCL),通过 KLD 采样算法实现粒子群规模的自适应变化,显著提高了算法的性能。

2) 视觉 SLAM 定位

视觉 SLAM 模块主要原理在决策模块里面已经有详细的讲解,包括建图和定位两部分内容。这里是在已经对环境进行完成建图之后的工作,即利用视觉 SLAM 建立的环境的稀疏图进行机器人定位。下面介绍一种简单易实现的算法——PnP,便于读者理解。

PnP(Perspective-n-Point)是求解 3D 到 2D 点对运动的方法[163],它描述了当知道 $n$ 个 3D 空间点及其投影位置时,如何估计相机位姿。2D-2D 的对极几何方法需要 8 个或 8 个以上的点对(以八点法为例),且存在初始化、纯旋转和尺度的问题。然而,如果两张图像中一张特征点的 3D 位置已知,那么,最少只需 3 个点对(需要至少一个额外点验证结果)就可以估计相机运动。在我们利用已知地图定位时,实际上是利用地图中的 3D 特征点与当前相机获取的图像中 2D 特征点构成点对,而地图中 3D 特征点的位置是已知的,因此,通过 PnP 是可以实现利用已知地图进行定位的。

PnP 问题有很多种求解方法,例如,用 3 对点估计位姿的 P3P,直接线性变换(DLT)、EPnP、UPnP 等,此外,还能用非线性优化的方式,构建最小二乘问题并迭代求解。

(1) 直接线性变换。考虑某个空间点 $P$,它的齐次坐标为 $P = (X, Y, Z, 1)^T$,在当前相机获取图像中,投影到特征点 $x_1 = (u_1, v_1, 1)^T$。此时,相机的位姿 $R$、$t$ 是未知的,我们定义增广矩阵 $T = [R|t]$ 为一个 $3 \times 4$ 的矩阵,包含旋转与平移信息,即

$$s \begin{pmatrix} u_1 \\ v_1 \\ 1 \end{pmatrix} = \begin{pmatrix} t_1 & t_2 & t_3 & t_4 \\ t_5 & t_6 & t_7 & t_8 \\ t_9 & t_{10} & t_{11} & t_{12} \end{pmatrix} \begin{pmatrix} X \\ Y \\ Z \\ 1 \end{pmatrix} \quad (6-3)$$

用最后一行把 $s$ 消去,得到两个约束为

$$\begin{cases} u_1 = \dfrac{t_1 X + t_2 Y + t_3 Z + t_4}{t_9 X + t_{10} Y + t_{11} Z + t_{12}} \\ v_1 = \dfrac{t_5 X + t_6 Y + t_7 Z + t_8}{t_9 X + t_{10} Y + t_{11} Z + t_{12}} \end{cases} \quad (6-4)$$

为了简化表示,定义 $T$ 的行向量为

$$\begin{cases} \boldsymbol{t}_1 = (t_1, t_2, t_3, t_4) \\ \boldsymbol{t}_2 = (t_5, t_6, t_7, t_8) \\ \boldsymbol{t}_3 = (t_9, t_{10}, t_{11}, t_{12}) \end{cases} \quad (6-5)$$

于是,有

$$\begin{cases} \boldsymbol{t}_1^T \boldsymbol{P} - \boldsymbol{t}_3^T \boldsymbol{P} u_1 = 0 \\ \boldsymbol{t}_2^T \boldsymbol{P} - \boldsymbol{t}_3^T \boldsymbol{P} v_1 = 0 \end{cases} \quad (6-6)$$

请注意,$t$ 是待求的变量,可以看到每个特征点提供了两个关于 $t$ 的线性约束。假设一共有 $N$ 个特征点,则可以列出如下线性方程组,即

$$\begin{pmatrix} \boldsymbol{P}_1^T & 0 & -u_1 \boldsymbol{P}_1^T \\ 0 & \boldsymbol{P}_1^T & -v_1 \boldsymbol{P}_1^T \\ \vdots & \vdots & \vdots \\ \boldsymbol{P}_N^T & 0 & -u_N \boldsymbol{P}_1^T \\ 0 & \boldsymbol{P}_N^T & -v_N \boldsymbol{P}_1^T \end{pmatrix} \begin{pmatrix} \boldsymbol{t}_1 \\ \boldsymbol{t}_2 \\ \boldsymbol{t}_3 \end{pmatrix} = 0 \quad (6-7)$$

由于 $t$ 一共有 12 维,因此最少通过 6 对匹配点即可实现矩阵 $T$ 的线性求解,这种方法称为直接线性变换。当匹配点大于 6 时,也可以使用 SVD 等方法

对超定方程求最小二乘解。

在 DLT 求解中,我们直接将 **T** 矩阵看成 12 个未知数,忽略了它们之间的联系。因为旋转矩阵 $\boldsymbol{R} \in SO(3)$,用 DLT 求出的解不一定满足该约束,它是一个一般矩阵。平移向量比较好办,它属于向量空间。对于旋转矩阵 **R**,我们必须针对 DLT 估计的 **T** 左边 $3 \times 3$ 的矩阵块,寻找一个最好的旋转矩阵对它进行近似。这可以由 QR 分解完成,相当于把结果从矩阵空间重新投影到 SE(3) 流形上,转换为旋转和平移两部分。

需要解释的是,我们这里 $x_1$ 使用了归一化平面坐标,去掉了内参矩阵 **K** 的影响——这是因为内参矩阵 **K** 在 SLAM 问题中通常假设为已知。即使内参未知,也能用 PnP 去估计 **K**、**R**、**t** 三个量。然后由于未知量增多,效果会差一些。

(2) P3P 算法。下面讲的 P3P 是另一种解 PnP 的方法。它仅使用 3 对匹配点,对数据要求较少。

P3P 需要利用给定的 3 个点的几何关系。它的输入数据为 3 对 3D-2D 匹配点。记 3D 点为 $A$、$B$、$C$,2D 点为 $a$、$b$、$c$,其中小写字母代表的点为对应大写字母代表的点在相机成像平面上的投影,如图 6-6 所示。此外,P3P 还需要使用一对验证点,以从可能的解中选出正确的那一个。记验证点对为 $D-d$,相机光心为 $O$。请注意,我们知道的是 $A$、$B$、$C$ 在世界坐标系中的坐标,而不是在相机坐标系中的坐标。一旦 3D 点在相机坐标系下的坐标能够算出,我们就得到了 3D-3D 的对应点,把 PnP 问题转化为 ICP 问题,ICP 问题将会在后面部分讲解。

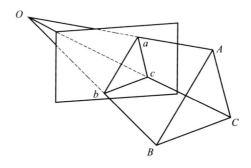

图 6-6 P3P 问题示意图

首先,显然三角形之间存在对应关系,即

$$\Delta Oab - \Delta OAB, \Delta Obc - \Delta OBC, \Delta Oac - \Delta OAC \quad (6-8)$$

考虑 $Oab$ 和 $OAB$ 的关系,利用余弦定理,有

$$OA^2 + OB^2 - 2OA \cdot OB \cdot \cos(a \cdot b) = AB^2 \quad (6-9)$$

对于其他两个三角形亦有类似性质,于是有

$$\begin{cases} OA^2 + OB^2 - 2OA \cdot OB \cdot \cos(a \cdot b) = AB^2 \\ OB^2 + OC^2 - 2OB \cdot OC \cdot \cos(b \cdot c) = BC^2 \\ OA^2 + OC^2 - 2OA \cdot OC \cdot \cos(a \cdot c) = AC^2 \end{cases} \quad (6-10)$$

对以上三式全体除以 $OC^2$,并且记 $x = OA/OC, y = OB/OC$,得

$$\begin{cases} x^2 + y^2 - 2xy\cos(a \cdot b) = AB^2/OC^2 \\ y^2 + 1^2 - 2y\cos(b \cdot c) = BC^2/OC^2 \\ x^2 + 1^2 - 2x\cos(a \cdot c) = AC^2/OC^2 \end{cases} \quad (6-11)$$

记 $v = AB^2/OC^2, uv = BC^2/OC^2, wv = AC^2/OC^2$,有

$$\begin{cases} x^2 + y^2 - 2xy\cos(a \cdot b) - v = 0 \\ y^2 + 1^2 - 2y\cos(b \cdot c) - uv = 0 \\ x^2 + 1^2 - 2x\cos(a \cdot c) - \omega v = 0 \end{cases} \quad (6-12)$$

我们可以把第一个式子中的 $v$ 放到等式一边,并代入其后两式,得

$$\begin{cases} (1-u)y^2 - ux^2 - \cos(b,c)y + 2uxy\cos(a,b) + 1 = 0 \\ (1-\omega)x^2 - \omega y^2 - \cos(a,c)x + 2\omega xy\cos(a,b) + 1 = 0 \end{cases} \quad (6-13)$$

注意这些方程中的已知量和未知量。由于我们知道 2D 点的图像位置,3 个余弦角 $\cos(a \cdot b)$、$\cos(b \cdot c)$、$\cos(a \cdot c)$ 是已知的。同时,$u = BC^2/AB^2, \omega = AC^2/AB^2$ 可以通过 $A$、$B$、$C$ 在世界坐标系下的坐标算出,变换到相机坐标系下之后,这个比值并不改变。该式中的 $x$、$y$ 是未知的,随着相机移动会发生变化。因此,该方程组是关于 $x$、$y$ 的一个二元二次方程(多项式方程)。该方程最多可以得到 4 组解,但我们可以用验证点计算最可能的解。得到 $A$、$B$、$C$ 在相机坐标系下的 3D 坐标,然后根据 3D - 3D 的点对,计算相机的运动 $\bm{R}$、$\bm{t}$,这个问题又称为 ICP 问题。

(3) ICP 算法。我们通过前面的 P3P 的步骤,得到一个 3D - 3D 的问题。有一组匹配好的 3D 点为

$$P = \{p_1, \cdots p_n\}, P' = \{p'_1, \cdots, p'_n\} \quad (6-14)$$

现在,想要找一个欧几里得变换 $\bm{R}$、$\bm{t}$,使得

$$\forall i, p_i = \bm{R}p'_i + \bm{t} \quad (6-15)$$

这个问题可以用迭代最近点(Iterative Closest Point, ICP)求解[163]。我们注意到 3D - 3D 位姿估计中没有出现相机模型,也就是说,仅考虑两组 3D 点之间的变换时,和相机没有关系。因此,在激光 SLAM 中也会碰到 ICP,不过由于激光数据特征不够丰富,我们无从知道两个点集之间的匹配关系,只能认为距离最

近的两个点是同一个,所以这个方法称为迭代最近点。在视觉中,特征点为我们提供了较好的匹配关系,所以问题就变得更简单了。在 RGB-D SLAM 中,可以用这种方式估计相机位姿。求解 ICP 的方式有两种:利用线性代数的求解(主要是 SVD);非线性优化方式。下面只简单介绍 SVD 方法。

首先定义第 $i$ 对点的误差项

$$e_i = p_i - (Rp'_i + t) \tag{6-16}$$

然后构建最小二乘问题,求使误差平方和达到极小的 $R$、$t$,即

$$\min_{R,t} J = \frac{1}{2} \sum_{i=1}^{n} \|(p_i - (Rp'_i + t))\|_2^2 \tag{6-17}$$

下面推导它的求解方法。首先,定义两组点的质心,即

$$p = \frac{1}{n} \sum_{i=1}^{n} (p_i), p' = \frac{1}{n} \sum_{i=1}^{n} (p'_i) \tag{6-18}$$

那么,对误差函数做如下处理:

$$\frac{1}{2} \sum_{i=1}^{n} \|(p_i - (Rp'_i + t))\|_2^2 = \frac{1}{2} \sum_{i=1}^{n} \|(p_i - Rp'_i - t - p + Rp' + p - Rp')\|_2^2$$

$$= \frac{1}{2} \sum_{i=1}^{n} \|(p_i - p - R(p'_i - p')) + (p - Rp' - t)\|_2^2$$

$$= \frac{1}{2} \sum_{i=1}^{n} (\|p_i - p - R(p'_i - p')\|_2^2 + \|p - Rp' - t\|_2^2 +$$

$$2(p_i - p - R(p'_i - p'))^T (p - Rp' - t))$$

由于交叉项部分中,$p_i - p - R(p'_i - p')$ 在求和之后为 0,因此,优化目标函数可以简化为

$$\min_{R,t} J = \frac{1}{2} \sum_{i=1}^{n} \|p_i - p - R(p'_i - p')\|_2^2 + \|p - Rp' - t\|_2^2 \tag{6-19}$$

仔细观察左右两项,我们发现左边只和旋转矩阵 $R$ 有关,而右边既有 $R$ 也有 $t$,但只和质心有关。只要我们获得了 $R$,令第二项为 0 就能得到 $t$。于是,ICP 问题可以分为以下 3 个步骤求解。

① 计算两组点的质心位置 $p$、$p'$,然后计算每个点的去质心坐标,即

$$q_i = p_i - p, q'_i = p'_i - p' \tag{6-20}$$

② 根据以下优化问题计算旋转矩阵,即

$$R^* = \arg\min_{R} \frac{1}{2} \sum_{i=1}^{n} \|q_i - Rq'_i\|^2 \tag{6-21}$$

③ 根据第②步的 $R$ 求解 $t$，即

$$t^* = p - Rp' \qquad (6-22)$$

我们看到，只要求出两组点之间的旋转，平移量是非常容易得到的。所以我们重点关注 $R$ 的计算。展开关于 $R$ 的误差项，得

$$\frac{1}{2}\sum_{i=1}^{n}\|q_i - Rq_i'\|^2 = \frac{1}{2}\sum_{i=1}^{n} q_i^T q_i + q_i'^T R^T R q_i' - 2q_i^T R q_i' \qquad (6-23)$$

注意到第一项和 $R$ 无关，第二项由于 $R^T R = I$，也与 $R$ 无关。因此，实际上优化目标函数变为

$$\sum_{i=1}^{n} - q_i^T R q_i' = \sum_{i=1}^{n} - \mathrm{tr}(R q_i' q_i^T) = - \mathrm{tr}\left(R \sum_{i=1}^{n} q_i' q_i^T\right) \qquad (6-24)$$

为了求解 $R$，先定义矩阵：

$$W = \sum_{i=1}^{n} q_i' q_i^T \qquad (6-25)$$

式中：$W$ 是一个 $3\times 3$ 的矩阵，对 $W$ 进行 SVD 分解，得

$$W = U\Sigma V^T \qquad (6-26)$$

式中：$\Sigma$ 是由奇异值组成得对角矩阵，对角线元素从大到小排列，而 $U$ 和 $V$ 为对角矩阵。当 $W$ 满秩时，有

$$R = UV^T \qquad (6-27)$$

求得 $R$ 之后，就可以求出 $t$ 了。

3）环境相机定位

激光定位和视觉 SLAM 定位都是把传感器安装在机器人上，实际上是定位传感器本身，然后因为传感器到机器人的坐标转换已知，所以达到定位机器人的效果，而环境相机则是通过分布在环境中的相机直接定位机器人本身，我们这里介绍 CamShift 算法，采用颜色跟踪的方法，实现机器人的跟踪定位。

(1) 概述。CamShift 算法（图 6-7），全称是 Continuously Adaptive Mean-Shift[164]，顾名思义，它是对 Mean Shift 算法的改进，能够自动调节搜索窗口大小适应目标的大小，可以跟踪视频中尺寸变化的目标。它也是一种半自动跟踪算法，需要手动标定跟踪目标。基本思想是以视频图像中运动物体的颜色信息作为特征，对输入图像的每一帧分别作 Mean Shift 运算，并将上一帧的目标中心和搜索窗口大小（核函数带宽）作为下一帧 Mean Shift 算法的中心和搜索窗口大小的初始值，如此迭代下去，就可以实现对目标的跟踪。因为在每次搜索前将搜索窗口的位置和大小设置为运动目标当前中心的位置和大小，而运动目标通常在

这区域附近,缩短了搜索时间;另外,在目标运动过程中,颜色变化不大,故该算法具有良好的鲁棒性,已被广泛应用到运动人体跟踪、人脸跟踪等领域。

（2）算法流程。

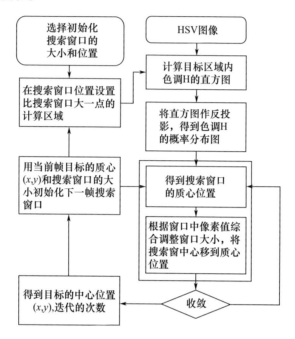

图 6-7 CamShift 算法流程图

具体步骤如下。

① 计算目标区域内的颜色直方图。通常是将输入图像转换到 HSV 颜色空间,目标区域为初始设定的搜索窗口范围,分离出色调 H 分量做该区域的色调直方图计算。因为 RGB 颜色空间对光线条件的改变较为敏感,要减小该因素对跟踪效果的影响,CamShift 算法通常采用 HSV 色彩空间进行处理,当然也可以用其他颜色空间计算。这样即得到目标模板的颜色直方图。

② 根据获得的颜色直方图将原始输入图像转化成颜色概率分布图像。该过程称为"反向投影"。所谓直方图反向投影,就是输入图像在已知目标颜色直方图的条件下的颜色概率密度分布图,包含目标在当前帧中的相干信息。对于输入图像中的每一个像素,查询目标模型颜色直方图,对于目标区域内的像素,可得到该像素属于目标像素的概率,而对于非目标区域内的像素,该概率为 0。

③ Mean Shift 迭代过程。即右边大矩形框内的部分,它是 CamShift 算法的核心,目的在于找到目标中心在当前帧中的位置。首先在颜色概率分布图中选

择搜索窗口的大小和初始位置,然后计算搜索窗口的质心位置。设像素点$(i,j)$位于搜索窗口内,$I(i,j)$是颜色直方图的反向投影图中该像素点对应的值,定义搜索窗口的零阶矩$M_{00}$和一阶矩$M_{10}$,即

$$\begin{cases} M_{00} = \sum_{i=0}^{M-1} \sum_{j=0}^{N-1} I(i,j) \\ M_{10} = \sum_{i=0}^{M-1} \sum_{j=0}^{N-1} i \cdot I(i,j) \\ M_{01} = \sum_{i=0}^{M-1} \sum_{j=0}^{N-1} j \cdot I(i,j) \end{cases} \qquad (6-28)$$

则搜索窗口的质心位置为$(M_{10}/M_{00}, M_{01}/M_{00})$。接着调整搜索窗口中心到质心。零阶矩反映了搜索窗口尺寸,依据它调整窗口大小,并将搜索窗口的中心移到质心,如果移动距离大于设定的阈值,则重新计算调整后的窗口质心,进行新一轮的窗口位置和尺寸调整。直到窗口中心与质心之间的移动距离小于阈值,或者迭代次数达到某一最大值,认为收敛条件满足,将搜索窗口位置和大小作为下一帧的目标位置输入,开始对下一帧图像进行新的目标搜索。

(3) 总结。CamShift 算法改进了 Mean - Shift 跟踪算法的两个缺陷,在跟踪过程中能够依据目标的尺寸调节搜索窗口大小,对有尺寸变化的目标可准确定位。但是,一方面 CamShfit 算法在计算目标模板直方图分布时,没有使用核函数进行加权处理,也就是说,目标区域内的每个像素点在目标模型中有着相同的权重,故 CamShfit 算法的抗噪能力低于 Mean - Shift 跟踪算法。另一方面,CamShift 算法中没有定义候选目标,直接利用目标模板进行跟踪。除此以外,CamShift 算法采用 HSV 色彩空间的 H 分量建立目标直方图模型,仍然只是依据目标的色彩信息进行跟踪,当目标与背景颜色接近或者被其他物体遮挡时,CamShift 会自动将其包括在内,导致跟踪窗口扩大,有时甚至会将跟踪窗口扩大到整个视频大小,导致目标定位的不准确,连续跟踪下去造成目标的丢失。

### 6.2.3 泛在机器人酒吧定位模块切换

前面讲解了 3 种常用的机器人定位方式,激光定位中激光获取的环境障碍物信息更为精确,因此定位精度更高,但是激光不能获取环境中颜色特征,并且成本较高,不适于大规模使用。视觉 SLAM 定位能够获取环境中的颜色特征,可以充分利用环境颜色信息进行定位,但是计算量很大,对机器人性能要求很高,并且受背景和光照条件影响很大。环境相机定位也是通过处理图像获取机器人位置,因此计算量也很大,同样受到背景和光照条件的影响,并且随着机器人位

置的变化,定位精度会变化,机器人靠近当前相机时,当前相机的定位精度高,而远离当前相机时,当前相机的定位精度低。由于各种传感器都存在一定的优缺点,那么,能否将它们组合起来,取长补短,使得机器人的定位效果更好?

1) 实验器件

实验是基于一个分布式机器人平台,如图6-8所示,该平台包括一个安装有 Kinect 深度相机和 Hokuyo LRF 激光的移动机器人,还有安装在墙壁上的3个环境相机(1个在室内、1个在走廊、1个在室外)。

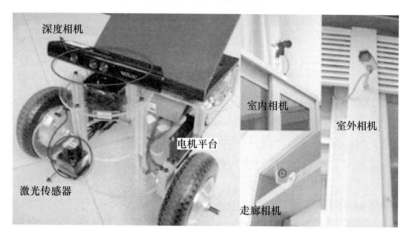

图6-8 硬件平台

2) 定位模块

(1) 环境相机。为了提供更有效的定位信息,3个相机分布在环境中,前面提到了环境相机定位的算法,实验中为了获取更好的效果,将小车的颜色与环境颜色区别开,在小车上贴一个颜色标记。相机的安装如图6-8和图6-9所示。当机器人远离相机的时候,定位精度会下降,原因是远距离的机器人在相机视野中的比例小,导致识别难度增加。

如图6-9所示,相机的安装角度是 $\alpha$,安装高度是 $h$,相机垂直视角是 $\theta$,垂直方向上的像素个数是 $N$,因此每一个像素的视角为

$$\theta_0 = \frac{\theta}{N} \tag{6-29}$$

$P$ 为图像上的一个像素点,$\varphi \in [-\theta/2, \theta/2]$ 表示垂直方向位置的角度,那么,$P$ 点到相机的水平距离为

$$x = \tan(\varphi + \alpha) \cdot h \tag{6-30}$$

$P$ 点像素实际长度为

$$D(\varphi) = x_\Delta - x = \tan(\varphi + \alpha + \theta_0) \cdot h - \tan(\varphi + \alpha) \cdot h$$
$$= \frac{\sec^2(\varphi + \alpha)}{\cot\theta_0 - \tan(\varphi + \alpha)} \cdot h \qquad (6-31)$$

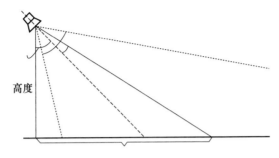

图 6-9 环境相机安装

实际上,$\theta_0$ 非常小,并且 $\varphi + \alpha \ll \pi/2$,因此,$\cot\theta_0 \gg \tan(\varphi + \alpha)$,所以,有

$$D(\varphi) = \frac{\sec^2(\varphi + \alpha)}{\cot\theta_0} \cdot h \propto \sec^2(\varphi + \alpha) \qquad (6-32)$$

小车上颜色标志的宽度为 $\omega$,则颜色标志物在图像中像素个数为

$$n(\varphi) = \frac{\omega}{D} \qquad (6-33)$$

环境相机识别精度与颜色标志物在图像中的像素比例有关,定义为

$$\Phi(\varphi) = \frac{n(\varphi)}{n} \in [0,1]$$

$$n_{\max} = n(\varphi_{\min}) = n\left(-\frac{\theta}{2}\right) \qquad (6-34)$$

假设识别算法的误差为 $\pm k$ 个像素,则 $P$ 点实际上误差为

$$E(\varphi) = k \cdot D \qquad (6-35)$$

定位满意度 $S$ 与定位误差成反比,即

$$S(\varphi) = \frac{1}{E+1} \in [0,1] \qquad (6-36)$$

环境相机定位置信度 $R_c$ 为定位精度和定位误差的乘积,即

$$R_c(\varphi) = \Phi(\varphi) \cdot S(\varphi) = \frac{n}{n(-(\theta/2))(kD+1)}$$

$$\approx \frac{\omega}{n(-(\theta/2))(kD^2+D)} \qquad (6-37)$$

(2) 激光。激光安装在移动机器人的前面,可以提供环境的 2D 点云信息,我们使用 ROS 中的 AMCL 的程序包,里面就是前面提到的自适应蒙特卡罗定位算法,定位信息的发布频率是 10Hz,环境中平均定位精度是 15cm。该算法输入已经建立的环境地图和实时的激光信息,输出机器人的位姿估计以及协方差矩阵 $C$,即

$$C = (c_{ij})_{6\times 6} \quad i,j \in \{x,y,z,\alpha,\beta,\gamma\} \quad (6-38)$$

协方差矩阵 $C$ 中包含 6 个参数之间的协方差,由于我们的移动机器人只在 $X-Y$ 平面移动,并且移动机器人绕 $Z$ 轴的旋转由其他传感器获得,因此,我们将定位误差定义为

$$E = (c_{xx} + c_{yy})^{1/2} \quad (6-39)$$

$c_{xx}$ 和 $c_{yy}$ 是从协方差矩阵 $C$ 中获得的,分别表示沿 $X$ 轴和 $Y$ 轴方向上的定位误差的方差。

激光定位的定位置信度可以定义为

$$R_l = \frac{1}{E+1} \in [0,1] \quad (6-40)$$

(3) 深度相机定位。实验采用微软公司的 Kinect 传感器,Kinect 可以采集深度信息以及 RGB 颜色信息,在实验过程中,我们只使用它的深度信息。使用 3D normal – distributions transform 算法[165]对当前数据与已知地图进行匹配实现定位。算法首先用正态分布模型表示点云,然后用优化的方式使得似然函数获得最大值,此时,当前点云与已知地图对应点之间的距离最短。

我们定位的目的是要得到机器人坐标相对于地图的坐标转换,这个转换也是当前点云相对于点云地图的坐标转换,即

$$T = \begin{bmatrix} \cos\alpha\cos\beta & -\sin\alpha\cos\beta & \sin\beta & t_x \\ \sin\alpha\cos\gamma + \cos\alpha\sin\beta\sin\gamma & \cos\alpha\cos\gamma + \sin\alpha\sin\beta\sin\gamma & -\cos\beta\sin\gamma & t_y \\ \sin\alpha\cos\gamma - \cos\alpha\sin\beta\sin\gamma & \cos\alpha\cos\gamma - \sin\alpha\sin\beta\sin\gamma & \cos\beta\cos\gamma & t_z \\ 0 & 0 & 0 & 1 \end{bmatrix}$$

矩阵 $T$ 包括 6 个独立变量:$\alpha、\beta、\gamma、t_x、t_y、t_z$,其中 $\alpha、\beta、\gamma$ 表示绕 $X、Y、Z$ 轴的旋转,$t_x、t_y、t_z$ 表示沿着 $X、Y、Z$ 轴的平移。

假设已知的地图为点云 $PCO = \{pco_1, pco_2, \cdots, pco_n\}$,当前点云表示为 $PC = \{pc_1, pc_2, \cdots, pc_m\}$,空间转换函数 $Trs(PC, T)$ 可以对当前点云 PC 进行 $T$ 的转换,并且记转换之后的点云为 $PC = \{pct_1, pct_2, \cdots pct_m\}$,即

$$PCT = \mathrm{Trs}(PC, \boldsymbol{T}) = \boldsymbol{T} \times PC \tag{6-41}$$

我们将点云地图 PCO 看作是概率分布 $D$，它的概率分布函数为 $Fd$，参数包含在转换矩阵 $\boldsymbol{T}$ 中，PCT 是 PCO 中的一个采样（包含多个采样值），那么，似然函数 $L(PC, \boldsymbol{T})$ 可以表示为

$$\begin{aligned} L(PC, \boldsymbol{T}) &= Fd(\mathrm{pct}_1, \mathrm{pct}_2, \cdots, \mathrm{pct}_m \mid \boldsymbol{T}) \\ &= P(\mathrm{pct}_1, \mathrm{pct}_2, \cdots, \mathrm{pct}_m) = \sum (\mathrm{pc}_i, \boldsymbol{T}) \end{aligned} \tag{6-42}$$

式中：PC 已知且恒定，唯一的变量是矩阵 $\boldsymbol{T}$，因此似然函数的最大值表明 PC 最有可能是 PCO 中的一个采样，也就是定位误差最小。因此，$\boldsymbol{T}$ 的最优值对应似然函数的最大值。

构建似然函数的关键是确定概率分布函数 PDF，PDF 应该能够较鲁棒的捕捉点分布的特征，本书中的 PDF 为

$$P(\boldsymbol{x}) = \frac{1}{(2\boldsymbol{\pi})^{3/2} |\boldsymbol{\Sigma}|^{1/2}} \exp\left(-\frac{1}{2}(\boldsymbol{x}-\boldsymbol{\mu})^{\mathrm{T}} \boldsymbol{\Sigma}^{-1}(\boldsymbol{x}-\boldsymbol{\mu})\right) \tag{6-43}$$

式中：向量 $\boldsymbol{\mu}$ 是点云位置的期望，表征了点云的位置；$\boldsymbol{\Sigma}$ 是点云位置方差，表征了点云的总体分布趋势。

最后我们使用牛顿优化算法对 $L(\boldsymbol{T})$ 进行优化求解，定位结果的评分是把所有点的概率相加所得，即

$$\mathrm{score} = \sum_{i=0}^{m} \exp\left(-\frac{(\mathrm{pct}_i - \boldsymbol{\mu})^{\mathrm{T}} \boldsymbol{\Sigma}^{-1} (\mathrm{pct}_i - \boldsymbol{\mu})}{2}\right) \tag{6-44}$$

我们通过大量实验得到 score 与定位误差 $E$ 之间的对应关系，并建立了一个表。最后，深度相机的定位置信度定义为

$$R_d = \frac{1}{E+1} \in [0,1] \tag{6-45}$$

3）定位切换算法

（1）贪心算法。定位模块的选择上我们首先采用贪心算法，即总是选择具有最高定位置信度的模块，但是当两个定位置信度很接近时，会出现定位模块之间的反复切换，因此，我们在贪心算法中引入一个惩罚值 $P$，假设当前的定位置信度是 $R_{cur}$，另一个定位置信度是 $R_k$，当 $R_k - P > R_{cur}$ 时，才会切换到另外一个模块。定位的伪代码如下：

```
while(execution not terminated)
{
    for(each localization component Ci)
```

```
        {
            Si = getStatus(Ci);
            Ri = getReliability(Ci);
            if(Si==ERROR)
                Ri = 0;
            Rmax = max(Rc,Rl,Rd);
            if(Rmax - P > Rcur)
            {
                Disconnect(Ccur);
                Connect(Cmax);
            }
        }
    }
```

各个模块开发成为泛在机器人模块,其中3个环境摄像头是基于Windows系统Java语言开发的,移动机器人、激光定位和深度摄像头定位模块是基于Linux系统C++和Python语言开发的,如图6-10所示,用一个定位切换模块

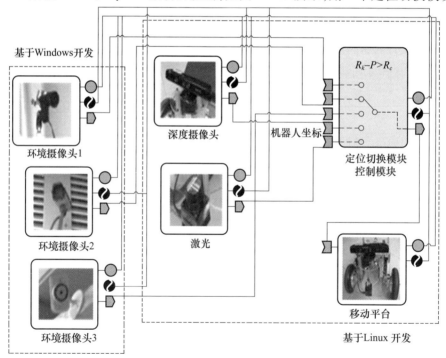

图6-10 机器人定位系统(贪心算法)

选择和实时切换定位模块。在每一个控制周期,定位切换模块从各定位模块的"状态查询端口"读取定位可靠度,如果可靠度最高的定位模块优于当前定位模块,并且可靠度高出一定值,则切换定位模块。切换定位模块的过程相当于任务规划结果中的"动作"的执行过程,定位模块切换模块调用定位模块的"功能调用端口",然后连接定位模块的数据输出端口和移动机器人模块的数据输入端口。

但是贪心方法有很多缺点,首先遍历所有定位模块效率低下,每切换一次模块需要几百毫秒甚至几秒的时间,在大规模环境中会造成更大的延迟;同时离线配置每个模块的定位范围的工作量大,并且不能适应动态情况。下面使用自适应算法学习环境中最优切换策略,能够缩短模块间的切换时间,简化用户的预定义设置过程,并且能适应环境变化。

(2)自适应算法。在不设定任何初始范围信息的情况下,让移动机器人模块在环境中随机运动,移动机器人模块每完成一次"移动"任务,通过服务端口将执行结果反馈至任务规划模块,在线自适应算法对动作的执行效果进行更新。通过一段时间的学习,如图 6-11(b)~(d)所示,机器人依据经验自动切换到合适的定位模块,而不需要遍历每个模块读取它们的状态。

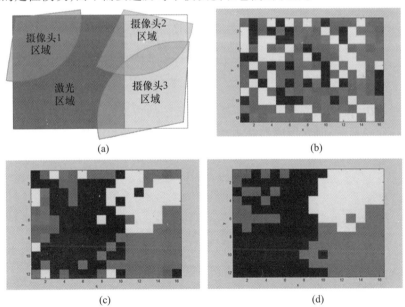

图 6-11　定位模块的位置设定和自适应过程
(a)定位组件的设定示意图;(b)完成 100 次移动以后;(c)完成 1000 次移动以后;
(d)完成 5000 次移动以后。

311

图 6-12 所示是定位任务中的模块连接图,左上角的是设备管理模块,与任务规划器相连。任务管理模块读取各个模块的状态、发送要执行的动作并且读取动作执行的结果。任务管理模块根据规划器发送的动作,控制模块之间的连接,每次切换过程能够在 200ms 以内完成。

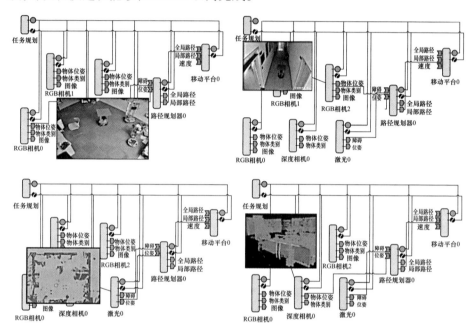

图 6-12 模块切换连接图

进一步,本书测试当环境发生改变时系统的自适应情况。环境的改变如图 6-13(a)所示,激光传感器在右上方区域的定位精度下降,2 号环境摄像头中间区域被遮挡。环境改变最初移动机器人模块定位失败的概率大大提升了,

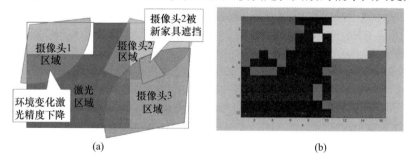

图 6-13 环境变化时的自适应过程
(a)环境变化示意图;(b)完成 1000 次移动以后。

随着执行更多任务,动作模型中的执行效果的概率分布通过动态修正渐渐与新环境相匹配,规划器随之找到了更符合新环境的策略,从而使得定位成功率又上升了(图6-14)。环境改变后,根据各模块定位效果的选择情况如图6-13(b)所示。对比图6-11(d)可以发现,采用自适应算法以后,定位模块的选择很好地适应了环境的变化,提高了系统的鲁棒性。

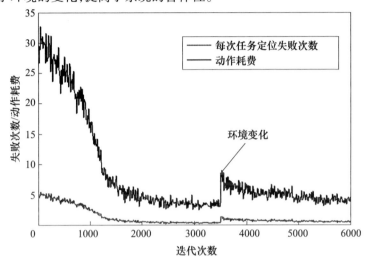

图6-14 定位失败次数与动作耗费的收敛情况

上述实验表明,采用自适应算法的系统能够有效地应对如定位失败等不确定性和环境变化等动态性。

## 6.3 泛在机器人智能工厂开发案例

下面以"智能装配生产线"为例阐述泛在机器人技术在智能制造领域的应用。相对于传统的制造工艺,智能装配生产线利用网络化的分布式加工工序,通过合作来完成不同的任务。

### 6.3.1 智能工厂的系统元素

整个智能工厂系统使用 RTC + ROS 的框架进行搭建,由于时间及场地的限制,该小型智能工厂主要实现了与产品制造装配相关的模块,而其他如财务、人事等模块均未实现。本章所要搭建的智能工厂体验平台,能够实现工业4.0的一些特色功能。

(1) 工厂模拟 BTO(Build-to-Order)的生产形式,终端消费用户或者其他智慧工厂通过网络下达订单,订单可以具有个性化,智慧工厂根据订单以及库存等进行原材料准备,然后通过一系列的制作加工过程,将最终产品交付用户。

(2) 智能生产技术运用,如增材制造、智能机器人技术等,这些智能生产技术进一步加强了整个工厂的柔性程度。

智能装配生产线的框架设计如图6-15所示。本节尝试将泛在机器人技术应用于智能制造领域,目标是适应当今工业生产小批量、个性化的发展趋势,使得加工系统不再是重复地完成预设的工序,而能够根据用户订单自动生成加工流程、组织各个加工工位合作完成任务。

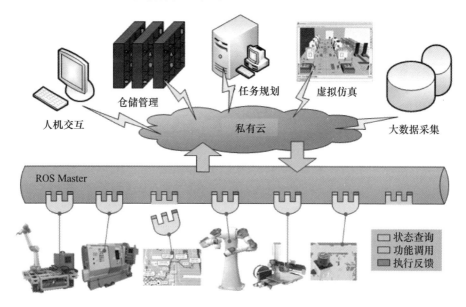

图6-15 智能装配生产线系统架构

智能工厂的模块设计主要包括基本模块和功能模块,基本模块是所有模块的基础,定义了模块的接口和模块基本功能,功能模块则是利用基本模块提供的各种接口和基本功能进行进一步功能性的开发。

该小型智能工厂的产品如图6-16所示,整个系统的输入为用户的订单信息以及3D打印的原材料,输出为相应的产品。为了具有更好的演示效果,智慧工厂以安川SDA10模型为生产对象。这样一个机器人模型共由6个零件组成,关节间通过卡销机构进行连接,能够保持一定的旋转自由度。机器人模型的每个关节可以有3种颜色,这样使得智能工厂的工序系统更加复杂。

(a) (b) (c)

图 6-16 智能工厂产品图

(a)SDA10 机器人；(b)3D 打印的零件图；(c)组装后的模型。

整个机器人模型的生产工序如下。

(1) 3D 打印部件，入库待用。这里因为 3D 打印部件需要很长时间，所以系统运行时，一般直接使用仓库中已有的零部件。

(2) 仓库管理机器人将底座放置在物流机器人托盘，送往打磨机器人工位。

(3) 底座打磨。3D 打印件表面精度不高，因此使用打磨机器人对底座进行打磨。

(4) 装配。装配机器人完成所有零件的装配，包括工件识别、定位，工件抓取，装配点对准，运动规划等模块。

(5) 物流。所有工位间的零部件的运送都由移动抓取机器人完成。

## 6.3.2 智能工厂的基本功能模块

采用泛在机器人技术，加工工位被封装成泛在机器人组件。本节构建的系统中，包括 3D 打印组件、打磨组件、移动抓取组件、激光定位组件、装配组件、物体识别组件、移动平台组件、路径规划组件等，如图 6-17 所示。与机器人酒吧任务一样，这些组件的服务端口与一个设备管理模块连接。

值得注意的是，智能装配生产线任务和机器人酒吧任务采用相同的系统架构和规划算法，这反映了泛在机器人的架构和算法具有很好的通用性。在机器人酒吧任务中用到的移动平台组件、激光定位组件等未经修改直接用于智能装配生产线任务，这也体现了模块化开发带来的可复用性的优势。

1) 订单管理组件

订单模块是用户生成订单的交互界面，让用户可以对想要的产品进行定制，主要是对每个关节的颜色进行设定。界面分为 3 个区域：在区域 1，用户可以选择机器人各个部件来进行颜色的修改；在区域 2，有 3 个颜色块代表不同的颜

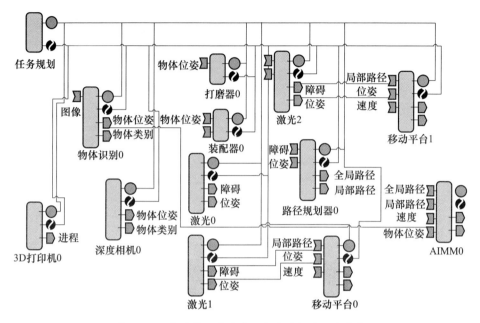

图 6-17 智能装配生产线任务中的组件及其连接

色,通过选择颜色对应的区域 1 里的部件的颜色发生相应的变化;区域 3 为最终产品的结果,用户可以确认订单。不同的选择结果如图 6-18 所示。

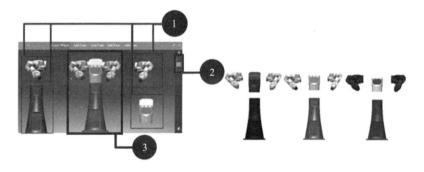

图 6-18 订单模块的用户界面

2) 3D 打印组件

打印模块负责模型的所有零件的生产,本系统中总共采用 3 台 3D 打印机,分别对 3 种不同颜色的材料进行打印。由于打印机本身运算能力较弱,目前的模块化组件还无法运行于该嵌入式系统上,因此,我们采用在一台 PC 上运行一个打印模块来同时管理 3 个打印机。每台打印机都具有各自的 IP 号和 port 端口号,对应可以打印的颜色直接记录在控制模块中。

打印模块接口如表 6-1 所列。

表 6-1　3D 打印模块接口

| 接口函数 | 接口类型 | 参数说明 |
| --- | --- | --- |
| Start PrintTask<br>(in string color, in string model Name) | 提供动作 | 开始一个打印任务<br>输入：color 待打印颜色<br>modelName 的模型文件名，STL 格式文件 |
| StopPrinting<br>(in string color, in string modelName) | 提供服务 | 终止一个打印任务<br>输入：color 待打印颜色<br>modelName 的模型文件名，STL 格式文件 |
| GetPrinterStatus<br>(in string color) | 提供服务 | 返回打印机的状态<br>输入：color 打印机颜色属性 |

本系统选用的是一款有 RepRapPro 公司开发的 Ormerod 2 开源 3D 打印机。该打印机系统利用一个修改的 G 代码驱动打印机，扩展打印机的性能。除此之外，其最新的 Firmware 能够支持基于网络的控制，因此，可以通过使用 G 代码通过 Telnet 协议对其进行控制，并获取其工作进度等信息。打印机模块在接收到打印指令后首先创建一个单独的打印线程，然后连接到相应的打印机并且做打印前的准备，所有轴进行复位、XY 平面自动定位并开始打印物体。

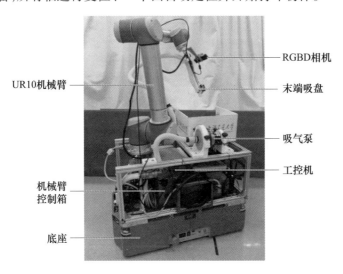

图 6-19　AIMM 全方位自主移动抓取平台

3）移动抓取组件

Autonomous Industrial Mobile Manipulator（AIMM）机器人结构如图 6-19 所示，是一种同时具备移动和抓取能力的机器人，在智慧工厂中担任主要的物流功能。与传统的固定机械臂加移动 AGV 结合的模式相比，AIMM 机器人具有更大的工作空间及灵活性，可以大大减少工厂的建造成本。同时由于具有视觉传感系统，提升机器人的智能程度，柔性度更高（表6-2）。

表6-2 AIMM 模块接口

| 接口函数 | 接口类型 | 参数说明 |
| --- | --- | --- |
| isEmpty(out boolean isEmpty) | 提供服务 | 抓手是否为空输出：isEmpty 抓手状态 |
| pickup(in string objName, in float locx, in float locy) | 提供动作 | 在某一个地点找到并抓取一个物体<br>输入：objName 待抓取物体名称<br>locx 待抓取物所在 $x$ 坐标<br>locy 待抓取物所在 $y$ 坐标 |
| putdown(in float locx, in float locy, in float locz) | 提供动作 | 在某一个地点放下物体<br>输入：locx 待放置位置所在 $x$ 坐标<br>locy 待放置位置所在 $y$ 坐标<br>locz 待放置位置所在 $z$ 坐标 |
| getExeState(out short workingState) | 提供服务 | 获得一个搬运任务的执行状态<br>输出：workingState 工作状态 |

全向移动平台具有非常好的运动灵活性，可以在一些狭小空间运动自如。本项目中的全向移动平台，采用4轮麦克纳姆轮结构。通常为了获得较好的运动平稳性，普通移动平台均采用三轮结构，而对于四轮结构而言，按三点决定一个平面的原则，在不平地面运动时，总有一个轮不能完全接触地面，这就带来运动控制的困难，导致车体运动的不平稳。常见四轮移动平台采用普通的充气橡胶轮，在受压时充气的橡胶轮会自动调整，以保证四轮都接触地面。但这对于全方位轮而言就没法做到，全方位轮上装有几十个小滚轮，这些小滚轮无法采用充气的橡胶轮，因而它在地面不平时无法自动调整。

机械臂使用 Universal Robots UR5 机械臂，该机械臂具有 5kg 的抓取能力，1m 的工作范围。机械臂配备了一个末端执行器，执行器由一个具有力反馈的舵机为主动源，可以在夹持物体时保持一定的夹持力，同时在发生异常时可以释放舵机。

AIMM 上采用 RGB-D 传感器对环境进行 3D 的感知，RGB-D 传感器是指一种可以同时获得环境颜色值（RGB）和深度值（Depth）的传感器。典型的如微软开发的 Kinect 传感器。

我们采用 LINEMOD[166] 算法实现工件的识别。LINEMOD 是实现通用的刚性物体识别的最佳方法之一。它基于一种非常快速的模板匹配方法，能够高效地在 Kinect 输出数据进行多模板的检测。当检测到一个模板时，LINEMOD 算法不仅提供了对象在图像中的二维位置,同时还给出了它的三维姿势的粗略估计。具体的 LINEMOD 算法有以下几个步骤。

(1)进行角度采样是 LINEMOD 算法关键的一步,采样是在算法的可靠性和模板数量匹配效率间的一种权衡的方法。

(2)提取图像的梯度和表面法线。LINEMOD 依赖于两个不同的特征:从彩色图像计算颜色梯度,从物体三维模型计算出表面法线,然后创建模板。

(3)检测后处理。在 RGBD 数据上对每个模板进行一个相似度检测,如果某一个位置出的相似度达到一定阈值,在利用深度图像进一步估计的物体的三维姿态。

对于传统基于示教工作的工业机器臂没有机械臂的运动规划问题,而对于智能机器人往往需要进行动态的运动规划实现一定的任务。机器人的运动规划的定义如下:$A$、$B$ 为机器人位形空间中两点,在给定的构型 $A$ 与构型 $B$ 之间为机器人找到一条符合约束条件的路径。一般运动规划所涉及的约束条件可能包括碰撞、速度约束、力矩约束等。

运动规划的复杂度随着机器人自由度的增加而增加,对于关节型机器人一般具有 6 个以上自由度,位形空间非常复杂。我们这里采用基于随机采样的 Rapidly-exploring random trees(RRT)。该算法从起始点(或目标点)开始生成树状结构,并不断进行随机拓展与搜索,直到搜索点生长到目标点(或起始点)附件时,完成规划任务。

在具体实现时,我们利用 ROS 的 Moveit 包,Moveit 包集成了 OMPL 算法库,其中包含 RRT 等多个规划算法,规划效果如图 6-20 所示。

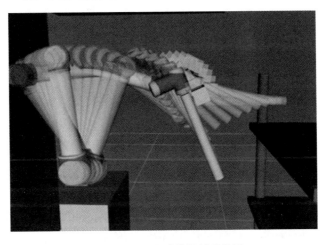

图 6-20 RRT 避障规划效果图

4)打磨组件

因为3D打印的零件表面质量不高,因此,系统中设置了一个抛光的环节对零件进行二次加工。我们采用一个 Baxter 双臂机器人完成抛光,系统配置如图6-21所示,机器人一个手臂末端是一个移动夹持器,另一个手臂安装打磨转头,通过两个手臂的配合运动,完成抛光工作(表6-3)。

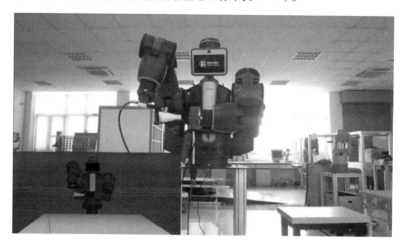

图6-21 打磨模块 Baxter 机器人

表6-3 打磨模块接口

| 接口函数 | 接口类型 | 参数说明 |
| --- | --- | --- |
| startPolish(in string objName) | 提供动作 | 开始打磨任务<br>输入:objName 待打磨物体名称 |
| getExeState(out short workingState) | 提供服务 | 获得一个打磨任务的执行状态<br>输出:workingState 工作状态 |

生产一系列的切割平面,切割平面在与模型上的三角面片相交产生一系列的路径点。根据三角面片和切割平面可以产生多种相交的情况,为了统一化,以最常见的一种有两个相交点情况来表示,如图6-22所示。

在得到路径点后,需要将其有序相连形成一个连续的路径。这里使用一个简单方法,因为一个三角形面片具有两个交点,其中每个交点都被两个三角面片公用,这样可以从一个路径点出发,下一个路径点是同三角形的另一个交点,再下一个点是下一个三角形的另一个交点,依次类推,即可获得连续路径。

最后根据这些基于模型坐标连续路径,以及物体定位的结果,我们对机器人的运动学参数进行计算。计算时使用 ROS 中的 KDL 函数库,计算结果发送到机器人进行执行。

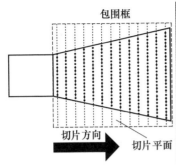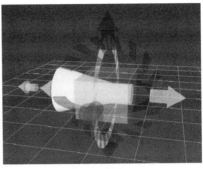

图6-22 由包围盒定义生成切割平面和切割方向示意图

5) 装配组件

装配模块主要完成零件的组装功能,其根据装配任务,对各种零件进行定位,然后完成相应的装配动作,最后将得到完整的机器人模型。系统构成如图6-23所示,包括一个视觉传感器、机械臂及控制器(表6-4)。

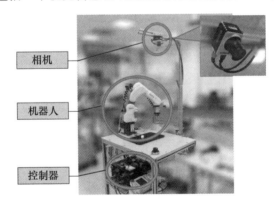

图6-23 装配模块系统图

表6-4 装配模块接口函数、类型、参数说明

| 接口函数 | 接口类型 | 参数说明 |
| --- | --- | --- |
| startAssemble<br>(in string objName1, in string objName2) | 提供动作 | 开始装配任务<br>输入：objName1 待装配部件1<br>objName1 待装配部件2 |
| getExeState(out short workingState) | 提供服务 | 获得当前装配任务的执行状态<br>输出：workingState 工作状态 |

装配是一个技术难度较高的环节,我们这里采用一个高精度的工业机械臂,配合工业高精度的机器视觉系统实现(图6-24)。智能摄像头完成对工件的定

位,分为两次定位,一次是抓取定位,一次是装配轴的精确定位。以身体和基底的装配为例,基座由流水线运输过来,机械臂需要将工作台上的身体部件装配到基底上。其工作流程如图6-25所示。

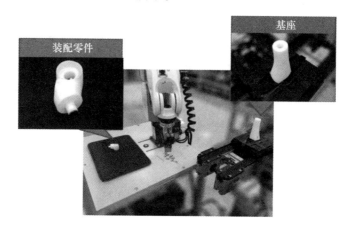

图6-24 身体部件和基座装配示意图

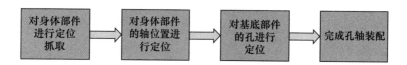

图6-25 身体部件和基座装配流程图

其中,工件位置和孔轴的定位均通过智能相机的视觉软件系统中的几何形状定位功能实现。获得定位数据后通过网络发送给机器人,机器人自动完成相应的装配动作。在机器人使用系统视觉信息前,视觉系统和机器人系统事先完成了标定工作。这里为了简化标定过程,利用机械臂在工作台平面的上采集多个点来进行平面的映射。

6) 传送带组件

传送带模块主负责在打磨、装配、出货3个工位间的工件运送,完成打磨的零件送到装配工位进行装配,然后将装配完成的工件送到出货工位(见表6-5)。

表6-5 传送带组件接口

| 接口函数 | 接口类型 | 参数说明 |
| --- | --- | --- |
| transToLoc(in string locName) | 提供动作 | 将托盘运行到指定位置<br>输入:locName 目标托盘位置 |
| getExeState(out short workingState) | 提供服务 | 获得当前移动任务的执行状态<br>输出:workingState 工作状态 |

传送带组件总体结构与打印模块类似,模块接口在一台控制 PC 上实现。传送带底层硬件的控制由一个欧姆龙 NJ 系列 PLC 实现,PLC 完成所有的工位传感器的数据采集,获得托盘所在的工位位置,同时通过控制各个工位的气阀开关来实现托盘在一个工位是否停止或者放行。PLC 和控制 PC 之间通过 TCP 连接,接收 PC 端指令,实现托盘在一个特定位置的停止,完成后会返回一个确认信号给 PC 端。目前由于托盘上尚未安装 RFID 等标识,所以在实验时传送带上仅放置一个托盘。PC 端来实现 RTC 的模块接口。

### 6.3.3 非确定性环境下的生产调度

结合泛在机器人任务规划技术,智能工厂中的规划调度模块相当于一个工厂经理,主要负责根据当前订单的信息、库存信息、各设备的运行状态信息,以及产品的加工工序来规划合理优化高效的工作计划,并且分发给各个相应模块执行。

泛在机器人任务规划部分包含任务规划器、在线学习模块和设备管理模块。设备管理模块负责组织和管理机器人组件的信息并将上层指令发送给各个组件,如图 6-26 所示。其负责的主要功能包括:读取组件提供的状态信息并转换成当前系统状态,根据任务规划的结果调用相应组件的功能函数,监控组件执行任务的状况,管理组件的生命周期等。任务规划模块首先定义任务的 RMDP 模型,然后根据上层抽象的用户指令和系统当前状态生成初始和目标状态,自动划分层次以后,规划出机器人组件们可以执行的动作,发送到设备管理模块。在线学习模块根据每次动作执行的结果,不断修正 RMDP 的动作模型,使得规划结果更加适应于实际环境。

任务规划上层的应用层提供用户与系统的人机交互,这里是通过和一个下单界面来完成的。相比于传统的工业生产线,智能装配生产线中的各个生产组件集成了更多的感知和规划的能力,因此可以更好应对非结构化的环境和非固定的任务。例如传统的打磨机器人都是靠人工示教来执行固定的动作,本节中的打磨机器人能够利用 RGB-D 传感器检测物体位置,并根据待打磨物体的 3D 模型自动生成打磨路径,采用运动规划算法自动跟踪打磨路径并能够避开障碍物(图 6-26(a));移动抓取组件也有 RGB-D 传感器用于物体识别和避障,有激光传感器用于定位(图 6-26(b));装配机器人采用摄像头进行工件的定位和装配孔高精度定位(图 6-26(c));在打磨和移动抓取中的物体识别算法如图 6-26(d)所示,该算法针对弱纹理物体结合了 2D 的模板匹配和 3D 的位姿估计。这些感知和规划算法的引入大大提升了系统的灵活性,同时也增加了系统的不确定性。这些生产工序在执行任务的过程中不可避免地发生错误和失

图6-26 智能装配生产线任务中的部分组件

败,因此,有必要采用4.5节提出的针对非确定性和非平稳性任务的模型与规划算法。

智能工厂任务的变量和值域定义:

| 序号 | 变量 | 值域 |
| --- | --- | --- |
| 1 | AIMM_loc | loc1, loc2, ⋯, loc8, printer_spot, store_spot, ⋯, painter_spot |
| 2 | AGV_loc | loc1, loc2, ⋯, loc8, printer_spot, store_spot, ⋯, painter_spot |
| 3 | AIMM_hand_empty | true, false |

(续)

| 序号 | 变量 | 值域 |
|---|---|---|
| 4 | part1_loc | AIMM,AGV,printer_spot,store_spot, |
| 5 | part2_loc | assembler_spot,polisher_spot,painter_spot |
| 6 | part3_loc | |
| 7 | part1_color | |
| 8 | part2_color | red,blue,black,white |
| 9 | part3_color | |
| 10 | part1_polished | |
| 11 | part2_polished | true,false |
| 12 | part3_polished | |
| 13 | assembled_p1_p2 | true,false |
| 14 | assembled_p1_p3 | true,false |

智能工厂任务的动作定义举例:

| 动作 | 前提条件 | 执行效果 | 概率 |
|---|---|---|---|
| Move_AIMM_loc1_loc2 | AIMM_loc = loc1 | {AIMM_loc = loc2} | 0.85 |
| | | {} | 0.1 |
| | | {AIMM_loc = printer_spot} | 0.05 |
| Move_AGV_loc3_loc5 | AIMM_loc = loc3 | {AIMM_loc = loc5} | 0.85 |
| | | {} | 0.05 |
| | | {AIMM_loc = loc2} | 0.05 |
| | | {AIMM_loc = store_spot} | 0.05 |
| Pickup_AIMM_store_part1 | AIMM_loc = store_spot<br>part1_loc = store_spot<br>AIMM_hand_empty = true | {part1_loc = AIMM, AIMM_hand_empty = false} | 0.9 |
| | | {} | 0.1 |
| Putdown_AIMM_painter_part3 | AIMM_loc = painter_spot<br>part3_loc = AIMM<br>AIMM_hand_empty = false | {part3_loc = painter_spot, AIMM_hand_empty = true} | 1.0 |
| Putdown_AIMM_printer_part2_AGV | AIMM_loc = printer_spot<br>AGV_loc = printer_spot<br>part2_loc = AIMM<br>AIMM_hand_empty = false | {part2_loc = AGV, AIMM_hand_empty = true} | 0.9 |
| | | {part2_loc = printer_spot, AIMM_hand_empty = true} | 0.1 |

（续）

| 动作 | 前提条件 | 执行效果 | 概率 |
|---|---|---|---|
| Polish_part1 | part1_loc = polish_spot<br>part1_polished = false | {part1_polished = true,<br>part1_color = white} | 0.8 |
| | | {} | 0.2 |
| Paint_part1_red | part1_loc = paint_spot | {part1_color = red} | 0.9 |
| | | {} | 0.1 |
| Assemble_p1_p2 | part1_loc = assemble_spot<br>part2_loc = assemble_spot<br>assembled_p1_p2 = false | {assembled_p1_p3 = true} | 0.95 |
| | | {} | 0.05 |

在完成了任务的标准化建模后，即可以使用标准的任务规划算法进行任务的计算。一般可以将任务规划过程分为两个阶段：任务的分解和任务的执行。

第一阶段，将用户的命令分解成子任务。例如，用户想拿到加工好的产品。这个任务可以解释为 give(user1, product1) 用 PDDL。然后，任务分解器会将其分解为一系列的子任务，如 goto(AIMM, loc1)、pickup(AIMM, product1)、goto(AIMM, loc2)、drop(AIMM, product1)。子任务将会进一步被分解成最底层的元任务。我们使用启发式搜索算法 Fast-Downward 实现任务的分解。

第二阶段，分解的任务将会被送至任务执行器，执行器将运用系统管理功能，获得当前的组件状态，并对组件功能进行调用。在给定了机器人的任务能力，即每个机器人组件完成不同任务的消耗，任务执行器可以控制合适的组件以最优化的方式完成任务。

下面以一个简化的订单任务说明规划的过程，该订单只包含模型的头和底座，其中，头——red，底座——white。系统使用如下的符号变量。

规划系统使用的符号变量：

| 符号名称 | 值 |
|---|---|
| 两个零件 | Head, Base |
| 机器人设备 | AGV, StoreArm(仓库机器人), PolishArm(打磨机器人), AssemblyArm(装配机器人), Conveyer(传送带), Store(仓库) |
| AGV 的 4 个工位 | StoreLoc, PolishLoc, AssemblyLoc, HomeLoc |
| AGV 的载物平台的 4 个位置 | StoreLoc, PolishLoc, AssemblyLoc, HomeLoc |
| 传送带的 4 个工位 | ConLocPolish, ConLocAssembly, ConLocProduct, ConLocHome |

初始状态：

(:init

 (at Head Store)

（at Base Store）
（at AGV HomeLoc）
（empty StoreArm）
（empty PolishArm）
（empty AssemblyArm）
（at Conveyer ConLocHome）
not（polished Base）
not（assembled Head Base）
）

目标状态：

（:goal
　（at Head Conveyer）
　（at Base Conveyer）
　（assembled Head Base）
　（at Conveyer ConLocProduct）
）

规划结果：

（**pick – up** StoreArm Base Store）
（**dirve** AGV StoreLoc）
（**put – down** StoreArm Base StoreLocTop）
（**dirve** AGV PolishLoc）
（**pick – up** PolishArm Base PolishLocTop）
（**move** Conveyer ConLocPolish ）
（**polish PolishArm Base**）
（**put – down PolishArm Base** ConLocPolish）
（**move** Conveyer ConLocAssembly）
（**pick – up** StoreArm Head Store）
（**dirve** AGV StoreLoc）
（**put – down** StoreArm Head StoreLocTop）
（**dirve** AGV AssemblyLoc）
（**pick – up** AssemblyArm Head AssemblyLocTop）
（**assemble** AssemblyArm Base Head）
（**move** Conveyer ConLocProduct）

图 6 – 27 展示了智能装配流水线执行任务的场景。用户通过订单管理系统

下单,可以选择加工产品不同的颜色和形状(图6-27(a))。与机器人酒吧示例一样,订单被翻译成规划问题的目标状态发送到任务规划器。任务规划器读取每个组件的状态,然后计算出相应的策略。图6-27(b)-(f)分别显示3D打印机按照订单需求打印零件,移动抓取组件和物体识别组件协作从仓库抓取零件,移动平台组件在与激光定位组件的协作下运送零件,打磨组件根据零件模型自动生成打磨路径并规划关节角度,最后装配组件按照订单要求装配出不同形状的产品。

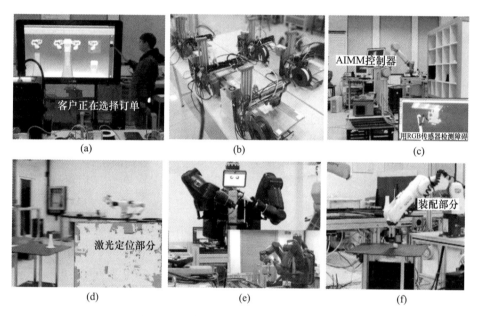

图6-27 智能装配流水线任务执行场景

当订单数量增多,规划问题的状态空间呈指数增大。这对不分层的任务规划方法是很大的挑战。使用本书提出的分层规划方法,将原问题分解成一系列子问题,订单的增多对计算量的影响不大。因为不同订单中的工件被划分在不同的层次中,而计算不同的订单可以重复使用那些表示加工工序的层次行为。即低层的子问题能在高层的问题求解中重复使用,提高了分层求解的效率。

相比于传统加工流水线,基于泛在机器人的智能装配生产线具有更高的鲁棒性。在传统流水线上,某一个工位的损坏或者缺失通常会导致整个加工流水线的故障。由于泛在机器人系统的冗余特点以及在线规划的能力,智能装配生产线能够在一定程度上允许错误和失败。

本章主要结合实际案例进行说明,随着世界人口的增长和老龄化的加剧,开发基于泛在机器人技术的智能系统无论在日常生活还是工业生产都具有重要的意义。泛在机器人技术以其不受限的感知、执行和计算能力,有望推动机器人服务进入人们的日常生活。泛在机器人技术涉及广泛的研究领域,其研究也可进一步推动机器人学、人工智能、计算机科学等其他学科的发展。物联网和云计算的发展也给泛在机器人技术带来了更加广阔的应用前景,如虚拟机器人或者实际机器人对人类日常生活的陪伴和辅助、机器人和人类在同一环境下协同工作、虚拟或实际的机器人向导、监控和保护公共安全的机器人保安、在医院和疗养院看护病人的机器人护工等。很多国家提出了智慧城市的概念,泛在机器人将在其中起到至关重要的作用。另外,泛在机器人技术在工业上也有巨大的发展潜力。未来的工业制造将朝着小规模、个性化的方向发展。由于生产任务灵活多变,针对静态确定性环境的工业机器人将难以满足要求。具有自动整合资源、规划任务的泛在机器人系统将可能取代现有的离线示教的工业机器人。例如,每个个性化的产品贴有加工要求的电子标签,根据这些信息,系统规划出加工步骤,发送给各种工业机器人组件协作完成加工任务。

# 参 考 文 献

[1] https://en. wikipedia. org/wiki/Industrial_robot.
[2] http://help. 3g. 163. com/15/0714/06/AUFBJ2FA00964KAT. html.
[3] http://www. chemm. cn/News/News – 46841. html.
[4] Kim J H. Ubiquitous robot[M]//Computational Intelligence,Theory and Applications. Springer,Berlin,Heidelberg,2005:451 – 459.
[5] http://www. willowgarage. com/pages/pr2/applications.
[6] Jong – Hwan Kim. Ubiquitous Robot[J],Advances in Soft Computing 2005(2):451 – 459.
[7] Broxvall M,Gritti M,Saffiotti A,et al. PEIS ecology:Integrating robots into smart environments[C]//Robotics and Automation,2006. ICRA 2006. Proceedings 2006 IEEE International Conference on. IEEE,2006: 212 – 218.
[8] Zweigle O,van de Molengraft R,d'Andrea R,et al. RoboEarth:connecting robots worldwide[C]//Proceedings of the 2nd International Conference on Interaction Sciences:Information Technology,Culture and Human. ACM,2009:184 – 191.
[9] Robotic UBIquitous COgnitive Network;Giuseppe Amato,Mathias Broxvall,Stefano Chessa,Mauro Dragone, Claudio Gennaro,Rafa López,Liam Maguire,T. Martin Mcginnity,Alessio Micheli,Arantxa Renteria,Gregory M. P. O'Hare,Federico Pecora;2012.
[10] 刘云浩. 物联网技术[M]. 北京:科学出版社,2013.
[11] 高歆雅. 泛在感知网络的发展及趋势分析[J]. 电信网技术,2010(2):58 – 63.
[12] Kim J H. Ubiquitous robot:Recent progress and development,International Joint Conference SICE – ICASE, IEEE,2006,pp. 1 – 25.
[13] Kuffner J J. Cloud – enabled robots,IEEE – RAS international conference on humanoid robotics,Nashville: 2010.
[14] Chibani A,Amirat Y,Mohammed S,et al. Ubiquitous robotics:Recent challenges and future trends,Robotics and Autonomous Systems,2013,61:1162 – 1172.
[15] Santhana Krishnan G,Narendran S. Design and implementation of Dustbot Using Neural Networks. International Journal of Advanced Research Trends in Engineering and Technology,2015(2):152 – 157.
[16] Chiti F,Fantacci R,Collodi G,et al. Supporting distributed applications for swarm of robots within smart environments:the way of EU project DustBot[C]// International Conference on Wireless Communications and Mobile Computing:Connecting the World Wirelessly,Iwcmc 2009,Leipzig,Germany,June. DBLP,2009: 1096 – 1101.
[17] Sanfeliu A. Ubiquitous networking robotics in urban sites(URUS)[J]. Automàtica Robòtica I Visió,2008.
[18] Young – Jo C,Sang – Rok O H. Fusion of IT and RT:URC(Ubiquitous Robotic Companion) Program [J]. Jrsj,2005,23(5):528 – 531.

[19] Kranz M,Rusu R B,Maldonado A,et al. A player/stage system for context – aware intelligent environments [J]. Proceedings of Ubisys,2006,6:17 – 21.

[20] Saffiotti A,Broxvall M,Gritti M,et al. The PEIS – Ecology project:Vision and results[C]// IEEE International Conference on Intelligent Robots and Systems,2008:2329 – 2335.

[21] Saffiotti A,Broxvall M,Seo B S,et al. The PEIS – ecology project:a progress report[C]// 2007:16 – 22.

[22] Saffiotti A,Broxvall M,Gritti M,et al. The PEIS – ecology project:vision and results[C]//Intelligent Robots and Systems,2008. IROS 2008. IEEE/RSJ International Conference on. IEEE,2008:2329 – 2335.

[23] Amato G,Bacciu D,Broxvall M,et al. Robotic ubiquitous cognitive ecology for smart homes[J]. Journal of Intelligent & Robotic Systems,2015,80(1):57 – 81.

[24] Amato G,Broxvall M,Chessa S,et al. Robotic UBIquitous COgnitive Network[C]// International Symposium on Ambient Intelligence,2012:191 – 195.

[25] Ayari N,Chibani A,Amirat Y,et al. A semantic approach for enhancing assistive services in ubiquitous robotics[J]. Robotics & Autonomous Systems,2016,75(PA):17 – 27.

[26] Ayari N,Abdelkawy H,Chibani A,et al. Towards Semantic Multimodal Emotion Recognition for Enhancing Assistive Services in Ubiquitous Robotics[C]// AAAI 2017 FALL SYMPOSIUM SERIES,2017.

[27] Sato M,Kamei K,Nishio S,et al. The Ubiquitous Network Robot Platform:Common platform for continuous daily robotic services[C]// Ieee/sice International Symposium on System Integration. IEEE,2011:318 – 323.

[28] Tenorth M,Kamei K,Satake S,et al. Building knowledge – enabled cloud robotics applications using the ubiquitous network robot platform[C]// Ieee/rsj International Conference on Intelligent Robots and Systems. IEEE,2013:5716 – 5721.

[29] Nishio S,Kamei K,Hagita N. Ubiquitous Network Robot Platform for Realizing Integrated Robotic Applications[M]// Intelligent Autonomous Systems 12. Springer Berlin Heidelberg,2013:477 – 484.

[30] 孙献策. 支持在线重配置的机器人架构模型开发研究[D]. 杭州:浙江理工大学,2015.

[31] https://wenku.baidu.com/view/26928b0119e8b8f67c1cb9fb.html.

[32] Ando N,Suehiro T,Kitagaki K,et al. RT – middleware:distributed component middleware for RT (robot technology)[C]//Intelligent Robots and Systems,2005. (IROS 2005). 2005 IEEE/RSJ International Conference on. IEEE,2005:3933 – 3938.

[33] 中华人民共和国国家标准 GB/T33263 – 2016. 机器人软件功能组件设计规范.

[34] Quigley M,Conley K,Gerkey B,et al. ROS:an open – source Robot Operating System[C]//CRA workshop on open source software. 2009,3(3.2):5.

[35] https://zh.wikipedia.org/wiki/IPv6.

[36] Andrews J G,Buzzi S,Choi W,et al. What will 5G be?[J]. IEEE Journal on selected areas in communications,2014,32(6):1065 – 1082.

[37] https://www.qualcomm.cn/invention/technologies/5g – nr.

[38] Ha Y G,Sohn J C,Cho Y J,Yoon H. Towards a ubiquitous robotic companion:Design and implementation of ubiquitous robotic service framework,ETRI journal,2005,27:666 – 676.

[39] Kim B K,Tomokuni N,Ohara K,et al. Ubiquitous localization and mapping for robots with ambient intelligence,IEEE/RSJ International Conference on Intelligent Robots and Systems,IEEE,2006,pp. 4809 – 4814.

[40] Koide Y, Kanda T Sumi Y, et al. An approach to integrating an interactive guide robot with ubiquitous sensors, IEEE/RSJ International Conference on Intelligent Robots and Systems, IEEE, 2004, pp. 2500 – 2505.

[41] Tenorth M, Beetz M. KnowRob: A knowledge processing infrastructure for cognition – enabled robots, The International journal of robotics research, 2013, 32:566 – 590.

[42] Mosteo A R, Tardioli D, Riazuelo L, et al. Task Allocation for NRS with enforced connectivity by cooperative navigation, the Workshop on Network Robot Systems: Ubiquitous, Cooperative, Interactive Robots for Human Robot Symbiosis, 2007.

[43] Gu T, Pung H, Zhang D. A service—oriented middleware for building context—aware services, Journal of Network and computer applications, 2005, 28:1 – 18.

[44] Kim J, Choi H s, Wang H, et al. POSTECH's U – Health Smart Home for elderly monitoring and support, 2010 IEEE International Symposium on a World of Wireless Mobile and Multimedia Networks (WoWMoM), IEEE, 2010, pp. 1 – 6.

[45] Ghallab M, Nau D, Traverso P. Automated planning: theory & practice. Elsevier, 2004.

[46] Saffiotti A, Broxvall M, Gritti M, et al. The PEIS – ecology project: vision and results, Intelligent Robots and Systems, 2008. IROS 2008. IEEE/RSJ International Conference on, IEEE, 2008, pp. 2329 – 2335.

[47] Müller A, Kirsch A, Beetz M. Transformational Planning for Everyday Activity, ICAPS, 2007, pp. 248 – 255.

[48] Barbosa M, Bernardino A, Figueira D, et al. ISRobotNet: A testbed for sensor and robot network systems, IEEE/RSJ International Conference on Intelligent Robots and Systems, IEEE, 2009, pp. 2827 – 2833.

[49] Liu Y, Yang J, Wu Z. Ubiquitous and cooperative network robot system within a service framework, International Journal of Humanoid Robotics, 2011, 8:147 – 167.

[50] 曾温特, 苏剑波. 一种基于分布式智能的网络机器人系统. 机器人, 2009, 31:1 – 7.

[51] Musliner D J, Durfee E H, Wu J, et al. Coordinated Plan Management Using Multiagent MDPs, AAAI spring symposium: Distributed plan and schedule management, 2006, pp. 73 – 80.

[52] Kocsis L, Szepesvári C. Bandit based monte – carlo planning. In: Machine Learning: ECML 2006. Springer, 2006. pp. 282 – 293.

[53] Gelly S, Silver D, Achieving Master Level Play in 9×9 Computer Go, Twenty – Third AAAI Conference on Artificial Intelligence 2008, pp. 1537 – 1540.

[54] Keller T, Eyerich P. PROST: Probabilistic Planning Based on UCT, ICAPS, 2012.

[55] Fikes R E, Nilsson N J. STRIPS: A new approach to the application of theorem proving to problem solving, Artificial Intelligence, 1972, 2:189 – 208.

[56] Fox M, Long D. PDDL2.1: An Extension to PDDL for Expressing Temporal Planning Domains, J. Artif. Intell. Res. (JAIR), 2003, 20:61 – 124.

[57] Blum A L, Furst M L. Fast planning through planning graph analysis, Artificial Intelligence, 1997, 90:281 – 300.

[58] Kautz H A, Selman B. Planning as Satisfiability, Proceedings of the 10th European conference on Artificial intelligence, John Wiley & Sons, Inc, 1992, pp. 359 – 363.

[59] Bonet B, Geffner H. Planning as heuristic search, Artificial Intelligence, 2001, 129:5 – 33.

[60] Kautz H, Selman B. BLACKBOX: A new approach to the application of theorem proving to problem solving, AIPS98 Workshop on Planning as Combinatorial Search, pp. 58 – 60.

[61] Younes H L, Littman M L. PPDDL1. 0: An extension to PDDL for expressing planning domains with probabilistic effects, In Proceedings of the 14th International Conference on Automated Planning and Scheduling, 2004.

[62] Sanner S. Relational dynamic influence diagram language (rddl): Language description, Unpublished ms. Australian National University, 2010.

[63] Puterman M L. Markov decision processes: discrete stochastic dynamic programming. John Wiley & Sons, 2014.

[64] Bertsekas D P. Dynamic programming and optimal control. Athena Scientific Belmont, MA, 1995.

[65] Krizhevsky A, Sutskever I, Hinton G E. ImageNet classification with deep convolutional neural networks [C]// International Conference on Neural Information Processing Systems. Curran Associates Inc. 2012: 1097 – 1105.

[66] Lecun Y L, Bottou L, Bengio Y, et al. Gradient – based learning applied to document recognition. Proc IEEE [J]. Proceedings of the IEEE, 1998, 86(11): 2278 – 2324.

[67] Sutton Richard S, et al. "Policy gradient methods for reinforcement learning with function approximation." Advances in neural information processing systems, 2000.

[68] Salimans T, Ho J, Chen X, et al. Evolution strategies as a scalable alternative to reinforcement learning [J]. arXiv preprint arXiv: 1703. 03864, 2017.

[69] Sutton Richaard S. Learning to predict by the methods of Temporal Different. Machine Learning. 1988, (3): 9 – 44.

[70] Lucian Busoniu, Robert Babuska, and Bart De. Schutter. A Comprehensive Survey of Multiagent Reinforcement Learning. IEEE Transactions on Systems, Man, and Cybernetics. Part C: Applications and Reviews. 2008, 3, 38(2). 156 – 172.

[71] Lillicrap T P, Hunt J J, Pritzel A, et al. Continuous control with deep reinforcement learning [J]. arXiv preprint arXiv: 1509. 02971, 2015.

[72] Mnih V, Kavukcuoglu K, Silver D, et al. Playing atari with deep reinforcement learning [J]. arXiv preprint arXiv: 1312. 5602, 2013.

[73] Mnih V, Kavukcuoglu K, Silver D, et al. Human – level control through deep reinforcement learning [J]. Nature, 2015, 518(7540): 529.

[74] Asai M, Fukunaga A. Classical Planning in Deep Latent Space: Bridging the Subsymbolic – Symbolic Boundary [J], 2017.

[75] Lam C P, Chou C T, Chiang K H, Fu L C. Human – centered robot navigation—towards a harmoniously human – robot coexisting environment, Robotics, IEEE Transactions on, 2011, 27: 99 – 112.

[76] Palumbo F, Barsocchi P, Gallicchio C, et al. Multisensor data fusion for activity recognition based on reservoir computing. In: Evaluating AAL systems through competitive benchmarking. Springer, 2013. pp. 24 – 35.

[77] Nishio S, Kamei K, Hagita N. Ubiquitous network robot platform for realizing integrated robotic applications. In: Intelligent Autonomous Systems 12. Springer, 2013. pp. 477 – 484.

[78] Liu Y, Yang J, Wu Z. Ubiquitous and cooperative network robot system within a service framework, International Journal of Humanoid Robotics, 2011, 8: 147 – 167.

[79] Lam C P, Chou C T, Chiang K H, Fu L C. Human – centered robot navigation—towards a harmoniously human – robot coexisting environment, Robotics, IEEE Transactions on, 2011, 27: 99 – 112.

[80] Palumbo F, Barsocchi P, Gallicchio C, et al. Multisensor data fusion for activity recognition based on reservoir computing. In: Evaluating AAL systems through competitive benchmarking. Springer, 2013. pp. 24-35.

[81] 于庆广,刘葵,王冲,等. 光电编码器选型及同步电机转速和转子位置测量[J]. 电气传动,2006,36(4):17-20.

[82] 石星. 毫米波雷达的应用和发展[J]. 电讯技术,2006,46(1):1-9.

[83] Zhang Z. A Flexible New Technique for Camera Calibration[M]. IEEE Computer Society,2000.

[84] 高翔,张涛,刘毅. 视觉 SLAM 十四讲———从理论到实践[J],2017.

[85] Hempel, Jessi. Restart: Microsoft in the age of Satya Nadella. Wired. 21 January 2015 [22 January 2015].

[86] Hempel, Jessi. Project HoloLens: Our Exclusive Hands-On With Microsoft's Holographic Goggles. Wired. 21 January 2015 [22 January 2015].

[87] Holmdahl, Todd (April 30,2015). "BUILD 2015: A closer look at the Microsoft HoloLens hardware". Microsoft Devices Blog. Retrieved February 29,2016.

[88] https://www.leapmotion.com/zh-hans/.

[89] https://www.myo.com/present.

[90] Lowe D G. Distinctive Image Features from Scale-Invariant Keypoints[J]. International Journal of Computer Vision,2004,60(2):91-110.

[91] Bay H, Tuytelaars T, Gool L V. SURF: speeded up robust features[C]// European Conference on Computer Vision. Springer-Verlag,2006:404-417.

[92] Rublee E, Rabaud V, Konolige K, et al. ORB: An efficient alternative to SIFT or SURF[J]. Proc of Iccv,2011,58(11):2564-2571.

[93] Csurka G. Visual categorization with bags of keypoints[J]. Workshop on Statistical Learning in Computer Vision Eccv,2004,44(247):1-22.

[94] Simonyan K, Zisserman A. Very Deep Convolutional Networks for Large-Scale Image Recognition [J]. Computer Science,2014.

[95] Szegedy C, Liu W, Jia Y, et al. Going deeper with convolutions[C]// Computer Vision and Pattern Recognition. IEEE,2015:1-9.

[96] He K, Zhang X, Ren S, et al. Deep residual learning for image recognition[C]//Proceedings of the IEEE conference on computer vision and pattern recognition,2016:770-778.

[97] Girshick R, Donahue J, Darrell T, et al. Rich Feature Hierarchies for Accurate Object Detection and Semantic Segmentation[C]// IEEE Conference on Computer Vision and Pattern Recognition. IEEE Computer Society,2014:580-587.

[98] Ren S, He K, Girshick R, et al. Faster R-CNN: towards real-time object detection with region proposal networks[C]// International Conference on Neural Information Processing Systems. MIT Press,2015: 91-99.

[99] Redmon J, Divvala S, Girshick R, et al. You Only Look Once: Unified, Real-Time Object Detection[C]// Computer Vision and Pattern Recognition. IEEE,2016:779-788.

[100] Liu W, Anguelov D, Erhan D, et al. SSD: Single Shot MultiBox Detector[C]// European Conference on Computer Vision. Springer, Cham,2016:21-37.

[101] Kehl W, Manhardt F, Tombari F, et al. SSD-6D: Making RGB-based 3D detection and 6D pose estima-

tion great again[C]//IEEE Conference on Computer Vision and Pattern Recognition (CVPR). 2017: 1521-1529.

[102] Hinterstoisser S, Lepetit V, Ilic S, et al. Model based training, detection and pose estimation of textureless 3d objects in heavily cluttered scenes[C]//Asian conference on computer vision. Springer, Berlin, Heidelberg, 2012:548-562.

[103] Collet A, Berenson D, Srinivasa S S, et al. Object recognition and full pose registration from a single image for robotic manipulation[C]//Robotics and Automation, 2009. ICRA 09. IEEE International Conference on. IEEE, 2009:48-55.

[104] Brachmann E, Krull A, Michel F, et al. Learning 6d object pose estimation using 3d object coordinates [C]//European conference on computer vision. Springer, Cham, 2014:536-551.

[105] Doumanoglou A, Kouskouridas R, Malassiotis S, et al. Recovering 6D object pose and predicting next-best-view in the crowd[C]//Proceedings of the IEEE Conference on Computer Vision and Pattern Recognition, 2016:3583-3592.

[106] Rusu R B, Bradski G, Thibaux R, et al. Fast 3D recognition and pose using the Viewpoint Feature Histogram [C]// Ieee/rsj International Conference on Intelligent Robots and Systems. IEEE, 2014: 2155-2162.

[107] Rusu R B, Blodow N, Beetz M. Fast point feature histograms (FPFH) for 3D registration[C]//Robotics and Automation, 2009. ICRA'09. IEEE International Conference on. IEEE, 2009:3212-3217.

[108] Zeng A, Song S, Nießner M, et al. 3dmatch: Learning local geometric descriptors from rgb-d reconstructions[C]//Computer Vision and Pattern Recognition (CVPR), 2017 IEEE Conference on. IEEE, 2017: 199-208.

[109] Mur-Artal R, Tardós J D. ORB-SLAM2: An Open-Source SLAM System for Monocular, Stereo, and RGB-D Cameras[J]. IEEE Transactions on Robotics, 2017, 33(5):1255-1262.

[110] Lowe D G. Distinctive Image Features from Scale-Invariant Keypoints[C]// International Journal of Computer Vision, 2004:91-110.

[111] Bay H, Ess A, Tuytelaars T, et al. Speeded-Up Robust Features (SURF)[J]. Computer Vision & Image Understanding, 2008, 110(3):346-359.

[112] Rublee E, Rabaud V, Konolige K, et al. ORB: An efficient alternative to SIFT or SURF[J]. Proc of Iccv, 2011, 58(11):2564-2571.

[113] Rosten E, Drummond T. Machine learning for high-speed corner detection[C]// European Conference on Computer Vision. Springer, Berlin, Heidelberg, 2006:430-443.

[114] Calonder M, Lepetit V, Strecha C, et al. BRIEF: binary robust independent elementary features[C]// European Conference on Computer Vision, 2010:778-792.

[115] Hartley R I, Zisserman A. Epipolar geometry and the fundamental matrix [J]. Multiple View Geometry, 2009.

[116] Horn B K P. Closed-form solution of absolute orientation using unit quaternions[J]. JOSA A, 1987, 4 (4):629-642.

[117] Davison A J, Reid I D, Molton N D, et al. MonoSLAM: Real-time single camera SLAM[J]. IEEE transactions on pattern analysis and machine intelligence, 2007, 29(6):1052-1067.

[118] Pupilli M, Calway A. Real-Time Camera Tracking Using a Particle Filter[C]//BMVC. 2005.

[119] Nistér D, Naroditsky O, Bergen J. Visual odometry[C]//Computer Vision and Pattern Recognition, 2004. CVPR 2004. Proceedings of the 2004 IEEE Computer Society Conference on. Ieee,2004,1:I-I.

[120] Klein G, Murray D. Parallel tracking and mapping for small AR workspaces[C]//Mixed and Augmented Reality,2007. ISMAR 2007. 6th IEEE and ACM International Symposium on. IEEE,2007:225-234.

[121] Labbé M, Michaud F. Memory management for real-time appearance-based loop closure detection[C]//Intelligent Robots and Systems (IROS),2011 IEEE/RSJ International Conference on. IEEE,2011:1271-1276.

[122] Engel J, Schöps T, Cremers D. LSD-SLAM: Large-scale direct monocular SLAM[C]//European Conference on Computer Vision. Springer, Cham,2014:834-849.

[123] Dorigo M, Maniezzo V, Colorni A. Ant system: optimization by a colony of cooperating agents[J]. IEEE Transactions on Systems, Man, and Cybernetics, Part B (Cybernetics),1996,26(1):29-41.

[124] https://blog.csdn.net/peiwang245/article/details/78072130.

[125] Khatib O. Real-time obstacle avoidance for manipulators and mobile robots[M]//Autonomous robot vehicles. Springer, New York, NY,1986:396-404.

[126] https://blog.csdn.net/junshen1314/article/details/50472410.

[127] https://www.coursera.org/learn/robotics-motion-planning/lecture/Frfka/4-4-course-summary.

[128] Dijkstra E W. A note on two problems in connexion with graphs[J]. Numerische mathematik,1959,1(1):269-271.

[129] Hart P E, Nilsson N J, Raphael B. A formal basis for the heuristic determination of minimum cost paths[J]. IEEE transactions on Systems Science and Cybernetics,1968,4(2):100-107.

[130] LaValle S M. Rapidly-exploring random trees: A new tool for path planning[J],1998.

[131] https://en.wikipedia.org/wiki/Rapidly-exploring_random_tree.

[132] Berg M D, Cheong O, Kreveld M V, et al. Computational Geometry: Algorithms and Applications[M]. Springer Publishing Company, Incorporated,2000:323-330.

[133] https://www.coursera.org/learn/robotics-motion-planning/lecture/e1iaQ/2-4-visibility-graph.

[134] Elfes A. Using occupancy grids for mobile robot perception and navigation[J]. Computer,1989,22(6):46-57.

[135] Kavraki L E, Svestka P, Latombe J C, et al. Probabilistic roadmaps for path planning in high-dimensional configuration spaces[J]. IEEE transactions on Robotics and Automation,1996,12(4):566-580.

[136] Ghallab M, Nau D, Traverso P. Automated planning: theory & practice. Elsevier,2004.

[137] 蔡自兴,谢斌. 机器人学[M]. 北京: 清华大学出版社,2015:273-289.

[138] http://wiki.ros.org/dwa_local_planner?distro=melodic.

[139] https://blog.csdn.net/banzhuan133/article/details/69229922.

[140] 任孝平,蔡自兴. 基于阿克曼原理的车式移动机器人运动学建模[J]. 智能系统学报,2009,4(6):534-537.

[141] http://www.andymark.com/Mecanum-s/53.htm.

[142] https://www.maxonmotor.com/maxon/view/content/index.

[143] Craig John J. 机器人学导论[M]. 机械工业出版社,2006.

[144] Hutchinson S, Hager G D, Corke P I. A tutorial on visual servo control[J]. IEEE transactions on robotics and automation,1996,12(5):651-670.

[145] 薛定宇,项龙江,司秉玉,等. 视觉伺服分类及其动态过程[J]. 东北大学学报(自然科学版),2003,24(6):543-547.

[146] 刘涵. 基于位置的机器人视觉伺服控制的研究[D]. 西安:西安理工大学,2003.

[147] Thuilot B,Martinet P,Cordesses L,et al. Position based visual servoing:keeping the object in the field of vision[C]//Robotics and Automation,2002. Proceedings. ICRA '02. IEEE International Conference on. IEEE,2002,2:1624-1629.

[148] 班建安. 机器人混合视觉伺服控制研究[D]. 西安:西安理工大学,2009.

[149] 王修岩,程婷婷. 基于单目视觉的工业机器人智能抓取研究[J]. 机械设计与制造,2011(5):135-136.

[150] 尚倩,阮秋琦,李小利. 双目立体视觉的目标识别与定位[J]. 智能系统学报,2011,6(4):303-311.

[151] 罗翔,颜景平. 冗余度机器人的非接触阻抗控制[J]. 制造业自动化,2003,25(9):19-22.

[152] 谢冬梅,曲道奎,徐方. 基于神经网络的机器人视觉伺服控制[J]. 微计算机信息,2006(02S):4-6.

[153] 王修岩,程婷婷. 基于单目视觉的工业机器人智能抓取研究[J]. 机械设计与制造,2011(5):135-136.

[154] 刘丽,匡纲要. 图像纹理特征提取方法综述[J]. 中国图象图形学报,2009,14(4):622-635.

[155] 贾丙西,刘山,张凯祥,等. 机器人视觉伺服研究进展:视觉系统与控制策略[J]. 自动化学报,2015,41(5):861-873.

[156] Ishii I,Tatebe T,Gu Q,et al. 2000 fps real-time vision system with high-frame-rate video recording[C]//Robotics and Automation(ICRA),2010 IEEE International Conference on. IEEE,2010:1536-1541.

[157] Kuffner J J,LaValle S M. RRT-connect:An efficient approach to single-query path planning[C]//Robotics and Automation,2000. Proceedings. ICRA '00. IEEE International Conference on. IEEE,2000,2:995-1001.

[158] Azuma R. A Survey of Augmented Reality Presence:Teleoperators and Virtual Environments,pp. 355-385,August,1997.

[159] Milgram P,Kishino A F. Taxonomy of Mixed Reality Visual Displays,IEICE Transactions on Information and Systems,E77-D(12),pp. 1321-1329,1994.

[160] Rosenberg L B. The Use of Virtual Fixtures As Perceptual Overlays to Enhance Operator Performance in Remote Environments. Technical Report AL-TR-0089,USAF Armstrong Laboratory,Wright-Patterson AFB OH,1992.

[161] 朱淼良,姚远,蒋云良. 增强现实综述[J]. 中国图象图形学报,2004,9(7):767-774.

[162] Fox D. KLD-Sampling:Adaptive particle filters[J]. Advances in Neural Information Processing Systems,2001,14:713-720.

[163] 高翔,张涛,等. 视觉SLAM十四讲[M]. 北京:电子工业出版社,2017:157-180.

[164] 李振伟,陈种,赵有. 基于OpenCV的运动目标跟踪及其实现[J]. 现代电子技术,2008,31(20):128-130.

[165] Magnusson M. The Three-Dimensional Normal-Distributions Transform-an Efficient Representation for Registration,Surface Analysis,and Loop Detection[J]. Renewable Energy,2009,28(4):655-663.

[166] Hinterstoisser S, Lepetit V, Ilic S, et al. Model based training, detection and pose estimation of texture-less 3d objects in heavily cluttered scenes[C]//Asian conference on computer vision. Springer, Berlin, Heidelberg, 2012:548-562.

[167] LaValle S M. Rapidly-exploring random trees: A new tool for path planning[J], 1998.

# 内 容 简 介

本书是一部系统和全面论述泛在机器人技术的导论性著作,主要介绍泛在机器人学的技术框架及其应用,并反映国内外在泛在机器人技术研究和应用的最新进展。全书共6章,主要内容包括:机器人的发展历史与泛在机器人的概念;泛在机器人技术的基础理论与相关技术;构建泛在机器人架构的传感模块、决策模块以及执行模块;最后,以上海交通大学智能机器人研究室在研究与开发集成模块化组件化过程中所积累的知识和经验为总线,介绍了泛在机器人在智慧生活与智能制造领域的应用案例等。

本书可作为高等院校机械电子工程、自动控制、人工智能等专业研究生和高年级本科生学习"泛在机器人技术"等课程的参考用书,也可供从事机电控制、人工智能及机器人技术应用的科技及管理人员学习参考。

This book is a systematic and comprehensive introduction to ubiquitous robotics. This paper mainly introduces the technology framework and application of ubiquitous robotics, which shows the latest development of research and application of ubiquitous robotics at home and abroad. The whole book consists of six chapters, including: the development history of robot and the concept of ubiquitous robot; the basic theory and related technology of ubiquitous robot technology; the construction of sensing module, decision – making module and execution module of ubiquitous robot architecture; finally, based on the knowledge and experience accumulated by the intelligent robot research office of Shanghai Jiaotong University in the process of research and development of integrated modular components, the application cases of ubiquitous robots in the field of intelligent life and intelligent manufacturing are introduced.

This book can be used as a reference book for graduate students majoring in mechanical and electronic engineering, automatic control, artificial intelligence and senior undergraduates to learn "ubiquitous robot technology" and other courses. It can be used as a reference for technical and management personnel engaged in electromechanical control, artificial intelligence and robot technology application.